AF326017

TRAITÉ

ABRÉGÉ

DE DOCIMASIE.

TRAITÉ ABRÉGÉ

DE

DOCIMASIE

OU

RÉSUMÉ DES LEÇONS

DONNÉES A L'ÉCOLE DES MINES DU HAINAUT;

ACCOMPAGNÉ DE SEIZE PLANCHES DE FIGURES, DONT TREIZE COLORIÉES;

PAR

Le D.ʳ Victor Van den Broeck,

PROFESSEUR DE CHIMIE ET DE MÉTALLURGIE, MEMBRE DE PLUSIEURS SOCIÉTÉS SAVANTES NATIONALES ET ÉTRANGÈRES.

« Avant 1826, époque de la création du laboratoire de chimie de Grenoble, on donnait tout au hazard pour les mélanges des minerais destinés à la fabrication des fontes à acier ou à canons. Nous étions dans une fausse voie, et l'analyse a tout rectifié; *nous lui devons, dans ces contrées, tous nos progrès métallurgiques, et je suis convaincu que bientôt les plus belles attributions des ingénieurs deviont dans les laboratoires de chimie.* »

GUEYMARD.
Ingénieur en chef au Corps royal des Mines de France.

MONS,

IMPRIMERIE DE L.-F. MOUREAUX ET C.ⁱᵉ

PLACE DU VIEUX MARCHÉ AUX POISSONS, 13.

1841

TRAITÉ ABRÉGÉ

DE

DOGIMASIE

OU

RÉSUMÉ DES LEÇONS

DONNÉES A L'ÉCOLE DES MINES DU HAINAUT;

ACCOMPAGNÉ DE SEIZE PLANCHES DE FIGURES, DONT TREIZE COLORIÉES;

PAR

Le D.ʳ Victor Van den Broeck,

PROFESSEUR DE CHIMIE ET DE MÉTALLURGIE, MEMBRE DE PLUSIEURS SOCIÉTÉS SAVANTES NATIONALES ET ÉTRANGÈRES.

« Avant 1826, époque de la création du laboratoire de chimie de Grenoble, on donnait tout au hazard pour les mélanges des minerais destinés à la fabrication des fontes à acier ou à canons. Nous étions dans une fausse voie, et l'analyse a tout rectifié; *nous lui devons, dans ces contrées, tous nos progrès métallurgiques, et je suis convaincu que bientôt les plus belles attributions des ingénieurs des mines, seront dans les laboratoires de chimie.* »

GUEYMARD.
Ingénieur en chef au Corps royal des Mines de France.

MONS,

IMPRIMERIE DE L.-F. MOUREAUX ET C.ᵉ

PLACE DU VIEUX MARCHÉ AUX POISSONS, 13.

1841

PRÉFACE.

Parmi les sciences qui, depuis plusieurs années, ont pris une part active au développement de l'industrie, la Chimie est, sans contredit, une de celles qui ont le plus contribué à ce progrès ; une de celles qui doivent être mises au premier rang, et par le nombre et l'étendue des matières qu'elle embrasse, et par l'importance et l'exactitude des résultats qu'elle produit.

Pour exposer tous les avantages de la Chimie, il faudrait, pour ainsi dire, faire l'énumération de tous les arts qui contribuent à nos jouissances et à nos besoins, puisqu'il n'en est aucun qui ne lui doive et ses procédés et les importantes modifications que l'expérience de chaque jour vient y introduire. Aussi, n'entreprendrai-je pas cette tâche, et me contenterai-je de fixer l'attention sur la partie de cette science qui, sous le point de vue industriel, est la plus utile, la plus indispensable et peut être la plus négligée : je veux parler de la *Docimasie* dont les notions exactes et la connaissance approfondie sont nécessaires à ceux qui se destinent à la Métallurgie et à l'exploitation des mines.

Que deviendrait le métallurgiste s'il ne possédait pas des connaissances suffisamment étendues en chimie ? que ferait-il , livré au hazard des spéculations les plus chanceuses, si la Chimie analytique, si avancée maintenant, ne venait l'aider de ses lumières au milieu des difficultés qu'il rencontre, et garantir, par son exactitude , les résultats qu'il obtient ? Il serait dans un labyrinthe dont son ignorance l'empêcherait de trouver l'issue. Et en admettant un instant qu'il sache , dans une routine aveugle , puiser les éléments de son industrie , toujours est-il, qu'il se trouvera dans l'impuissance la plus absolue d'en perfectionner les procédés. De là, une stagnation d'où résulterait , surtout dans l'état actuel des choses , les conséquences les plus funestes. Ces vérités sont si généralement senties aujourd'hui , qu'il ne vient plus à l'idée de personne de considérer l'étude de la Chimie comme d'une utilité secondaire.

L'important pour celui qui se voue à la pratique de la métallurgie est, non seulement de prévoir les obstacles qu'il peut y rencontrer, mais surtout de les prévenir s'il est possible et de les vaincre lorsqu'ils se présentent. Or, ce n'est que par des opérations préliminaires au travail en grand , qu'il pourra s'assurer si les procédés qu'il doit suivre sont propres à remplir le but qu'il veut atteindre ; ce n'est que par des essais réitérés qu'il connaîtra la nature et la richesse des minerais qu'il veut exploiter, choses si nécessaires à savoir avant de s'engager dans des entreprises dont l'insuccès peut occasionner la perte de nombreux capitaux.

Il est donc à désirer que les maîtres de forges et les directeurs d'usines métallurgiques, se livrent plus souvent à des expériences de laboratoire propres à leur fournir des données plus étendues, et surtout à des essais docimastiques qui, en permettant de négliger quelques substances dont la détermination n'est pas indispensable, présentent l'avantage d'un dosage plus facile et quelquefois plus exact.

Mais pour abréger et faciliter l'étude et la pratique de la docimasie, il manquait un livre réduit aux dimensions que réclame l'enseignement public ; un livre portatif qui réunit, dans un cadre synoptique, les différents corps, leurs propriétés physiques principales, leurs réactifs et les phénomènes qui résultent du contact des diverses substances minérales ; qui présentât tout ce que les métallurgistes ont dit de mieux sur la pratique de la docimasie ; qui remplaçât, en quelque sorte, un très grand nombre d'ouvrages précieux ; qui, dans toutes les circonstances, pût servir de guide aux élèves, aux chefs d'établissements métallurgiques et généralement à toutes les personnes qui doivent appliquer les lois des réactions chimiques ; enfin qui renfermât la double utilité des ouvrages didactiques et des dictionnaires.

Celui que j'offre aujourd'hui au public est le résumé des leçons de docimasie que je donne à l'école des mines du Hainaut, de manière à combler ces lacunes autant que possible ; c'est à mes lecteurs à juger si j'ai rempli la tâche que je me suis imposée.

En plubliant ce cours, je n'ai pas la prétention de produire un ouvrage entièrement neuf, ni d'étaler les fruits d'une pénible méditation, puisque je me hâte de signaler qu'il renferme une série de vérités générales qui sont l'abrégé de la doctrine des chimistes et des métallurgistes les plus distingués: des *Thénard*, des *Karsten*, des *Dumas*, des *Berthier*, des *Berzélius*, etc. Il comprend en outre les tableaux synoptiques que j'ai dressés pour la facilité de mes élèves, afin qu'il puissent, le nom d'une substance étant donné, la trouver avec autant d'aisance que dans un dictionnaire, et apercevoir d'un seul coup d'œil, l'analyse minérale restreinte aux proportions qu'exigent les spécialités qu'ils cultivent. Ainsi, ceux qui se destinent à l'exploitation des mines, y trouveront l'analyse des combustibles, des pierres etc ; le métallurgiste y verra les manières différentes de procéder aux essais des minerais exploités, tant par la voie sèche que par la voie humide (*). Il résulte de là, qu'étant consultés par les élèves ou les industriels dans des cas pressants, ils leur présenteront pour chaque corps, ce qu'en disent les meilleurs auteurs, et leur donneront la clef des phénomènes les plus importants et des caractères principaux auxquels se rattachent tous les autres qui leur sont subordonnés.

Enfin, ce livre, qui pourra servir de *memorandum* à ceux qui savent et de guide à ceux qui apprennent, est terminé par un tableau, extrait des tables de *Berzélius*, devant servir de base aux calculs nécessités par les analyses.

(*) Ce livre ne sera-t-il pas encore avantageux pour les *étudiants en médecine* et pour tous ceux auxquels la connaissance des réactions chimiques peut être de quelque utilité ?

TABLE ANALYTIQUE

DES

MATIÈRES.

(N. B. Une table par ordre alphabétique se trouve à la fin du volume.)

[1] P. P. Lisez propriétés physiques.
[2] P. M. Lisez phénomènes manifestés.

TRAITÉ ABRÉGÉ

DE

DOCIMASIE.

INTRODUCTION.

La Docimasie est la science qui a pour objet l'analyse des substances minérales. Celle des substances organiques rentre dans l'analyse chimique proprement dite.

L'étymologie du mot Docimasie est grecque et signifie *épreuve* ou *recherche*.

Il y a soixante-dix ans, alors que la Chimie n'était qu'un amas de faits épars qu'aucune classification ne coordonnait, la Docimasie était restreinte à quelques procédés généraux et à quelques formules plus ou moins compliquées. Aussi, à cette époque, les résultats fournis par l'analyse n'étaient-ils même que très peu approximatifs. C'est depuis cinquante ans seulement que, par les progrès de la Chimie, la Docimasie est devenue une science presque mathématique ; car, de nos jours, les matières qui entrent dans la composition d'un corps peuvent se déterminer même à $^1/_{1000}$ près.

L'analyse peut avoir deux buts, ou la détermination de la nature des corps, ou bien l'appréciation de leurs quantités relatives. De là, l'analyse est divisée en analyse *qualitative* et en analyse *quantitative*.

Ces deux buts peuvent être atteints par deux méthodes essentiellement différentes. L'une d'elles est surtout propre à donner des résultats exacts ; elle a reçu le nom d'analyse par la *voie humide* parce que, pour l'appréciation de la nature et de la quantité des corps, elle n'emploie les réactifs qu'à l'état de dissolution.

L'autre est appelée *essai* ou *méthode par la voie sèche*. Elle ne détermine la composition des corps et l'appréciation de leurs quantités relatives, qu'au moyen de la chaleur et des fondants plus généralement appelés *flux*.

Anciennement la Docimasie ne s'occupait que de cette dernière méthode. Aujourd'hui il est prouvé qu'à de très rares exceptions près, elle ne donne que des résultats approximatifs, de sorte que toutes les conclusions rigoureuses ne peuvent guère être déduites qued'analyses par la voie humide.

Il est des personnes qui admettent une troisième méthode à laquelle ils donnent le nom de *voie mixte*, parce qu'elle se compose, pour une même substance, d'analyses par les deux voies.

Malgré le peu d'exactitude de la voie sèche, il est cependant des cas où il vaut mieux l'employer pour les raisons suivantes :

1° Il est certains métaux qui existent dans quelques substances minérales en si petites quantités, qu'il serait très long d'apprécier celles-ci par la voie humide; tels sont l'or, l'argent, le platine, etc.

2° Les essais par la voie sèche ont ordinairement l'avantage de séparer des gangues et de réunir en un seul culot le métal ou les métaux contenus dans la matière à essayer. On n'a plus dès lors à travailler que sur un alliage, ce qui diminue la longueur des essais subséquents.

3° En séparant ainsi les métaux des gangues, on réunit ces dernières entr'elles toujours plus facilement et quelquefois plus complètement que par la voie humide. Cette considération est importante dans l'analyse d'une scorie.

4° Parmi les substances minérales qui peuvent être l'objet d'essais, il en est beaucoup qui sont susceptibles d'être employées en grand à des usages métallurgiques. Par exemple, il est donc quelquefois utile d'apprécier approximativement la quantité et la nature du métal ou des métaux qu'elles rendront sur une grande échelle. Sous ce rapport, la voie sèche ne peut pas être remplacée, car il est rare que les résultats qu'elle procure ne puissent pas servir d'indications métallurgiques très importantes. D'un autre côté, elle est plus expéditive, exige moins d'habitude, et ne nécessite pas un aussi grand nombre de réactifs que la voie humide.

Quoi qu'il en soit, il est souvent très utile, et même indispensable, de confirmer un essai par le feu, au moyen d'une analyse par la voie humide.

ANALYSE PAR LA VOIE HUMIDE.

Nous supposerons à nos lecteurs des connaissances chimiques assez étendues pour ne devoir leur rappeler que les caractères principaux des matiéres à déterminer.

L'analyse qualitative étant la plus simple, nous commencerons par elle.

DES RÉACTIFS.

On donne le nom de *réactif* à toute substance qui peut décéler la présence d'une autre, en donnant lieu à des phénomènes caractéristiques. Tous les corps peuvent, pour ainsi dire, servir de réactifs, selon les circonstances dans lesquelles ils se trouvent.

Presque tous les réactifs manisfestent leurs phénomènes par un changement de couleur ou par un précipité. On appelle *précipité*, tout corps séparé d'un liquide dans lequel il était dissous ou en suspension.

Il peut arriver que, dans une liqueur, un précipité que l'on attend ne se manifeste pas; cela peut tenir, ou à l'extension du liquide par l'eau, ou à la présence d'une matière qui empêche l'effet du réactif.

Une liqueur trop étendue d'eau peut influer sur la couleur du précipité; ainsi la solution de *Sublimé corrosif* précipitée par la *potasse*, peut varier du blanc au jaune rougeâtre, selon la densité du liquide.

On doit négliger dans toute analyse l'emploi des réactifs dont les résultats sont communs à différentes substances. Exemple: *l'hydrogène sulfuré* pour les sels de cuivre, de plomb, d'argent, etc. On doit donc en général préférer les réactifs suivants :

1°. Ceux qui donnent avec les substances qu'on recherche, des précipités de la couleur la plus tranchée, commune à peu de substances, ou, ce qui vaut mieux, propre à une seule, exemple : le *cyanure jaune de potassium et de fer* pour reconnaître les sels de fer (précipité *bleu*) et ceux de cuivre, (précipité *brun maron*). *L'hydrogène sulfuré* pour les sels d'arsenic et de cadmium qu'il précipite en *jaune*, ainsi que pour ceux d'antimoine qu'il précipite en *jaune orangé*.

Mais le cyanure jaune de potassium et de fer précipite trop

de corps en *blanc*, et l'hydrogène sulfuré en précipite trop en *noir*, pour qu'ils puissent servir avantageusement dans d'autres cas que ceux indiqués. On peut aussi placer dans la même catégorie des réactifs à préférer, *l'acide nitrique*, pour reconnaître le cuivre quand on veut avoir une dissolution plutôt qu'un précipité.

2°. Ceux qui sont incolores, parce qu'ils n'influent jamais sur la couleur du précipité produit. Sous ce rapport les *alcalis* sont de bons réactifs.

L'acide chrômique, au contraire, et les *chrômates* doivent quelque fois être exclus des expériences délicates, en raison de leur couleur tranchée.

3°. Ceux qui précipitent une substance le plus abondamment possible pour des quantités les plus faibles, exemple : le *cyanure jaune de potassium et de fer* pour les sels de cuivre, *l'acide oxalique* pour la chaux, *l'acide sulfurique* pour la baryte, etc.

Par la même raison, on doit rejeter les réactifs qui, dans les précipités qu'ils produisent, ne renferment pas la matière cherchée. Ainsi, quand on voudra trouver le *mercure* dans une solution de *chlorure* de ce métal, par exemple, on n'emploiera pas le *nitrate d'argent* qui donne un *chlorure d'argent*, mais bien la *chaux* ou *l'iodure de potassium* qui précipitent, la première, un *hydrate d'oxide*, et le second un *iodure de mercure*. On doit aussi, autant que possible, négliger dans les analyses minérales, l'emploi de réactifs organiques, parce qu'ils produisent souvent des précipités de même couleur dans des substances très différentes ; exemple : le *lait* et l'*albumine* qui donnent des précipités blancs ou grisâtres dans les sels de mercure, etc.

Avant de passer à l'analyse qualitative proprement dite, c'est-à-dire, avant de nous occuper de la marche à suivre pour l'éffectuer, nous devons connaître toutes les matières simples ou composées du règne minéral qui peuvent servir de réactifs ou être reconnues par eux.

NOMS des CORPS.	PROPRIÉTÉS physiques PRINCIPALES.	CORPS QUI EN DÉCÈLENT LA PRÉSENCE OU QUI AGISSENT PARTICULIÈREMENT SUR EUX.	PHÉNOMÈNES et OBSERVATIONS.
OXIGÈNE.	Incolore, inodore, insipide, peu soluble dans l'eau; activant la combustion. C'est le seul gaz propre à la respiration, comme gaz simple.	*Hydrogène* ou tout autre gaz qui en contient. Il doit être introduit avec l'oxigène dans un eudiomètre par lequel on fait passer une étincelle électrique ; l'expérience doit se faire sur le mercure pour les mélanges d'oxigène solubles dans l'eau.	Il y a détonnation et diminution dans le volume du mélange. Comme ces gaz, pour former de l'eau, se combinent dans la proportion d'une partie d'oxigène pour deux d'hydrogène, on détermine par la quantité de gaz disparue celle de l'oxigène que contenait le mélange.
HYDROGÈNE.	Incolore, inodore, insoluble, impropre à la respiration et à la combustion ; brûlant à l'air avec une flamme bleue. C'est le plus léger des gaz connus.	L'*oxigène* ou un gaz qui en contient. L'opération est la même que pour l'oxigène.	Idem.
AZOTE.	Incolore, inodore ; peu soluble ; impropre à la combustion.	Il n'en existe pas, de sorte que ses caractères sont négatifs.	Il faut pour le reconnaître, le séparer de tous les autres gaz aux réactifs desquels il devra être insensible.
SÉLÉNIUM.	Couleur grise ou rougeâtre, cassure conchoïde, d'un éclat métallique, insoluble.	La *chaleur*.	Le ramollit d'abord et le liquéfie ensuite, puis il entre en ébullition et se volatilise en un gaz jaune moins foncé que la vapeur du soufre; si l'opération se fait à l'air, il s'enflamme et dégage une odeur de choux pourris.
SÉLÉNIUM.		Les *acides nitrique* et *chloro-nitreux*.	Le dissolvent avec moins de peine que le soufre et il se forme de l'*acide sélénieux*.
SÉLÉNIUM.		La *potasse* en solution concentrée et chaude.	Le dissout, mais plus difficilement que le soufre.
SOUFRE.	Solide, jaune, cristaux transparents mais qui deviennent opaques; cassant par la chaleur de la main.	La *chaleur*.	Le ramollit et le fond entre 107° et 109° c/₉ ; plus haut, il s'épaissit, devient rouge et filant ; chauffé d'avantage, il se volatilise en vapeurs jaunes qui s'enflamment à l'air avec une couleur bleue et une odeur d'*acide sulfureux*.
SOUFRE.		La *potasse* en solution chaude et concentrée.	Le dissout avec difficulté. Il en est de même du *carbonate de potasse* : on obtient un *sulfure* et un *hyposulfate*.

NOMS des CORPS.	PROPRIÉTÉS physiques PRINCIPALES.	CORPS QUI EN DÉCÈLENT LA PRÉSENCE OU QUI AGISSENT PARTICULIÈREMENT SUR EUX.	PHÉNOMÈNES et OBSERVATIONS.
SOUFRE. (Suite.)		Les *acides nitrique* et *chloro-nitreux.*	Le dissolvent en produisant de l'*acide sulfurique*; l'*acide chloro-nitreux* agit plus facilement que l'*acide nitrique pur.*
PHOSPHORE.	Solide, blanc, transparent, ductile, lumineux dans l'obscurité, très-inflammable.	La *chaleur.*	Il fond à 35° et est très-liquide, plus haut il forme une vapeur incolore, très-inflammable.
		Potasse et *soude* en solution concentrée et chaude.	Il s'y dissout en donnant naissance à de l'*hydrogène perphosphoré* qui s'enflamme à l'air. Il se forme en outre un hypophosphite.
		Métaux.	Il se combine en formant des *phosphures* inflammables avec un grand nombre d'entre eux.
		Acides nitrique et *chloro-nitreux.*	Il s'y dissout avec effervescence et formation d'*acide phosphorique.*
		Lumière.	Elle le blanchit quand elle n'est pas trop vive ; le rougit lorsqu'elle est intense, et assez souvent le noircit quand il a été distillé plusieurs fois.
		Chlore.	Le liquéfie et s'y combine en l'enflammant quand il est chaud.
		Iode, potassium, carbone, soufre, etc.	Mélangés et frappés sur une enclume, ils détonnent fortement.
BROME.	Liquide, rouge hyacinthe et noirâtre, d'une odeur très-désagréable, peu soluble, volatil.	*Potasse* en solution.	Produit du *bromate de potasse* et du *bromure de potassium.*
		Éther.	Le dissout.
		Métalloïdes et métaux en général.	S'y combine et forme des *bromures.*
CHLORE.	Gaz jaune verdâtre, suffoquant, non permanent, soluble, etc.	*Hydrogène.*	Combinaison lente à la lumière diffuse, avec détonnation à la lumière solaire, sans action dans l'obscurité.
		Matières organiques.	Décolorées et blanchies, absorption de leur *hydrogène* pour former de l'*acide hydrochlorique*
		Acide hydrosulfurique et *Gaz hydrogénés.*	Il s'empare de l'*hydrogène* du premier en mettant son soufre à nu; il décompose aussi les autres.
		Potasse ou solutions alcalines.	Selon la température, il forme des *chlorures* et des *chlorates* ou des *chlorites* et des *chlorates.*
		Ammoniaque.	Il se dégage de l'*azote* et se produit de l'*acide hydrochlorique.*

NOMS des CORPS.	PROPRIÉTÉS physiques PRINCIPALES.	CORPS QUI EN DÉCÈLENT LA PRÉSENCE OU QUI AGISSENT PARTICULIÈREMENT SUR EUX.	PHÉNOMÈNES et OBSERVATIONS.
CHLORE (Suite.)		*Sels d'ammoniaque.*	Il se forme du *chlorure d'azote* qui détonne fortement.
		Sels d'argent.	Précipité blanc de *chlorure* qui noircit à la lumière.
		Oxide de carbone.	Absorption et formation de *gaz chloroxicarbonique.*
		Hydrogène carboné.	Combinaison et liquéfaction, formation d'*hydro-carbure de chlore.*
		Arsenic et antimoine.	Inflammation en traversant le chlore.
		Alcool.	Décomposition et formation d'un *éther* appelé *chloral*, dans certaines circonstances.
IODE.	Solide, noir ou gris, d'une odeur de chlore mais très-affaiblie, tachant la peau en jaune et la désorganisant quelquefois ; très-peu soluble dans l'eau, soluble dans l'alcool et l'éther et dans quelques acides.	*Chaleur.*	A une température un peu plus élevée que celle de l'eau bouillante, l'iode fond, et si l'on chauffe davantage, il se réduit en vapeurs d'une belle couleur violette, qui se condensent et se cristallisent sur les corps froids. La présence ou l'absence de l'air ne modifie en rien le phénomène.
		Amidon.	Le bleuit : il suffit d'une quantité extrêmement faible pour produire cet effet.
		Alcool et Ether.	L'iode s'y dissout en grande quantité et s'en sépare en cristaux ou en paillettes par l'évaporation ou par l'addition de l'eau.
		Solution de potasse ou de soude.	L'iode s'y dissout en donnant lieu à un *iodure* métallique et à un *iodate alcalin*, ce dernier se précipite.
		Chlore.	S'y combine en donnant naissance à un *chlorure* liquide ou solide.
		Oxide de chlore.	Le décompose, s'empare de son oxigène et forme de l'*acide iodique* et un peu de *chlorure d'iode.*
		Mélange d'acides nitrique et nitreux.	Se dissout et passe aussi à l'état d'*acide iodique.*
		Mercure.	Sous l'influence d'un peu d'alcool, s'y combine et forme un *iodure* et un *sous iodure* jaune ou vert.

NOMS des CORPS.	PROPRIÉTÉS physiques PRINCIPALES.	CORPS qui en décèlent la présence ou qui agissent particulièrement sur eux.	PHÉNOMÈNES et OBSERVATIONS.
FLUOR.	Existence éphémère.	Aucun.	» »
CARBONE.	Elles sont variables. Tantôt il est solide, cristallisé, transparent, blanc ou coloré : c'est le diamant. Tantôt il est noir et cristallisé : c'est le graphite ; tantôt variant davantage, il est combiné à plusieurs corps : la houille, le charbon etc.	Chaleur.	Quelle que soit la température, il ne se volatilise jamais. On croit cependant qu'il peut être transporté par un fort courant de fluide électrique. Il ne change donc pas de propriété ni ne diminue de poids quand il est hors du contact de l'air; chauffé au contact de ce gaz, il se comporte différemment selon ses propriétés. S'il est à l'état de diamant, il exige une température considérable et la combustion cesse, sitôt qu'elle devient moindre. À l'état de charbon ou de graphite, la température peut être plus basse pour qu'il brûle, et il se transforme en *acide carbonique*. En présence du soufre, il se combine quelquefois avec lui.
		Acide nitrique et eau régale.	Quand le carbone est pur, il n'est pas attaqué par eux, mais quand il est à l'état de graphite il forme quelquefois une matière rougeâtre qui, se dissolvant dans l'acide, lui donne sa couleur.
		Potasse et soude.	Calciné avec ces corps, il peut donner naissance à des *carbonates*. (Ce phénomène est rarement produit.)
		Phosphore.	Frappé avec lui sur une enclume, il détonne violemment.
		Nitrate de potasse.	Pulvérisé et mélangé intimement avec ce sel, il détonne par l'élévation de température, il reste du *carbonate de potasse*.
BORE.	Brun, verdâtre, insoluble dans l'eau mais pouvant y être tenu en suspension, insipide et infusible.	Chaleur.	Quelque haute qu'elle soit, il ne se volatilise pas et se racornit seulement un peu ; quand il est au contact de l'air, il brûle et forme de l'*acide borique*.
		Acide nitrique et eau régale.	Il absorbe l'oxigène et s'acidifie promptement.

NOMS des CORPS.	PROPRIÉTÉS physiques PRINCIPALES.	CORPS QUI EN DÉCÈLENT LA PRÉSENCE OU QUI AGISSENT PARTICULIÈREMENT SUR EUX.	PHÉNOMÈNES et OBSERVATIONS.
BORE. (Suite.)		Potasse et soude hydratées.	Chauffé avec ces bases, il s'empare de l'oxigène de l'eau qu'elles contiennent pour former des *borates* : il y a donc dégagement d'*hydrogène*.
		Carbonates de potasse et de soude.	Chauffé avec eux, il s'oxide aux dépens de l'acide carbonique qu'il décompose; il se dégage de l'*oxide de carbone* et il reste des *borates*; rarement il y a du *carbone* mis à nu.
		Chlore.	Mis en contact avec lui à l'état naissant et à une forte chaleur, il s'y unit.
SILICIUM.	Couleur brun foncé, à peu près semblable à celle du bore, insipide, insoluble dans l'eau.	Chaleur.	Avec le contact de l'air, il brûle en partie et cette portion brûlée protège l'autre qui, sans changer de couleur ou en devenant seulement un peu plus claire, est alors presqu'inattaquable, même par l'*acide fluorhydrique*.
		Solution de potasse ou de soude concentrée et bouillante	Il s'y dissout plus ou moins facilement selon ses propriétés et forme des *silicates*.
		Potasse et soude hydratées.	Chauffé au rouge avec elles, il s'oxide aux dépens de l'eau en dégageant de l'*hydrogène*.
		Carbonates de potasse et de soude.	Chauffé avec eux, il se forme un *silicate* avant la température rouge blanc.
		Nitrate de potasse.	Il est nécessaire que la température soit blanche pour que l'oxidation du silicium soit complète.
TANTALE.	Noir, en poudre, prenant un éclat métallique sous le brunissoir, mauvais conducteur du calorique et de l'électricité qu'il conduit au contraire très-bien quand, par une température excessive, on est parvenu à l'obtenir en pellicules minces.	Chaleur.	A une haute température, il passe à l'état d'*acide tantalique*, quand il se trouve en contact avec l'air ou avec l'oxigène.

NOMS des CORPS.	PROPRIÉTÉS physiques PRINCIPALES.	CORPS QUI EN DÉCÈLENT LA PRÉSENCE OU QUI AGISSENT PARTICULIÈREMENT SUR EUX.	PHÉNOMÈNES et OBSERVATIONS.
TELLURE.	Il est blanc, éclatant, cristallisé, lamelleux, friable, facile à pulvériser.	*Chaleur.*	Absorbant l'oxigène et s'acidifiant le plus souvent. Cependant il ne forme qu'un oxide. A une température basse, et sans le contact de l'air il se fond. Plus haut il se volatilise, se condense en gouttelettes quand il passe de l'état liquide à l'état solide ; il se couvre quelquefois de petits cristaux lorsqu'on l'oxide sur un morceau de charbon ; il colore quelquefois la flamme en bleu.
		Acides concentrés.	Il s'acidifie en les décomposant pour la plupart.
ARSENIC.	Solide, gris d'acier, quelquefois noir, lamelleux, cassant, friable, très-volatil, très-vénéneux, s'oxidant à l'air, insoluble dans l'acide hydrochlorique, et soluble dans l'eau en quantités excessivement minimes.	*Chaleur.*	A une température assez basse et sans le contact de l'air, il se volatilise sans se fondre et vient se condenser en cristaux sur les corps froids. Avec le contact de l'air, il forme de l'*acide arsénieux* et donne des vapeurs blanches qui ne cristallisent que quand on opère en grand ; ces vapeurs ont toujours une odeur d'ail très-forte.
		Acide nitrique.	Il s'y dissout, et la solution ne contient presque que de l'*acide arsénieux*, qui se volatilise en partie.
		Eau régale.	Il s'y dissout et donne presqu'exclusivement lieu à de l'*acide arsénique.*
		Métaux.	Il se combine avec plusieurs d'entr'eux et constitue des alliages qui, traités par l'*acide hydrochlorique*, donnent presque toujours lieu à un *chlorure* et à de l'*hydrogène arséniqué.*
		Hydrogène.	Il ne se combine directement avec lui que quand il se trouve à l'état de gaz naissant ; il forme alors de l'*hydrure d'arsénic* ou de l'hydrogène arsénié.
		Chlore.	Il se combine avec lui, même à la température ordinaire. (*Voyez chlore.*)
		Soufre.	Il se combine facilement avec lui et forme deux *sulfures*, l'un *jaune* et l'autre *rouge*.

NOMS des CORPS.	PROPRIÉTÉS physiques PRINCIPALES.	CORPS QUI EN DÉCÈLENT LA PRÉSENCE OU QUI AGISSENT PARTICULIÈREMENT SUR EUX.	PRÉNOMÈNES et OBSERVATIONS.
CHROME.	Solide, gris-blanc, friable, presqu'infusible.	*Acide nitrique et eau régale.*	Très-peu attaquable par ces corps : la liqueur contient de l'*acide chrômique.*
		Acide hydrofluorique.	Le chrôme s'y dissout avec dégagement d'*hydrogène :* la liqueur contient de l'*acide chrômique* et un peu d'*oxide de chrôme.*
MOLYBDÈNE.	Solide, gris-blanc, très-peu malléable.	*Chaleur.*	A une température assez élevée, il absorbe l'oxigène et passe à l'état d'*oxide brun,* ensuite à l'état d'*oxide bleu,* et, à une plus forte chaleur, il peut même devenir *acide molybdique.*
		Acide sulfurique.	Il s'y dissout en donnant lieu à du *protoxide* et à un dégagement d'*acide sulfureux.*
		Acide nitrique et eau régale.	Il s'y dissout en donnant lieu à du *nitrate de molybdène,* quand la quantité d'acide nitrique est trop faible ; lorsqu'elle est suffisante, il se forme de l'*acide molybdique.*
VANADIUM.	C'est un métal dont la couleur ressemble assez à celle du molybdène, il est brillant, cassant, privé de toute malléabilité, presqu'infusible. Ce métal peut être confondu avec le chrôme, l'urane, le molybdène et le tungstène ; en effet, son oxide est vert et son acide est rouge. Quelques-unes de ses dissolutions sont jaunes comme celles de l'urane, ou bleues comme celles du tungstène et du molybdène.	*Acide nitrique et eau régale.*	Le dissout en donnant lieu à des dissolutions d'une couleur bleue foncée.
		L'air.	N'exerce sur lui aucune action appréciable, soit à chaud, soit à froid. Cependant le vanadium que l'on conserve exposé à son action, perd un peu de son brillant, et devient légèrement rougeâtre, sans que l'analyse puisse découvrir la plus faible quantité d'oxigène.

NOMS des CORPS.	PROPRIÉTÉS physiques PRINCIPALES.	CORPS QUI EN DÉCÈLENT LA PRÉSENCE OU QUI AGISSENT PARTICULIÈREMENT SUR EUX.	PHÉNOMÈNES et OBSERVATIONS.
TUNGSTÈNE.	Métal gris tirant un peu sur la couleur du fer éclatant.	Chaleur.	Ne se fond que très-difficilement par son action; aussi ne l'a-t-on obtenu qu'en poudre ou en pellicule et jamais en culots bien formés. Lorsqu'il est en poudre et qu'on le chauffe fortement à l'air ou dans l'oxigène, il brûle comme de l'amadou et forme de l'*acide tungstique*.
ANTIMOINE.	Métal gris-blanc très-éclatant, cristallisant en larges lames, cassant, facile à pulvériser. Quand les culots qu'il forme sont volumineux, leurs surfaces présentent quelquefois une cristallisation en feuilles de fougères.	Chaleur.	A une assez basse température, le métal se fond et répand, si c'est au contact de l'air, des vapeurs d'*oxide d'antimoine* qui ont ordinairement une odeur analogue à celle de la graisse brûlée; les vapeurs se condensent en poudre blanche sur les corps froids et quelquefois même en cristaux. Quand le métal a été chauffé au rouge, il conserve cette température assez longtemps après que l'action de la chaleur a cessé, et s'il y a accès de l'air, en se solidifiant, il se recouvre d'une espèce de réseau formé de petites aiguilles d'*oxide d'antimoine*. Chauffé dans un courant de gaz, l'antimoine est volatil.
		Acide nitrique.	L'attaque fortement en se décomposant et dégageant de l'*acide nitreux*. Le métal reste à l'état soit d'*acide antimonieux*, soit d'un mélange d'*acide antimonieux* et *antimonique*, et rien ne se dissout.
		Eau régale.	Le dissout avec facilité et forme une dissolution d'une couleur jaunâtre. Traitée par l'eau, celle-ci donne un précipité blanc d'*oxichlorure d'antimoine*.
		Acide hydrochlorique.	Ne le dissout qu'avec peine et en très-petite quantité.
		Soufre.	Fondu avec lui, il donne naissance à un *sulfure* gris métallique, cristallisé en longues aiguilles.
		Chlore.	A l'aide de la chaleur, la combinaison s'effectue très-brusquement. (*Voyez chlore*.)

NOMS des CORPS.	PROPRIÉTÉS physiques PRINCIPALES.	CORPS qui en décèlent la présence ou qui agissent particulièrement sur eux.	PHÉNOMÈNES et OBSERVATIONS.
TITANE.	Métal d'une couleur rouge de cuivre, qui se rencontre dans les scories de certains hauts-fourneaux dans lesquels on traite	*Chaleur.*	Ne peut exercer d'action sur lui qu'autant qu'il ait été obtenu en paillettes.
		Acides nitrique et sulfurique.	Ne le dissolvent qu'avec peine ainsi que l'*acide hydrofluorique*, lorsqu'il est en paillettes.

des minerais carbonatés des houillères. Il se présente alors en petits cristaux cubiques qui se groupent en trémies. Ces cristaux portés à une haute température, au contact de l'air, ne s'oxident que par leur couche la plus extérieure. Ils sont insolubles dans les acides concentrés, et presqu'infusibles. Le titane obtenu dans les laboratoires a une couleur indigo (bleu foncé) presque noir, mais qui prend l'éclat métallique et la couleur cuivrée par le frottement d'un corps dur.

NOMS des CORPS.	PROPRIÉTÉS physiques PRINCIPALES.	CORPS qui agissent sur eux.	PHÉNOMÈNES et OBSERVATIONS.
ÉTAIN.	Métal blanc, brillant, ayant à peu près l'éclat de l'argent; se tirant très-bien en feuilles, très-mal en fils. Lorsqu'on le plie, il fait entendre un bruit appelé cri de l'étain; quand on le frotte avec des mains humides ou couvertes de sueur, il répand une odeur désagréable très-persistante.	*L'air.*	Sans action sur lui à la température ordinaire; aussi conserve-t-il toujours son éclat métallique.
		Chaleur.	Fusible à 210°, pouvant alors se répandre sur des matières organiques, telles que le papier, sans les brûler. À l'action de l'air, il s'oxide en donnant lieu, si la température est assez haute, à une petite flamme bleuâtre : l'oxide qui se forme a une couleur blanche terne ou grisâtre.
		Acide nitrique.	Agit différemment sur lui, suivant son état de concentration. Très concentré, l'action peut être nulle, mais étendu d'une petite quantité d'eau, elle devient très vive, et il se dégage des torrents de *deutoxide d'azote*, en même temps qu'il se dépose de l'*acide stannique*. Si l'acide nitrique est très étendu, l'action est lente, mais il y a dissolution d'une certaine quantité d'étain et formation de *nitrate*.
		Acide sulfurique.	Agit aussi sur lui d'une manière variable. Très concentré, il dissout l'étain avec dégagement d'*acide sulfureux*; étendu, il le dissout avec dégagement d'*hydrogène*.
		Acide hydrochlorique.	Le dissout avec dégagement d'*hydrogène* et donne lieu à un *chlorure*.

NOMS des CORPS.	PROPRIÉTÉS physiques PRINCIPALES.	CORPS QUI EN DÉCÈLENT LA PRÉSENCE OU QUI AGISSENT PARTICULIÈREMENT SUR EUX.	PHÉNOMÈNES et OBSERVATIONS.
ÉTAIN. (Suite.)		Chlore.	S'y combine à l'aide de la chaleur.
		Soufre.	S'y combine en deux proportions : le *protosulfure* est noir, doué d'un éclat métallique, cristallisant en larges lames; le *deuto-sulfure* est brillant et possède l'éclat de l'or.
		Solution de potasse ou de *soude*.	Paraît susceptible de s'y dissoudre en quantité assez notable.
OR.	Couleur jaune, très-brillant, augmentant de densité par le martelage; reprenant sa densité primitive par la chaleur. L'un des métaux les plus pesants. Il se réduit facilement en feuilles et en fils. La ténuité des premières est extrême, 800 feuilles $=$ en épaisseur $^1/_{1200}$ de ligne. Il paraît ne s'oxider à aucune température.	Chaleur.	Le fond a une température plus élevée que celle de l'argent. Ne paraît pas susceptible de l'oxider même à l'action d'un courant d'air.
		Acides.	Les acides nitrique, sulfurique et hydrochlorique n'ont pas d'action sur lui; l'acide chloro-nitreux seul le dissout en donnant naissance à un *chlorure* qui tache la peau en pourpre.
		Alcalis et sels.	Paraît susceptible de s'oxider sous l'influence du nitrate de potasse, du borax et du carbonate de soude, portés à une haute température.
		Forte pile galvanique ou décharge électrique.	Le réduisent en une *poudre pourpre* que l'on suppose être un *oxide*, mais qui pourrait bien n'être que de l'or très divisé.
PLATINE.	Métal blanc, susceptible d'un beau poli lorsqu'il est en masse; quand il est en éponge, il suffit de le comprimer pour lui donner de l'éclat. C'est le métal dont la pesanteur spécifique est la plus forte.	Chaleur.	Sans action sur lui à la température de nos fourneaux. On peut cependant fondre un fil en en exposant la pointe au dard d'une flamme à l'alcool sur laquelle on dirige un courant d'oxigène. La chaleur ne l'oxide pas au contact de l'air.
		Acides.	Il n'y a que l'eau régale qui puisse le dissoudre, mais moins facilement que l'or; il se forme un *chlorure*.
		Hydrogène.	Lorsque le platine est à l'état d'éponge, ce gaz l'enflamme dès qu'il se trouve mélangé avec l'oxigène ou l'air. Quand on n'a pas de platine en mousse, on peut se servir de noir de platine.

NOMS des CORPS.	PROPRIÉTÉS physiques PRINCIPALES.	CORPS QUI EN DÉCÈLENT LA PRÉSENCE OU QUI AGISSENT PARTICULIÈREMENT SUR EUX.	PHÉNOMÈNES et OBSERVATIONS.
OSMIUM.	A l'état compacte, ce métal a une couleur plus claire que quand il est divisé; il est susceptible de prendre le poli et de se combiner à différents métaux	*Chaleur.*	Chauffé, il se fond, se volatilise à ses parties supérieures, et se condense sur les corps froids; s'il a le contact de l'air, il absorbe l'oxigène et forme de *l'acide osmique*, facile à reconnaître par son odeur désagréable. Il faut une température plus élevée que 100° pour que cette combinaison s'opère. Quand on veut reconnaître l'osmium, on n'a qu'à le porter à la partie extérieure d'une flamme, il répand autour de lui un éclat très vif; en le portant au centre de la flamme, il ne s'opère pas de combustion, et le phénomène cesse.
		Acide nitrique.	Cet acide l'attaque avec plus ou moins de lenteur, selon la température, et il donne naissance à de *l'acide osmique*.
		Eau régale.	Cet acide l'attaque plus vivement que le précédent, ce que l'on attribue à l'état de concentration de l'acide, car la dissolution qui en résulte contient de *l'acide osmique* et pas de *chlorure d'osmium*.
		Chlore.	Ce gaz qui se combine avec lui, surtout quand on élève la température, forme un *chlorure vert et un rouge*.
IRIDIUM.	Métal qui, étant oxidé, jouit de propriétés semblables à celles du platine. Il contient presque toujours de l'osmium.	*Chaleur.*	Exposé à une forte température, ce métal ne se fond pas et même ne se racornit pas à la chaleur nécessaire pour faire fondre le platine.
		Acides.	On ne connaît guère d'une manière certaine leur action sur ce métal, celui-ci ayant été rarement obtenu pur et sans mélange d'autres métaux.
PALLADIUM.	Ses propriétés sont à peu près les mêmes que celles du platine. On peut le	*Acide nitrique* et *eau régale.*	Ces acides parviennent à le dissoudre, même lorsqu'il contient une petite quantité de platine.

NOMS des CORPS.	PROPRIÉTÉS physiques PRINCIPALES.	CORPS QUI EN DÉCÈLENT LA PRÉSENCE OU QUI AGISSENT PARTICULIÈREMENT SUR EUX.	PHÉNOMÈNES et OBSERVATIONS.
PALLADIUM. (Suite.)	travailler et à cet état il présente un phénomène remarquable : si on évapore sur lui quelques gouttes d'une solution d'iode, il reste une tache noire.	*Chaleur.*	Exposé à la flamme d'une lampe à l'alcool, il se forme une espèce de végétation de carbone comme aux chandelles qu'on néglige de moucher. Il se forme un *carbure de palladium* qui, mis au centre de la flamme, se réduit et redevient *métal pur.*
RHODIUM.	Métal gris quand il est en poudre ; lorsque, par la chaleur, il a pris un peu de cohérence, il est d'une couleur plus claire et presque blanche ; il est infusible et se trouve combiné avec le palladium, l'osmium et l'iridium dans certains minerais de platine.	*Chaleur.* *Acides nitrique, hydrochlorique et chloronitreux.* *Sulfate de potasse, acide phosphorique et phosphates.* *Chlorures de potassium,* ou de *sodium,* et *courant de chlore.*	Ne parvient pas à le fondre quelque forte qu'elle soit d'ailleurs ; elle peut seulement lui donner un peu de cohérence qui contribue beaucoup à augmenter son éclat. Par l'action de l'air, la température étant très haute, on peut parvenir à oxider le Rhodium, et si on l'élève encore davantage, la portion de métal oxidée se réduit. Sont sans action sur lui lorsqu'il est pur, mais du moment qu'il contient du platine, il se dissout en petite quantité dans le dernier de ces acides. Lorsqu'on le fond avec ces substances, le Rhodium s'oxide et se dissout. Mélangé avec ces substances, et porté au rouge, le Rhodium s'y combine si l'on fait passer sur lui un courant de chlore. Le chlore libre peut aussi, à une haute température, produire le même effet.
MERCURE.	Métal brillant, liquide à 39°, volatil à la température ordinaire ; blanchissant l'or et adhérant à presque tous les métaux ; lorsqu'il est congélé, il désorganise la peau comme un fer rouge.	*Calorique.*	A 40° sous zéro, il se congèle et il est alors malléable. A une température de 360°, il bout, se volatilise et se condense en gouttelettes globuleuses sur les corps froids. Si l'ébullition du métal est entretenue pendant longtemps et toujours sous l'influence d'une certaine quantité d'air, le métal s'oxide et donne alors lieu au *deutoxide de mercure* appelé encore *Précipité rouge* ou *per se.*

NOMS des CORPS.	PROPRIÉTÉS physiques PRINCIPALES.	CORPS QUI EN DÉCÈLENT LA PRÉSENCE OU QUI AGISSENT PARTICULIÈREMENT SUR EUX.	PHÉNOMÈNES et OBSERVATIONS.
MERCURE. (Suite.)		*Acide hydrochlorique.*	N'exerce aucune action sur lui, même lorsqu'on les chauffe ensemble ; à peine par l'ébullition quelques parties se dissolvent-elles.
		Acide nitrique.	Le dissout avec facilité et avec dégagement de deutoxide d'azote; si on les fait bouillir ensemble et qu'il y ait excès de mercure, il se forme un sel de *protoxide*; s'il y a excès d'acide, on obtient un *nitrate* de *deutoxide de mercure.*
		Acide sulfurique.	Concentré, et à l'aide de la chaleur, il parvient à le dissoudre en donnant lieu à un *sulfate* de *protoxide* ou de *deutoxide*, selon les quantités relatives d'acide et de mercure ; il y a dégagement d'*acide sulfureux* quand l'acide est concentré.
		Iode.	— Voyez Iode.
		Soufre.	Trituré avec lui, il donne promptement un composé d'un beau noir que les uns considèrent comme un *proto sulfure*, et les autres comme un mélange de *deuto sulfure* et de *mercure métallique* : si les corps sont humides, il y a dégagement d'*acide hydrosulfurique.*
		Phosphore.	Il ne se combine avec le mercure que très difficilement et par une longue trituration des deux corps sous l'eau, à 33 ou 34°. Ce composé est noir.
		Chlore.	Exposé à un courant de ce gaz, même à froid, il se forme des *proto* et *deuto chlorures.*
		Etain, Plomb, Bismuth, etc.	Le mercure s'unit avec eux presqu'en toute proportion ; quand il n'en contient qu'une petite quantité, il conserve à la vue toute sa liquidité, mais lorsqu'on le fait couler sur un plan incliné en gouttelettes séparées, aulieu d'être sphériques, celles-ci se prolongent et forment ce qu'on appelle la *queue.*

NOMS des CORPS.	PROPRIÉTÉS physiques PRINCIPALES.	CORPS QUI EN DÉCÈLENT LA PRÉSENCE OU QUI AGISSENT PARTICULIÈREMENT SUR EUX.	PHÉNOMÈNES et OBSERVATIONS.
ARGENT.	Blanc, brillant, d'un grand éclat, susceptible d'un beau poli, très ductile quand il est pur; lorsqu'il se trouve allié à l'or et que celui-ci se rencontre pour plus d'un quart dans la combinaison, l'acide nitrique ne parvient pas à dissoudre entièrement l'argent, mais si l'on ajoute assez de ce dernier pour que l'or entre pour moins d'un quart, alors il est très facile de séparer ces deux métaux par l'acide nitrique, qui laisse l'or insoluble.	*Chaleur.*	Le fond à une température moins élevée que celle de l'or. Quelques-uns prétendent qu'il ne s'oxide à aucune température. Cependant il paraît prouvé que lorsqu'il est fondu, il arrive un point auquel il absorbe l'oxigène dont il se sépare ensuite par un refroidissement.
		Acide hydrochlorique.	Ne l'attaque que difficilement. Cependant, lorsqu'on les chauffe ensemble, il se forme une petite quantité de *chlorure.*
		Acide nitrique.	Le dissout avec facilité, et forme un sel qui laisse précipiter le métal, quand on y plonge une lame de cuivre.
		Acide sulfurique.	Le dissout avec ou sans dégagement d'*acide sulfureux* selon sa température et sa densité.
		Chlore.	S'unit facilement avec lui quand il est très divisé, comme dans une dissolution, par exemple.
		Hydrogène sulfuré.	Le noircit sur-le-champ en formant un *sulfure.*
		Iode.	S'y combine en donnant lieu à un composé très sensible à l'action de la lumière; ce composé fait la base du *Daguerrotype.*
CUIVRE.	Rouge, brillant, susceptible d'un beau poli, malléable, ne s'altérant pas à l'air et à l'eau, quand il est en contact avec le zinc.	*Chaleur.*	Le fond à une température de 27° pyrométriques. Lorsqu'on le chauffe à l'air, il se couvre d'une croûte noire d'*oxide;* à une forte chaleur, il paraît un peu volatil et colore les flammes en vert.
		Air et humidité.	L'un et l'autre, séparément sont sans action sur lui, mais unis, la surface du métal se recouvre d'une couche de *carbonate de cuivre vert.*
		Acides nitrique et sulfurique.	Le dissolvent avec facilité, le premier, en dégageant du *deutoxide d'azote,* le second, en produisant de l'*acide sulfureux* lorsqu'il est concentré. Ces deux dissolutions précipitent le cuivre sur une lame de fer.

NOMS des CORPS.	PROPRIÉTÉS physiques PRINCIPALES.	CORPS QUI EN DÉCÈLENT LA PRÉSENCE OU QUI AGISSENT PARTICULIÈREMENT SUR EUX.	PHÉNOMÈNES et OBSERVATIONS.
CUIVRE. (Suite.)		*Acide hydrochlorique.*	Sans action sur lui hors du contact de l'air.
		Ammoniaque.	A une haute température, le rend cassant, en lui cédant une partie de son azote.
		Soufre.	Mélangés en poudre et légèrement chauffés, ils produisent quelquefois une combustion très vive.
		Zinc.	S'unit avec lui à la température de la fusion pour constituer le laiton.
URANE.	Poudre brun-noisette, lorsqu'on l'a obtenu par la réduction du chlorure double d'urane et de potassium, il est en petits cristaux octaédriques.	*Chaleur.*	Ne parvient pas à le fondre.
		Acides sulfurique et hydrochlorique.	Sont sans action sur lui.
		Acide nitrique.	Le dissout avec facilité.
BISMUTH.	Blanc, mais un peu jaunâtre ou rougeâtre, ressemblant à l'antimoine, cassant, lamelleux, facile à pulvériser; cristallisant en cubes par la fusion et alors se colorant de toutes les couleurs du prisme.	*Chaleur.*	Le fond, et avec le contact de l'air l'oxide, en produisant une poudre jaune. Le Bismuth paraît être légèrement volatil.
		Acide nitrique.	Le dissout avec facilité; lorsqu'on les met en contact, le métal étant en poudre et l'acide concentré, la réaction peut être si vive que le premier devient rouge.
		Acide sulfurique.	Le dissout lorsqu'il est concentré, et à l'aide de la chaleur.
		Chlore.	Chauffé dans un courant de ce gaz, il s'y combine.
PLOMB.	Blanc gris, d'un grand éclat lorsqu'il est fraîchement coupé; fixe, étant fondu en vase clos, volatil, quand il est fondu à l'air; se tirant facilement en feuilles.	*Chaleur.*	Le fond, et au contact de l'air, le transforme en *oxide* jaunâtre, perçant les creusets qui le renferment; le plomb peut aussi passer à l'état de *deutoxide* ou *minium*.
		Air et eau.	Exposé à l'action de l'air, il se ternit et devient bleuâtre; à l'action de l'eau et de l'air, le plomb se recouvre d'une couche blanche de *carbonate*.
		Acide nitrique.	Le dissout avec facilité.

NOMS des CORPS.	PROPRIÉTÉS physiques PRINCIPALES.	CORPS QUI EN DÉCÈLENT LA PRÉSENCE OU QUI AGISSENT PARTICULIÈREMENT SUR EUX.	PHÉNOMÈNES et OBSERVATIONS.
PLOMB. (Suite.)		*Acide sulfurique.*	Le change en *sulfate*, s'il est concentré et à une température convenable.
		Acide hydrochlorique.	L'attaque assez fortement quand on le chauffe.
		Soufre.	S'y unit en donnant un *sulfure noir*.
		Mercure.	S'y dissout presqu'en toute proportion.
CADMIUM.	Blanc, argentin, pliant comme l'étain, ductile et malléable.	*Chaleur.*	Le fond et le volatilise à une température qui n'est guère plus élevée que celle du mercure bouillant; il se condense en gouttelettes cristallines noires sur les corps froids; chauffé à l'air, il donne des vapeurs brunes d'*oxide de cadmium*.
		Acide hydrochlorique	Se comporte avec lui à peu près comme avec l'étain.
		Acide sulfurique.	Le dissout facilement en donnant un sel soluble.
		Acide nitrique.	— Idem.
		Soufre.	S'y unit en donnant un *sulfure jaune* qui, fondu, cristallise en grandes lames brillantes. Ce sulfure se produit aussi en précipitant un sel de cadmium par l'hydrogène sulfuré.
NIKEL.	Métal gris blanc d'un éclat argentin, peu malléable, souvent combiné avec le cobalt dont il est difficile de le débarrasser.	*Chaleur.*	Le fond à une température élevée; il s'oxide alors, mais se réduit si on le chauffe davantage.
		Air humide.	Paraît sans action sur lui, lorsque le métal est bien pur, sinon il paraît dégager un peu d'*hydrogène*.
		Acides sulfurique, nitrique, chloronitreux.	Agissent sur lui avec facilité, et le dissolvent quand ils sont concentrés, en donnant lieu, le premier, à de l'*acide sulfureux*, et les autres, à du *deutoxide d'azote*. L'acide sulfurique étendu, donne lieu à un dégagement d'*hydrogène*.
		Chlore.	Se combine avec lui lorsqu'on les met en contact à chaud, et il se forme un *chlorure* en petites paillettes cristallines.

NOMS des CORPS.	PROPRIÉTÉS physiques PRINCIPALES.	CORPS QUI EN DÉCÈLENT LA PRÉSENCE OU QUI AGISSENT PARTICULIÈREMENT SUR EUX.	PHÉNOMÈNES et OBSERVATIONS.
COBALT.	Métal d'un gris plus ou moins rougeâtre, d'un grain assez serré, susceptible dans certaines circonstances de décomposer l'eau.	*Chaleur.*	Le fond à une température élevée, mais l'oxide difficilement.
		Acides.	Agissent sur lui avec force et le dissolvent avec facilité. Les sels solubles qu'ils forment sont pour la plupart déliquescents et colorés.
		Fluide magnétique.	Peut s'aimenter par son influence et conserve longtemps son pouvoir magnétique.
		Chlore.	Exposé à un courant de ce gaz, le cobalt en poudre s'y combine lorsqu'on le chauffe, et donne naissance à un *chlorure bleu.*
ZINC.	Métal blanc bleuâtre à texture fibreuse et lammelleuse, assez flexible, susceptible d'être laminé, d'une ténacité très faible, très oxidable.	*Chaleur.*	Le fond à une température de 360° selon les uns, mais selon d'autres, elle doit être beaucoup plus élevée. A l'abri du contact de l'air, le zinc demeure fondu sans altération, mais au contact de ce gaz, il est à peine liquéfié qu'il se couvre d'une couche d'*oxide*; si on le fait rougir et qu'on perce ensuite cette couche d'oxide en mettant le métal à nu, celui-ci brûle avec une flamme bleuâtre quelquefois très intense et toujours fort éclatante; il se forme alors de l'oxide sous forme de flocons entraînés par la flamme. Chauffé au rouge sans le contact de l'air, il se volatilise et peut se distiller. C'est sur cette dernière propriété qu'est basé le travail de son extraction.
		Air et humidité.	Le premier le ternit assez promptement, mais sous l'influence de l'humidité, l'oxidation est beaucoup plus rapide et le métal se recouvre d'une couche d'*oxide blanc.* Le zinc dégage de l'*hydrogène* en décomposant l'eau.
		Acide hydrochlorique.	Le dissout avec facilité en formant un *chlorure* et en dégageant de l'*hydrogène.*

NOMS des CORPS.	PROPRIÉTÉS physiques PRINCIPALES.	CORPS QUI EN DÉCÈLENT LA PRÉSENCE OU QUI AGISSENT PARTICULIÈREMENT SUR EUX.	PHÉNOMÈNES et OBSERVATIONS.
ZINC. (Suite.)		*Acide sulfurique.*	Le dissout avec dégagement d'*acide sulfureux*, s'il est concentré, et d'*hydrogène*, s'il est étendu.
		Acide nitrique.	Le dissout avec dégagement de *deutoxide d'azote*.
		Cuivre.	Forme avec lui le *laiton*. Bien que combinés dans cet alliage, les deux métaux se séparent en partie par la fusion, et on prive le laiton d'une grande proportion de son zinc en le refondant plusieurs fois.
		Solution de potasse ou *de soude.*	Peuvent le dissoudre en quantité assez faible.
FER.	D'une couleur grisâtre; lorsqu'il est bien pur, il est blanc, se laisse tirer en feuilles et en fils. On le travaille au marteau et au laminoir.	*Chaleur.*	Le fond à une température très élevée. Si celle-ci est inférieure au point de fusion et qu'il y ait contact de l'air, il y a absorption d'oxigène et formation d'un *oxide mixte*, composé des deux *oxides de fer*. Le fer peut, dans certains cas, se recouvrir d'une couche de *peroxide de fer rouge*.
			Chauffé à une forte température blanche, il brûle avec flamme en lançant des étincelles brillantes, qui ne sont que des parcelles de fer en combustion. A cette température le fer jouit de la propriété de se souder à lui même ; la chaleur nécessaire à cet effet a reçu le nom de *chaleur* ou *chaude suante*.
		Air et Eau.	Sans action, lorsqu'ils agissent séparément; mais donnant naissance à un *oxide hydraté*, et quelquefois *carbonaté*, lorsqu'ils agissent simultanément.
		Acides sulfurique, nitrique et hydrochlorique.	Le dissolvent facilement en donnant lieu, lorsqu'ils sont concentrés, le premier, à de l'*acide sulfureux*, le second, à du *deutoxide d'azote* et le troisième à de l'*hydrogène*. Lorsque le fer contient du *carbone*, comme cela arrive toujours dans le commerce, il laisse dans ces acides une matière

NOMS des CORPS.	PROPRIÉTÉS physiques PRINCIPALES.	CORPS QUI EN DÉCÈLENT LA PRÉSENCE OU QUI AGISSENT PARTICULIÈREMENT SUR EUX.	PHÉNOMÈNES et OBSERVATIONS.
FER. (Suite.)		*Soufre.*	noire ou brune qui se dépose ou qui se dissout en partie. L'hydrogène obtenu par le 1.er et le 3.e de ces acides, a une odeur très fétide et alliacée. Se combine avec lui très facilement, puisque dès qu'ils sont mis en contact dans un grand état de division, ils produisent un dégré de chaleur suffisant pour décomposer l'eau. Lorsque la température est élevée, l'union est plus facile et le soufre liquéfie aisément le fer. Dans le commerce, il arrive que le fer contient du soufre; alors il est cassant, ou ce que l'on appelle *rouverin*. On a proposé l'emploi d'un bâton de soufre pour percer des trous dans le fer, mais alors les bords de ceux-ci sont très cassants et se déforment très vite.
		Carbone.	Se combine avec lui et donne naissance à des composés très variables, qui sont au nombre de trois : l'*acier*, la *fonte* et le *fer du commerce*. L'acier fond à une température plus basse que le fer, et la fonte à une température plus basse que l'acier. Dans la fonte grise, le carbone se trouve à l'état de mélange. Cette fonte est moins cassante et moins dure que la blanche, puisque celle-ci est souvent inattaquable par la lime et par le foret.
		Chlore.	S'y unit surtout à l'aide de la chaleur et donne lieu à un *chlorure* volatil.
		Magnétisme.	Il s'aimante et conserve assez longtemps cette propriété qui lui est enlevée par la chaleur. Le fluide électrique peut facilement renverser les pôles d'un aimant. L'acier surtout se laisse facilement aimanter.
MANGANÈSE.	Métal gris très oxidable.	*Chaleur.*	Le manganèse se fond très difficilement et s'oxide au contact de l'air.

NOMS des CORPS.	PROPRIÉTÉS physiques PRINCIPALES.	CORPS QUI EN DÉCÈLENT LA PRÉSENCE OU QUI AGISSENT PARTICULIÈREMENT SUR EUX.	PHÉNOMÈNES et OBSERVATIONS.
MANGANÈSE. (Suite.)		*Oxigène, Air.*	Le Manganèse s'oxide à froid par leur contact, se ternit et tombe en poudre noire ; frotté entre les doigts, il dégage une odeur d'*hydrogène* fétide.
		Eau.	Le manganèse la décompose à la température ordinaire avec dégagement d'*hydrogène*.
		Acides sulfurique et hydrochlorique.	Le dissolvent avec facilité en dégageant de l'*hydrogène*.
		Acide nitrique.	Le dissout avec dégagement d'*azote*.
		Potasse, Soude.	Par leur contact à une haute température, le manganèse absorbe l'oxigène et passe à l'état d'*acides manganeux et manganique*.
ZIRCONIUM.	Métal en poudre noire ou grisâtre, susceptible de prendre l'éclat métallique par frottement (propriété contestée par quelques-uns).	*Chaleur.*	Ne parvient pas à le fondre ; lorsqu'il y a contact de l'air, le métal brûle et se change en *zircone* bien blanche ; sans air, le métal ne change pas d'aspect, mais acquiert la propriété de se suspendre si bien dans l'eau, qu'il passe avec elle à travers des pores du filtre ; il faut l'arroser avec des sels ammoniacaux pour diminuer cette extrème divisibilité.
		Acides nitrique, sulfurique et hydrochlorique.	L'attaquent à peine à chaud. Sans action sur lui à froid.
		Acide hydrofluorique.	Le dissout avec facilité en dégageant de l'*hydrogène*. Si l'on y unit de l'acide nitrique, l'action peut alors devenir très violente.
CÉRIUM.	Métal d'une couleur brun chocolat d'après Mozander, blanc grisâtre selon d'autres ; cassant.	*Chaleur.*	Seule elle est sans action sur lui, mais au contact de l'air, il brûle et s'oxide.
		Eau.	Le cérium la décompose avec dégagement d'*hydrogène*. C'est surtout à 90° que l'action devient forte et comme si l'on avait mis un acide dans l'eau.
		Acides.	Le dissolvent ou l'attaquent facilement.

NOMS des CORPS.	PROPRIÉTÉS physiques PRINCIPALES.	CORPS QUI EN DÉCÈLENT LA PRÉSENCE OU QUI AGISSENT PARTICULIÈREMENT SUR EUX.	PHÉNOMÈNES et OBSERVATIONS.
YTTRIUM.	Métal d'une couleur noire, en paillettes qui, par le lavage, donnent une poudre noire brillante.	*Chaleur et Air.* *Acides.* *Potasse* et *Soude.*	A leur action, l'Yttrium s'enflamme en donnant lieu à de l'*yttria*: la lumière est vive et brillante. Le dissolvent ou l'attaquent avec facilité. Paraissent le dissoudre en quantité très faible.
GLUCINIUM.	Métal en poudre inattaquable par l'eau et par l'air.	*Chaleur.* *Acides.* *Potasse* et *Soude.*	A son action et avec le contact de l'air, le glucinium donne lieu à de la *Glucine;* si la température est un peu haute, l'éclat est très vif. Le dissolvent et l'attaquent facilement. Le dissolvent avec dégagement d'*hydrogène.*
ALUMINIUM.	Métal en poudre ressemblant au platine, ayant de l'éclat lorsqu'il a passé au brunissoir.	*Chaleur.* *Acides.* *Solutions de potasse* ou de *soude.* *Ammoniaque* liquide.	Avec le contact de l'air, l'Aluminium brûle en donnant lieu à de l'*alumine*, avec un éclat que les yeux ne peuvent supporter, surtout lorsqu'on opère dans de l'oxigène. A l'abri de l'air, on ne le ramollit pas même à la chaleur nécessaire pour fondre la fonte. L'attaquent ou le dissolvent avec violence quand ils sont étendus d'eau. Le dissolvent surtout lorsqu'elles sont concentrées. Le dissout en donnant lieu à un dégagement d'*hydro-gène.*
THORIUM.	Métal blanc ou grisâtre; prenant un faible éclat métallique, lorsqu'on le frotte avec une agathe.	*Chaleur.* *Acides nitrique et sulfurique.* *Acide hydrochlorique.* *Soufre.*	Ne parvient pas à le fondre, mais au contact de l'air, le métal chauffé s'enflamme, brûle avec éclat et laisse pour résidu de la *thorine.* Ne le dissolvent pas ou n'agissent que très lentement, même à une température élevée. Le dissout avec facilité en dégageant de l'*hydrogène* et en formant un *chlorure.* A l'action de la chaleur s'unit facilement à lui.

NOMS des CORPS.	PROPRIÉTÉS physiques PRINCIPALES.	CORPS QUI EN DÉCÈLENT LA PRÉSENCE OU QUI AGISSENT PARTICULIÈREMENT SUR EUX.	PHÉNOMÈNES et OBSERVATIONS.
MAGNÉSIUM.	Métal blanc, brillant, très éclatant, malléable, se laissant aplatir sous le marteau. Bussy paraît être celui qui l'a le mieux observé.	Chaleur.	Le fond à une température qui paraît ne pas dépasser celle nécessaire à la fusion de l'argent ; si on le chauffe au contact de l'air, il brûle et se convertit en *magnésie*.
		Acides *Sulfurique*, *Hydrochlorique* et *Nitrique*.	Le disolvent facilement, surtout le dernier qui donne lieu à un dégagement d'*azote*.
CALCIUM.	Blanc, brillant, argentin, ductile.	Chaleur.	Le fond, et avec le contact de l'air, le brûle et le convertit en *oxide*.
		Acides.	Le dissolvent ou l'attaquent facilement.
STRONTIUM.	Ressemble au *Barium*.	Chaleur.	Le fond, et à l'air, le fait brûler avec éclat.
		Eau.	L'oxide avec dégagement d'*hydrogène*.
		Acides.	— Le dissolvent et l'oxident.
BARIUM.	Blanc, brillant, plus pesant que l'acide sulfurique concentré.	Chaleur.	Le fond et parvient même à en volatiliser une certaine quantité à une haute température. A l'air, il y a oxidation.
		Eau.	— Comme pour le *Strontium*.
		Acides.	Le dissolvent ou l'attaquent plus facilement que le *Strontium*.
LITHIUM.	Ressemble au *Sodium*.	« «	« «
SODIUM.	Métal blanc, brillant, ductile, et se couvrant, à l'air, d'une croûte blanche.	Chaleur.	Le fond, et à une température qui n'est pas très élevée, le volatilise en quantité notable ; au contact de l'air, le métal absorbe l'oxigène avec une vive lumière.
		Eau.	A la température ordinaire, il ne se produit aucun phénomène remarquable lorsqu'on projette le métal sur l'eau; seulement il y a oxidation et dégagement d'*hydrogène*; mais, si l'eau est chaude ou si elle contient de la gomme, du sucre, etc., qui la rendent un peu épaisse, le sodium s'enflamme et brûle avec une belle flamme jaune.

NOMS des CORPS.	PROPRIÉTÉS physiques PRINCIPALES.	CORPS QUI EN DÉCÈLENT LA PRÉSENCE OU QUI AGISSENT PARTICULIÈREMENT SUR EUX.	PHÉNOMÈNES et OBSERVATIONS.
SODIUM. (Suite.)		Mercure.	Projeté sur ce métal, il en est aussitôt chassé, souvent avec inflammation et détonnation.
POTASSIUM.	Métal blanc, bleuâtre, mou comme de la cire, présentant, lorsqu'il est fraîchement coupé, un grand éclat métallique. Sa couleur, quand il est exposé à l'air, devient rapidement semblable à celle du vieux plomb, et il se couvre bientôt après d'une couche blanche de *potasse*.	Chaleur.	Le fond et le volatilise à l'abri du contact de l'air, en donnant lieu à des vapeurs d'un beau vert. A l'air, il y a inflammation et oxidation.
		Eau.	Projeté sur ce liquide, le métal brûle avec une flamme d'un beau rouge pourpre ou violet; lorsque l'oxidation est complète, il y a détonnation à la fin de la combustion.
		Acides.	Le dissolvent avec violence.
		Phosphore.	Se combine avec lui et donne un composé d'une couleur brun chocolat.
		Azote.	S'unit avec lui en formant un composé olivâtre.
		Hydrochlorate d'ammoniaque.	Sous son influence, si le *potassium* se trouve amalgamé, il y a décomposition de l'eau et formation d'*hydrure ammoniacal de mercure et de potassium* composé, doué de l'éclat métallique et d'une consistance butireuse.

co
au
l
au
d'u
mea
pro
l
rôl
est e
mén
L
les a
I
sol
cell
l'écri

ACIDES.

On donne le nom d'*Acide* à toutes les combinaisons soit *binaires*, soit *ternaires* ou *quaternaires* qui peuvent rougir les couleurs bleues végétales, et les ramener au bleu lorsqu'elles ont été altérées par une substance *basique*.

Le plus grand nombre d'entre eux jouit aussi de la propriété de se combiner aux bases salifiables, pour donner naissance à des *sels*.

Ces caractères ne sont pas toujours bien tranchés dans toutes les variétés d'acides. Ainsi, par exemple, la *silice* est insipide, insoluble et ne réagit nullement sur les couleurs bleues végétales ; cependant elle n'en possède pas moins la propriété de s'unir aux bases pour former des sels bien distincts.

Il y a des acides *hydrogénés* et *oxigénés*.

Nous nous occuperons aussi des oxides de corps simples qui peuvent jouer le rôle d'acide.

On sait que le meilleur moyen de reconnaître la présence d'un acide quelconque est de le faire agir sur une teinture végétale, mais toutes ne se comportent pas de même avec les acides.

La teinture de violettes, celles de choux rouges et de mauves, rougissent par les acides et verdissent par les alcalis.

La teinture de tournesol rougit par les acides sans être influencée par les solutions alcalines.

La teinture de rose ne doit pas être employée. Il en est d'autres, comme celle de bois de Fernambouc, qui blanchissent par l'action de certains acides, l'*acide sulfureux* par exemple.

NOMS des CORPS.	PROPRIÉTÉS physiques PRINCIPALES.	CORPS QUI EN DÉCÈLENT LA PRÉSENCE OU QUI AGISSENT PARTICULIÈREMENT SUR EUX.	PHÉNOMÈNES et OBSERVATIONS.
ACIDES DU SOUFRE. — **ACIDE SULFURIQUE.**	Tantôt solide et en aiguilles, tantôt liquide et fumant. Solide, il est très volatil. Quand il est liquide, il est beaucoup plus pesant que l'eau dont il gagne le fond, et avec laquelle il peut se combiner en toutes proportions. La couleur brune qu'il a quelquefois, est due aux matières organiques qu'il renferme en petite quantité. Dans le commerce il contient presque toujours une proportion plus ou moins forte d'acide asénieux, ce qu'il est important de noter, dans les cas médico-légaux.	*Chaleur.*	Le concentre en évaporant son eau et en élevant de plus en plus son point d'ébullition. On peut ainsi le concentrer jusqu'à 66°. Exposé à une forte chaleur, l'acide se décompose en *acide sulfureux* et en *oxigène.*
		Soufre. — *Carbone.*	Par leur contact, et à l'aide de la chaleur, l'acide se décompose, par le premier, en *acide sulfureux*, et par le deuxième, en *acides sulfureux* et *carbonique.*
		Métaux.	Un grand nombre sont attaqués par l'acide sulfurique, qu'ils décomposent, en donnant lieu à un dégagement d'*acide sulfureux.* Cela arrive toujours quand l'acide est concentré. Lorsqu'il est étendu, il se dégage de l'*hydrogène* et il se forme un *sel.*
		Matières organiques.	L'acide sulfurique se carbonise. Pour lui ôter sa couleur noire, il faut le chauffer, il y a alors dégagement d'*acides carbonique* et *sulfureux.*
		Sels de Baryte solubles.	Précipitent l'acide sulfurique à l'état de *sulfate insoluble*, en formant un dépôt insoluble dans les acides. Ce sont les meilleurs réactifs pour reconnaître cet acide.
		Sels de Strontiane solubles.	Précipitent également l'acide sulfurique en donnant lieu aux mêmes phénomènes. L'exactitude est presqu'aussi grande que par les sels de baryte.
		Sels de plomb solubles.	Précipitent l'acide sulfurique en blanc, mais avec une exactitude moins grande.
		Eau.	Se combine avec l'acide avec beaucoup de violence, surtout quand celui-ci est solide : il y a dégagement de *calorique.*
ACIDE HYPOSULFURIQUE.	Liquide, très acide, décomposable par la chaleur.		Il n'est aucun réactif qui puisse en déceler la présence lorsqu'il est libre; uni aux bases, à l'état d'*hyposulfates*, les moyens de le reconnaître sont assez nombreux. (voyez *hyposulfates.*)

NOMS des CORPS.	PROPRIÉTÉS physiques PRINCIPALES.	CORPS QUI EN DÉCÈLENT LA PRÉSENCE OU QUI AGISSENT PARTICULIÈREMENT SUR EUX.	PHÉNOMÈNES et OBSERVATIONS.
ACIDES DU SOUFRE. (Suite.) — ACIDE SULFUREUX.	Gaz d'une odeur suffoquante.	*Abaissement de température et compression.*	Dans ces deux conditions, il se liquéfie et devient très limpide.
		Chaleur.	Liquide, la température ordinaire suffit pour lui faire reprendre l'état gazeux ; il donne lieu alors à un refroidissement de 57° sous zéro. Lorsqu'il est gazeux, la chaleur seule n'a aucune action sur lui.
		Carbone.	Soumis à l'action de ce corps, lorsque la température est élevée, l'acide sulfureux se décompose.
		Eau.	L'acide sulfureux s'y dissout surtout à l'aide d'une légère compression. Par la chaleur il abandonne le liquide.
		Acide sulfurique.	S'y dissout et donne lieu à de l'*acide fumant.*
		Bases.	Se combinent à l'acide sulfureux lorsqu'elles sont dissoutes dans l'eau, en donnant lieu à des sels.
		Solution d'hydrogène sulfuré.	Versée dans une solution d'acide sulfureux, il y a formation de *soufre* qui donne un précipité blanc laiteux.
		Teinture de Fernambouc.	L'acide sulfureux la blanchit à l'instant.
ACIDE HYPOSULFUREUX.	Ne peut être obtenu que combiné aux bases. Il se décompose lorsqu'on cherche à l'en séparer.	Ne peut être reconnu qu'à l'état d'*hyposulfite.*	
ACIDES DU SÉLÉNIUM. — ACIDE SÉLÉNIQUE.	Liquide, très acide, se combinant avec l'eau en donnant lieu, comme l'acide sulfurique, à un dégagement de chaleur. Pour distinguer les combinaisons de ces deux acides, on se sert de l'acide hydrochlorique que l'acide sélénique seul décompose.	*Chaleur.*	A 280° se décompose ; jusqu'à cette température il ne fait que se concentrer.
		Acide hydrochlorique.	L'acide sélénique décompose cet acide en donnant lieu à un dégagement de chlore et à la formation d'eau. L'acide chloro-sélénieux qui en résulte jouit de la propriété de dissoudre l'or et le platine.
		Bases.	Forme avec elles des sels *isomorphes*, avec les sulfates, qui cristallisent de la même manière et à la même tempé-

NOMS des CORPS.	PROPRIÉTÉS physiques PRINCIPALES.	CORPS QUI EN DÉCÈLENT LA PRÉSENCE OU QUI AGISSENT PARTICULIÈREMENT SUR EUX.	PHÉNOMÈNES et OBSERVATIONS.
ACIDES DU SÉLÉNIUM. (Suite.) *ACIDE SÉLÉNIQUE. (Suite.)*		*Sels de Baryte solubles.*	rature ; il est conséquemment difficile de les séparer. Se comportent comme avec l'acide sulfurique en solution; le séléniate de baryte est insoluble dans les acides à froid.
ACIDE SÉLÉNIEUX	Solide, cristallisé, soluble dans l'eau, volatil, très acide, se décompose à la chaleur par des corps combustibles.	*Chaleur.*	Se volatilise par son action en donnant des vapeurs qui cristallisent en aiguilles sur les corps froids.
		Eau.	S'y dissout et cristallise par l'évaporation.
		Acides sulfureux et hydrosulfurique.	Mis en contact avec ce corps, il y a décomposition et précipitation de *sélénium;* quelquefois il y a aussi précipitation de *sulfure de sélénium.*
		Zinc.	Une baguette de ce métal, plongée dans une solution d'acide sélénieux, prend d'abord un éclat cuivré et donne ensuite lieu à un précipité de *sélénium* d'une couleur rouge, quelquefois ressemblant à celle du cuivre ou du cinabre.
		Bases.	Se combine avec elles en formant des sels qui correspondent aux *sulfites.*
ACIDES DE L'AZOTE. *ACIDE NITRIQUE.*	Liquide, très acide, soluble dans l'eau en toute proportion.	*Chaleur.*	L'acide nitrique se volatilise à une chaleur inférieure à 100°, lorsqu'il est étendu. Concentré, il ne se volatilise qu'à 120° ou 125° dans des vaisseaux de verre.
		Métaux.	L'acide nitrique est décomposé par beaucoup d'entre eux en dégageant du *deutoxide d'azote* et quelquefois de *l'azote.*
		Bases.	L'acide nitrique s'unit avec elles pour former des sels.
		Sulfate acide d'indigo.	Pour reconnaître même un 500.me d'acide nitrique, on introduit dans le liquide qui le contient, une quantité suffisante de cette matière pour lui donner une légère couleur bleue; on ajoute ensuite quelques gouttes d'acide sulfurique, et

NOMS des CORPS.	PROPRIÉTÉS physiques PRINCIPALES.	CORPS QUI EN DÉCÈLENT LA PRÉSENCE OU QUI AGISSENT PARTICULIÈREMENT SUR EUX.	PHÉNOMÈNES et OBSERVATIONS.
ACIDES DE L'AZOTE. (Suite.) — ACIDE NITRIQUE.			l'on chauffe; la liqueur se décolore et devient jaunâtre. C'est un moyen très sensible, et qui permet de reconnaître moins $\frac{1}{500}$ d'acide nitrique, si l'on ajoute un peu de chlorure de sodium avant de chauffer la liqueur.
ACIDE NITREUX.	Rouge oranger, quand il est gazeux; soluble dans l'eau et s'y décomposant, en donnant lieu à de l'acide nitrique et à du deutoxide d'azote. Il y a une portion d'acide nitreux qui n'est pas décomposé.	Chaleur.	Le volatilise en lui faisant prendre une couleur rouge orangée foncée.
		Eau.	Lorsque l'acide nitreux est combiné à ce liquide, il forme une solution d'une belle couleur verte ; ce qui arrive aussi quand il est dissous dans l'acide nitrique. Lorsque sa solution dans l'eau est très concentrée, elle est alors incolore, surtout quand elle a été exposée à un grand froid.
		Bases.	L'acide nitreux se combine avec elles, en donnant lieu à des sels qui peuvent facilement être confondus avec les *nitrates;* mais lorsqu'on les traite par un acide, ils donnent des vapeurs *rouges* au lieu d'en donner de *blanches.*
ACIDE NITRO-NITRIQUE.	Cet acide, admis par quelques chimistes, ne paraît pas donner lieu à des composés distincts.		
DEUTOXIDE D'AZOTE.	Gazeux, devenant rouge avec le contact de l'air ou de l'oxigène; il est soluble dans les dissolutions ferreuses.	Bases.	Le deutoxide d'azote se combine avec elles en donnant naissance à des sels qui contiennent souvent un peu d'*acide nitreux.* Pour l'apprécier, on introduit un peu de la combinaison sous une petite cloche remplie de mercure, et sous laquelle on fait aussi passer une petite quantité d'acide hydrochlorique qui décompose la matière

NOMS des CORPS.	PROPRIÉTÉS physiques PRINCIPALES.	CORPS QUI EN DÉCÈLENT LA PRÉSENCE OU QUI AGISSENT PARTICULIÈREMENT SUR EUX.	PHÉNOMÈNES et OBSERVATIONS.
ACDES DE L'AZOTE. (Suite). — DEUTOXIDE D'AZOTE.			saline; si elle ne contient que du deutoxide d'azote, le gaz qui se produit est incolore; il est légèrement rouge, même sans le contact de l'air, si le sel contient de l'acide nitreux.
PROTOXIDE D'AZOTE.	Ce corps ne jouit que de propriétés acides trés douteuses.		
ACIDES DU CHLORE. — ACIDE OXICHLORIQUE.	Liquide, volatil, très acide, rougissant fortement les teintures bleues; ses sels ne sont pas décomposables par l'acide sulfurique, à la température ordinaire.	*Chaleur.* *Carbone.* *Phosphore.* *Soufre.*	N'exerce sur lui aucune action et ne fait que le volatiliser. S'il est combiné à des bases, la chaleur détermine la formation d'un *chlorure* et un dégagement d'oxigène. (Voyez *Oxichlorates.*)
ACIDE CHLORIQUE.	Liquide, en partie volatil, très acide, formant des sels qui détonnent avec les combustibles. (Voy. *chlorates*).	*Teintures bleues.* *Hydrogène sulfuré.* *Acide hydrochlorique.* *Papier gris.* *Chaleur.*	Ces teintures rougissent d'abord, et se décolorent ensuite. Cet effet se manifeste surtout quand on maintient un papier bleu quelque temps dans l'acide; celui-ci alors se décompose, et son chlore s'unit à l'hydrogène de la matière colorante. Décompose l'acide en donnant naissance à un dépôt de *soufre.* Décompose l'acide avec un dégagement de *chlore.* S'enflamme quelquefois quand l'acide est bien concentré. Le concentre d'abord et le décompose ensuite.

NOMS des CORPS.	PROPRIÉTÉS physiques PRINCIPALES.	CORPS QUI EN DÉCÈLENT LA PRÉSENCE OU QUI AGISSENT PARTICULIÈREMENT SUR EUX.	PHÉNOMÈNES et OBSERVATIONS.
ACIDES DU CHLORE. (Suite). DEUTOXIDE DE CHLORE OU ACIDE CHLOREUX.	Gazeux, jaune verdâtre, odeur très désagréable, détonnant à 100°.	*Bases.*	Se combine quelquefois avec elles pour donner naissance à des sels considérés par les uns, comme *chlorites mélangés* de *chlorures*, et par d'autres, comme *oxichlorures* (Voyez *Chlorites*).
ACIDE DU BROME. ACIDE BROMIQUE.	Acide liquide, oléagineux, quand il est concentré, très acide, blanchissant quelquefois les couleurs bleues végétales.	*Chaleur.*	A son action, l'acide se concentre d'abord, puis se volatilise, mais toujours en se décomposant en partie.
		Eau.	S'unit à ce liquide en toute proportion.
		Carbone et phosphore.	Se décompose par ces corps à l'action de la chaleur, en donnant lieu à une odeur de brôme très marquée.
		Acide sulfureux,	Un courant de cet acide décompose l'acide brômique; il y a alors dépôt de *soufre*, et quelquefois formation d'*acide sulfurique* et dégagement de *brôme.*
		Hydrogène sulfuré,	Cet acide décompose aussi l'acide brômique, mais outre le dépôt de soufre, il y a formation d'eau et d'*acide sulfurique.*
		Acide hydrochlorique	Cet acide donne lieu, avec l'acide brômique, à un dégagement de *chlore* et quelquefois de *brôme* et d'eau.
		Bases.	Forme avec elles des sels qui, par la chaleur, donnent lieu à un dégagement d'*oxigène* et à des *brômures.*
		Sels d'argent solubles.	L'acide brômique, ou les *brômates* déterminent dans les dissolutions d'argent un précipité blanc.

NOMS des CORPS.	PROPRIÉTÉS physiques PRINCIPALES.	CORPS QUI EN DÉCÈLENT LA PRÉSENCE OU QUI AGISSENT PARTICULIÈREMENT SUR EUX.	PHÉNOMÈNES et OBSERVATIONS.
ACIDE DE L'IODE. — ACIDE IODIQUE.	Acide solide blanc, cristallin, soluble dans l'eau	*Chaleur.*	A son action, il se fond et se volatilise ensuite en se décomposant; il exhale alors une odeur caractéristique d'*iode.*
		Acides sulfureux, hydrochlorique et *hydrosulfurique.*	Ces acides se comportent avec l'acide iodique comme avec l'acide chlorique.
		Teintures bleues.	Ces teintures rougissent d'abord et se décomposent ensuite par l'acide.
		Carbone et phosphore.	Ces corps décomposent l'acide à l'aide de la chaleur.
		Bases.	Forme avec elles des sels qui passent à l'état d'*iodures* par la chaleur. Ces sels détonnent par la percussion, et surtout par la chaleur, quand ils sont mélangés avec des combustibles.
		Acide sulfurique.	Les sels formés par l'acide iodique, passent souvent par son contact à l'état de *suriodates.*
ACIDE DU PHOSPHORE. — ACIDE PHOSPHORIQUE.	Blanc, quand il est anhydre; alors il est soluble dans l'eau, en faisant entendre un bruit semblable à celui que produit un fer rouge; quand il est hydraté, il est en consistance sirupeuse et peut être fondu dans un creuset de platine, pour autant qu'il n'ait pas le contact du carbone qui, en déterminant sa réduction, donnerait lieu à la formation d'un phosphure de platine qui pourrait percer le creuset.	*Chaleur.*	Son action varie selon l'état de l'acide; lorsqu'il est sec, il fond; quand il est *hydraté,* et qu'il est pur, il se volatilise d'après quelques chimistes, en donnant lieu à d'épaisses *vapeurs blanches.* Cette volatilité paraît être en raison directe de sa pureté, car quand l'acide phosphorique se trouve mélangé, il en reste une quantité notable qu'on ne peut volatiliser.
		Carbone, hydrogène.	Ces corps à une température élevée, décomposent l'acide phosphorique, en donnant lieu, dans le premier cas, à de l'*acide carbonique* et à du *phosphore,* et dans le deuxième, à de l'*eau* et à de l'*hydrogène phosphoré.*
		Bases.	L'acide phosphorique se combine avec elles pour former des sels qui, avec les dissolutions d'argent, donnent un précipité jaune qui se dissout dans l'acide nitrique; les paraphosphates, ou les sels formés par l'acide phosphorique anhydre, ne donnent lieu qu'à un précipité blanc.

NOMS des CORPS.	PROPRIÉTÉS physiques PRINCIPALES.	CORPS QUI EN DÉCÈLENT LA PRÉSENCE OU QUI AGISSENT PARTICULIÈREMENT SUR EUX.	PHÉNOMÈNES et OBSERVATIONS.
ACIDES DU PHOSPHORE. (Suite.) — **ACIDE PHOSPHORIQUE. (Suite.).**		*Potassium.*	Ce métal décompose facilement l'acide phosphorique, et c'est sur cette action que Mrs Thénard et Vauquelin ont imaginé un procédé très simple pour reconnaître, avec certitude, l'acide phosphorique libre ou combiné, la quantité à analyser n'excédât-elle pas un demi milligramme. Pour cela on introduit la matière bien sèche avec un peu de potassium, dans un tube de verre fermé par un bout, et on chauffe ; après on enlève l'excès du potassium au moyen d'un peu de mercure que l'on introduit dans le tube, et qu'on laisse ensuite écouler. Si on dirige alors sur la matière restant dans le tube, un courant d'air humide, on sentira une odeur caractéristique de *phosphure d'hydrogène.*
		Chalumeau.	Cet acide libre ou combiné, se reconnaît facilement au chalumeau, d'après Berzélius. Pour cela, on introduit dans le globule en fusion, un petit fil d'acier et on chauffe quelque temps à la flamme intérieure. Le globule que l'on obtient étant frappé légèrement sur une enclume, abandonne un petit culot de *phosphure de fer* qui est dur, très cassant et magnétique. Plusieurs chimistes ont prouvé que ces caractères n'étaient pas exclusivement propres à l'acide phosphorique et aux phosphates, et que le soufre dans les mêmes circonstances pourrait aussi les produire.
ACIDE PHOSPHOREUX.	Tantôt solide, tantôt liquide, très acide, rougissant fortement les couleurs bleues. Il s'obtient par la décomposition par l'eau du chlorure de phosphore.	*Chaleur.*	Exposé à son action, l'acide se décompose en donnant lieu au dégagement d'un gaz qui brûle, lorsqu'on l'enflamme, en répandant une odeur d'ail. Une bulle de ce gaz reçue dans une dissolution d'argent y forme un trouble brun, et bientôt après, un précipité assez abondant. Il reste de l'acide phosphorique.

NOMS des CORPS.	PROPRIÉTÉS physiques PRINCIPALES.	CORPS QUI EN DÉCÈLENT LA PRÉSENCE OU QUI AGISSENT PARTICULIÈREMENT SUR EUX.	PHÉNOMÈNES et OBSERVATIONS.
ACIDES DU PHOSPHORE. (Suite.) — ACIDE PHOSPHOREUX. (Suite.)		*Chlorure d'or.*	L'acide phosphoreux, versé dans ce chlorure, détermine la réduction du métal qui se précipite en poudre.
		Deuto-chlorure de Mercure.	Versé dans une solution de ce chlorure, l'acide phosphoreux précipite un *proto chlorure de mercure* insoluble, dont la quantité augmente quand les solutions sont concentrées.
		Dissolutions cuivreuses	A la température de l'ébullition, l'acide phosphoreux réduit le cuivre.
ACIDE HYPOPHOSPHORIQUE.			Cet acide se comporte comme un mélange d'acide phosphorique et phosphoreux
ACIDE HYPOPHOSPHOREUX.	Liquide, très acide, facilement décomposable.	*Chaleur.*	Se décompose à son action en donnant lieu aux mêmes phénomènes que l'acide phosphoreux avec lequel il est facile de le confondre. Pour le distinguer, on sature le liquide contenant un de ces deux acides, par une terre telle que l'alumine ou la magnésie. L'on décompose le produit par la chaleur ; si le gaz que l'on obtient s'enflamme au contact de l'air, comme l'hydrogène phosphoré, c'est de l'*acide hypophosphoreux*, dans le cas contraire c'était de l'*acide phosphoreux* qui était contenu dans le liquide.
ACIDE DU BORE. — ACIDE BORIQUE.	Acide solide, blanc, d'une saveur aigrelette, cristallisant soit en paillettes, soit en petits prismes doux au toucher et plus solubles.	*Chaleur.*	Par son action, l'acide fond sans s'altérer et se volatilise, selon quelques-uns, à une très haute température. Tout le monde n'est pas d'accord sur ce point. Toujours est-il que dans les essais ou on emploie l'acide borique comme fondant

NOMS des CORPS.	PROPRIÉTÉS physiques PRINCIPALES.	CORPS QUI EN DÉCÈLENT LA PRÉSENCE OU QUI AGISSENT PARTICULIÈREMENT SUR EUX.	PHÉNOMÈNES et OBSERVATIONS.
ACIDE DU BORE. (Suite.) — ACIDE BORIQUE. (Suite.)	dans l'eau bouillante que dans l'eau froide.	*Chaleur* (Suite).	on en perd une très grande quantité.
		Eau.	Se combine avec elle pour donner naissance à un *hydrate* qui cristallise en paillettes.
		Bases.	Combiné avec elles, il forme des sels qui sont pour la plupart insolubles et que l'on peut reconnaître en versant dessus quelques gouttes d'acide sulfurique, et les faisant brûler avec de l'alcool.
		Alcool.	En brûlant, l'acide borique colore sa flamme en vert, surtout lorsque l'alcool est presqu'entièrement consumé.
		Potassium.	Décomposable par ce métal en donnant lieu à du *bore* et à du *borate de potasse.*
		Carbonne et *Fer.*	L'acide borique paraît décomposable par ces deux corps réunis à une haute température.
ACIDES DU CARBONE. — ACIDE CARBONIQUE.	Gaz d'une saveur légèrement acide , impropre à la combustion et à la respiration, précipitant en blanc les sels de chaux, de Baryte etc ; plus pesant que l'air : pouvant être réduit à l'état liquide et même solide par le froid et la compression.	*Chaleur.*	L'action de la chaleur varie selon l'état de l'acide : s'il est solide ou liquide, la température ordinaire suffit pour lui faire reprendre l'état gazeux ; si l'acide se trouve condensé , c'est-à-dire, combiné à une base, il faut une température élevée pour le dégager de cette combinaison, quand le sel n'est pas fixe.
		Couleurs bleues végétales.	Ces teintures rougissent d'abord sous son influence, mais reprennent bientôt à l'air leur couleur primitive.
		Eau.	Ce liquide dissout une certaine quantité d'acide carbonique qui augmente beaucoup par la compression ; la chaleur suffit pour l'en dégager, et le contact prolongé de l'air produit souvent le même effet.
		Carbone et Fer.	Au contact de ces corps, et à une température élevée, l'acide carbonique peut se transformer en *oxide de carbone.*
		Bases.	L'acide carbonique forme avec elles des sels qui verdissent presque toutes les couleurs bleues végétales, bien enten—

NOMS des CORPS.	PROPRIÉTÉS physiques PRINCIPALES.	CORPS QUI EN DÉCÈLENT LA PRÉSENCE OU QUI AGISSENT PARTICULIÈREMENT SUR EUX.	PHÉNOMÈNES et OBSERVATIONS.
ACIDE CARBONIQUE. (Suite).		*Bases* (suite).	du quand les bases sont alcalines. Avec les oxides métalliques, l'acide carboniqne ne forme, le plus souvent, que des *carbonates* insolubles qui se dissolvent cependant quelquefois dans un excès d'acide carbonique. Ces sels traités par les acides, se décomposent avec effervescence. (Voyez *Carbonates.*)
ACIDES DU CARBONE. (Suite). ACIDE OXALIQUE.	Solide, blanc, cristallisé, très acide, existant dans un grand nombre de matières végétales, et ne pouvant pas être formé directement par les procédés de la chimie inorganique. Il tient, par sa composition, le milieu entre l'acide carbonique et l'oxide de carbone.	*Chaleur.*	Elle le décompose en *acide carbonique* et *oxide de carbone* à volumes égaux.
		Eau.	L'acide oxalique est soluble dans ce liquide, en faisant entendre un pétillement caractéristique, lorsqu'il est en cristaux.
		Acide Sulfurique.	L'acide oxalique, ou ses combinaisons avec les bases, traité par l'acide sulfurique ordinaire, se décomposent, à l'aide de la chaleur, en *acide carbonique* et *oxide de carbone*. Si l'on reçoit les gaz sous une cloche, et qu'on les agite avec une solution de potasse, il y aura environ la moitié du volume total qui se dissoudra, l'autre moitié sera de l'*oxide de carbone*, qui, si on y met le feu au contact de l'air, brûlera avec une flamme bleue bien plus vive qu'elle ne l'était lorsque le gaz était mélangé d'acide carbonique.
		Bases.	Se combinent avec lui pour former des sels, d'autant plus solubles, qu'ils sont plus acides.
		Chaux.	Cette base, ou ces combinaisons salines solubles, constituent le meilleur réactif pour reconnaître l'acide oxalique; celui-ci détermine la formation d'un précipité blanc, même dans une solution de sulfate de chaux.

NOMS des CORPS.	PROPRIÉTÉS physiques PRINCIPALES.	CORPS QUI EN DÉCÈLENT LA PRÉSENCE OU QUI AGISSENT PARTICULIÈREMENT SUR EUX.	PHÉNOMÈNES et OBSERVATIONS.
ACIDE DU SILICIUM. ACIDE SILICIQUE.	Solide, blanc, sans odeur, sans saveur, sans action sur les couleurs bleues végétales.	Chaleur.	Infusible à la plus haute température, quand il n'est pas mélangé avec une matière basique. Lorsqu'il a été fortement rougi au feu, il devient beaucoup moins attaquable par ses dissolvants ordinaires.
		Acide hydrofluorique.	De tous les acides, c'est celui qui dissout le mieux l'acide silicique, en donnant lieu à la formation d'*eau* et de *fluorure de silicium*. Cette action est d'autant plus vive, que la concentration de l'acide hydrofluorique est plus grande. Lorsque cet acide est concentré, au point de donner des vapeurs blanches à l'air, le contact de la silice détermine une espèce d'ébullition et une grande élévation de température.
		Eau.	Dans les circonstances ordinaires, elle ne peut le dissoudre, mais quand il a été précipité d'une solution de silicate, l'acide silicique peut, dans quelques cas, s'y dissoudre en quantités assez notables qui, si on évapore l'eau, perd la propriété de se dissoudre de nouveau.
		Solutions de potasse ou de soude.	L'acide silicique s'y dissout, surtout à l'aide de la chaleur, et lorsque ces solutions sont concentrées.
		Bases.	L'acide silicique se combine avec elles, surtout par une forte élévation de température. Il donne alors lieu à des sels presque toujours insolubles dans l'eau, à moins qu'ils ne contiennent un excès de base. Toujours faut-il que le *silicate* soit *alcalin*.
		Potassium.	Ce métal décompose l'acide, en donnant lieu a du *silicium* et a du *silicate de potasse*.
		Chalumeau.	Au chalumeau, l'acide silicique ne se dissout pas dans le sel de phosphore et nage dans le globule; il se dissout dans le borax, mais avec beaucoup de lenteur, et ne se dissout bien que dans le bicarbonate de soude, avec lequel il donne un globule vitreux.

NOMS des CORPS.	PROPRIÉTÉS physiques PRINCIPALES.	CORPS QUI EN DÉCÈLENT LA PRÉSENCE OU QUI AGISSENT PARTICULIÈREMENT SUR EUX.	PHÉNOMÈNES et OBSERVATIONS.
ACIDE DU TANTALE. — ACIDE TANTALIQUE.	Acide blanc, sans saveur, presqu'insoluble dans l'eau.	*Chaleur.*	N'exerce sur lui aucune action.
		Solutions de potasse ou de soude.	Les solutions de ces bases peuvent surtout, quand la température est un peu élevée, dissoudre l'acide tantalique hydraté et donner lieu à un sel qui peut être *basique* ou *acide.* Quelques chimistes nient l'existence de cette solubilité.
		Carbonates de potasse ou de soude.	Ces corps sont aussi susceptibles de dissoudre l'acide tantalique, et donnent alors lieu à un dégagement d'*acide carbonique*, qui est d'autant plus vif que la température est plus élevée.
		Bisulfate de potasse.	Ce corps fondu avec l'acide tantalique, donne lieu à une masse plus ou moins homogène, ressemblant à celle qui résulte de la fusion de l'acide tantalique avec la potasse ; mais on les distingue facilement en ce que la première étant mise dans l'eau, le sulfate de potasse seul se dissout et l'acide tantalique se précipite, tandis que la seconde se dissout entièrement dans l'eau.
		Acides sulfurique et hydrofluorique.	Ils dissolvent l'acide tantalique d'autant plus facilement qu'ils sont plus concentrés.
		Oxalate acide de potasse en solution.	Il dissout facilement l'acide tantalique, mais la liqueur donne lieu à un précipité jaune quand on y verse une solution de *ferro cyanate de potasse.* Si on y verse une infusion de noix de galles, le précipité sera d'une couleur jaune oranger.
		Teintures bleues.	L'acide est sans action sur les couleurs bleues, quand il est sec, mais si on l'humecte légèrement, il les rougit. Sans action aussi sur le papier de tournesol.
		Chalumeau.	L'acide tantalique est insoluble au chalumeau, mais avec addition de soude ou de borax, il donne lieu à un globule limpide qui devient vitreux en se refroidissant ; avec le sel de phosphore, le globule est ordinairement limpide.

NOMS des CORPS.	PROPRIÉTÉS physiques PRINCIPALES.	CORPS QUI EN DÉCÈLENT LA PRÉSENCE OU QUI AGISSENT PARTICULIÈREMENT SUR EUX.	PHÉNOMÈNES et OBSERVATIONS.
ACIDE DU TITANE. ACIDE TITANIQUE.	Acide blanc, presqu'insipide, quelquefois brunâtre et présentant beaucoup d'éclat. Quelquefois il a une couleur rougeâtre due à l'oxide de fer qu'il contient.	Eau.	Il absorbe une petite quantité de ce liquide et forme un *hydrate* qui rougit les couleurs bleues, mais très légèrement.
		Bases.	En contact avec elles, il s'y combine lorsqu'elles sont dissoutes dans l'eau et donne lieu à des sels plus ou moins solubles.
		Acides.	L'acide titanique, exposé à une haute température, devient moins susceptible de se dissoudre dans ces corps.
		Zinc.	L'acide titanique, précipité d'une dissolution de titanate, peut être facilement reconnu au moyen d'une lame de ce métal qui, introduite dans ce précipité, lui communique bientôt une couleur bleue, quelquefois très intense. L'étain et le fer paraissent dans certains cas, devoir donner lieu aux mêmes effets.
		Chalumeau.	L'acide titanique est facilement reconnaissable au chalumeau, par sa propriété de colorer en bleu le sel de phosphore quand le globule est chauffé à la flamme intérieure; la couleur bleue disparaît, lorsque le globule est exposé à la flamme extérieure. Il est facile de distinguer l'acide titanique des oxides de manganèse et de cobalt, qui peuvent aussi colorer en bleu les globules d'essai. L'oxide de manganèse ne leur communique cette couleur qu'à la flamme extérieure. Quant à l'oxide de cobalt, il colore en bleu dans les deux parties de la flamme.

NOMS des CORPS.	PROPRIÉTÉS physiques PRINCIPALES.	CORPS QUI EN DÉCÈLENT LA PRÉSENCE OU QUI AGISSENT PARTICULIÈREMENT SUR EUX.	PHÉNOMÈNES et OBSERVATIONS.
ACIDES DE L'ANTIMOINE. ACIDE ANTIMONIQUE.	Acide solide, jaune, blanc, quand il est hydraté ; pesant, non volatil, décomposable par la chaleur.	*Chaleur.*	A une température un peu élevée, cet acide perd sa couleur blanche et devient jaunâtre. Il passe alors à l'état d'*acide antimonieux*. Lorsque la transformation est complète, le résidu reprend la couleur blanche.
		Acide hydrochlorique.	Dissout assez facilement l'acide antimonique et donne lieu à une dissolution jaunâtre qui précipite en blanc, quand on y ajoute de l'eau. Lorsque la quantité ajoutée, l'a été brusquement, et surtout quand elle a été assez forte, le précipité ne se manifeste pas de suite, mais il devient très abondant après quelque temps de repos.
		Acide hydrosulfurique.	Cet acide dissout dans l'eau ou en courant, est un réactif pour reconnaître l'acide antimonique, car il se forme dans la liqueur un précipité jaune oranger, susceptible de se dissoudre dans l'hydrosulfate d'ammoniaque. Ce précipité est du soufre oranger d'antimoine (sulfure d'antimoine hydraté).
		Acide tartrique.	Cet acide, en quantité assez faible, peut déterminer un précipité dans les dissolutions d'acide antimonique. Si on le versait dans un antimoniate de potasse, il donnerait lieu aux mêmes phénomènes.
		Potasse.	Cet alcali dissout l'acide antimonique, lorsqu'il est en solution concentrée. Si les deux corps sont fondus ensemble, on obtient une masse volumineuse et plus ou moins boursouflée qui, traitée par l'eau, laisse une matière insoluble, tandis qu'une assez grande quantité se dissout. Berzélius pense que la matière insoluble est un *antimoniate acide*, et la matière entraînée par l'eau, un *sous antimoniate*.
		Zinc.	Plongé, quand il est bien décapé, dans une solution de cet acide, ce métal donne lieu à une poudre noire très fine, ou en flocons très légers, qui est de l'*antimoine métallique*.

NOMS des CORPS.	PROPRIÉTÉS physiques PRINCIPALES.	CORPS QUI EN DÉCÈLENT LA PRÉSENCE OU QUI AGISSENT PARTICULIÈREMENT SUR EUX.	PHÉNOMÈNES et OBSERVATIONS.
ACIDES DE L'ANTIMOINE. — ACIDE ANTIMONIEUX.	Acide blanc, solide, quelquefois jaunâtre, soluble dans l'acide hydrochlorique, insoluble dans l'acide nitrique comme l'acide antimonique ; rougit les couleurs bleues, surtout quand il est humide.	*Chaleur.*	Ne lui fait éprouver aucune modification sensible, mais le rend seulement moins attaquable par les acides. L'acide antimonieux, qui a, avec l'acide antimonique, une grande ressemblance, ne peut en être bien distingué que par la chaleur. Les autres réactifs se comportent de même avec l'un qu'avec l'autre.
		Chalumeau.	Exposé à l'action du chalumeau sur du charbon, il se reduit et donne de l'*antimoine métallique* quand on opère avec la soude, et, dans tous les cas, de l'*oxide d'antimoine* qui dépose une petite poudre blanche sur le charbon près du globule.
ACIDE DU MOLYBDÈNE. — ACIDE MOLYBDIQUE.	Acide blanc, cristallisé en longues aiguilles, fusible et volatil.	*Chaleur.*	A son action, l'acide molybdique, s'il est chauffé en vase clos, se fond, et si c'est à l'air libre, se volatilise en donnant des cristaux en longues aiguilles soyeuses. La couleur de l'acide peut-être un peu altérée par une forte chaleur en vase clos.
		Acides.	La plupart d'entre eux le dissolvent et le laissent précipiter par l'addition d'un alcali.
		Bases.	Ces matières dissolvent aussi cet acide en donnant lieu à des *molybdates* décomposables par les acides concentrés.
		Cyanure jaune de potassium et de fer.	Une solution de ce sel versée dans une dissolution d'acide molybdique détermine la formation d'un précipité d'une couleur brune plus ou moins foncée.
		Cyanure rouge de potassium et de fer.	Mêmes phénomènes.
		Zinc.	Ce métal plongé dans une dissolution d'acide molybdique, détermine la formation d'un précipité brun-noir.
		Hydrogène sulfuré et Hydrosulfates.	Un courant de cet acide détermine, dans les dissolutions d'acide molybdique, un précipité de la couleur du précédent surnagé par un liquide vert.

NOMS des CORPS.	PROPRIÉTÉS physiques PRINCIPALES.	CORPS QUI EN DÉCÈLENT LA PRÉSENCE OU QUI AGISSENT PARTICULIÈREMENT SUR EUX.	PHÉNOMÈNES et OBSERVATIONS.
ACIDE DE CHROME. *ACIDE CHROMIQUE.*	Solide, rouge pourpre ou hyacinthe, en cristaux très légers et occupant beaucoup de place, soluble dans l'eau, très acide; désorganisant et carbonisant les matières organiques comme le fait l'acide sulfurique concentré.	*Chaleur.*	Exposé à une forte chaleur, cet acide commence par se fondre, puis se décompose, en donnant lieu à un dégagement d'*oxigène*, et à la formation *d'oxide de chrôme* qui à la fin de l'opération, brûle avec un vif éclat.
		Eau.	Cet acide versé dans l'eau s'y unit en toutes proportions en la colorant en rouge.
		Acide hydrochlorique	Versé dans l'acide chrômique, cet acide le décompose en donnant lieu à la formation d'eau, *d'oxyde de chrôme* et à un dégagement de *chlore*. Comme l'oxyde de chrôme reste quelquefois dissout dans la liqueur, il lui communique une couleur verte.
		Acide Sulfurique.	Selon quelques chimistes, l'acide chrômique peut former avec cet acide un composé cristallin.
		Bases.	Ces corps combinés à l'acide chrômique, produisent des sels qui sont tous d'une couleur jaune ou rouge. Cette dernière appartient surtout aux *chromates acides*. Si, dans ces derniers, on verse un alcali, la dissolution reprend une couleur jaune.
		Sels de plomb, d'argent, de mercure et de baryte solubles.	Ces sels versés dans une dissolution d'acide chrômique, déterminent, les premiers, un précipité dont la couleur varie du jaune serin au jaune oranger; les seconds, à un précipité pourpre sanguin; les troisièmes, à un précipité oranger et les quatrièmes, à un précipité jaune serin.
		Chalumeau.	L'acide chrômique se comporte avec lui comme l'oxide de chrôme.

NOMS des CORPS.	PROPRIÉTÉS physiques PRINCIPALES.	CORPS QUI EN DÉCÈLENT LA PRÉSENCE OU QUI AGISSENT PARTICULIÈREMENT SUR EUX.	PHÉNOMÈNES et OBSERVATIONS.
ACIDE DU VANADIUM. ACIDE VANADIQUE.	Solide, rouge briqueté ou jaune brunâtre, et devenant d'autant plus clair, qu'on le porphyrise davantage. Il ne rougit le papier de Tournesol que quand il est humide. Il est fusible et non volatil.	*Chaleur.*	A son action, l'acide se fond à une température assez élevée et ne se décompose pas même si on le chauffe à l'air libre et à un courant de gaz; il paraît qu'aucune partie ne se volatilise. Si on le laisse refroidir, après qu'il a été fondu, l'acide vanadique se présente en masse résultant d'une agglomération de cristaux, et au moment ou cette cristallisation s'opère, la température devient si haute, que l'acide qui avait déjà cessé d'être rouge, devient tout à coup incandescent. La couleur de la masse est jaunâtre ou briquetée et d'un jaune assez clair, vers les bords.
		Eau.	L'acide vanadique ne se dissout dans ce liquide qu'en quantité très faible, mais il peut s'y tenir en suspension en quantité très notable. La liqueur est alors trouble, jaunâtre comme de l'eau argileuse, et avec le temps elle laisse déposer un précipité jaune assez abondant. La solution d'acide vanadique dans l'eau évaporée, laisse à peu près un résidu égal au millième de son poids.
		Acides.	La plupart peut dissoudre l'acide vanadique, mais quelques-uns se décomposent en le dissolvant, ou décomposent l'acide vanadique pour s'oxigéner eux-mêmes. C'est ainsi que se comporte *l'acide nitreux*, p. ex. *L'acide hydrochlorique* donne avec l'acide vanadique naissance à une liqueur qui devient verte et peut dissoudre l'or et le platine. Il y a ordinairement dégagement de *chlore*. Avec les acides concentrés, l'acide vanadique peut jouer le rôle de base.
		Bases.	Avec elles l'acide vanadique forme des sels dont la couleur primitive paraît être le jaune, mais qui, par une augmentation d'acide, peuvent passer au rouge.

NOMS des CORPS.	PROPRIÉTÉS physiques PRINCIPALES.	CORPS QUI EN DÉCÈLENT LA PRÉSENCE OU QUI AGISSENT PARTICULIÈREMENT SUR EUX.	PHÉNOMÈNES et OBSERVATIONS.
ACIDE DU VANADIUM. (Suite.) — ACIDE VANADIQUE. (Suite.)	(*Voir à la page précédente*).	*Cyanure double de potassium et de fer jaune.*	Une solution de ce sel détermine dans les dissolutions d'acide vanadique un précipité vert.
		Hydrosulfate d'ammoniaque.	Une solution de ce sel communique aux dissolutions d'acide vanadique une couleur rouge de bière; et au bout d'un certain temps un précipité brun, si la dissolution contient un autre acide.
		Infusion de noix de galles.	Elle donne dans les solutions d'acide vanadique un précipité bleu noir.
		Acides citrique, tartrique, sucre, etc.	Ces matières déterminent la réduction de l'acide vanadique.
		Chalumeau.	L'acide vanadique présente à cet agent des phénomènes tranchés; avec le sel de phosphore, il produit un globule qui, chauffé dans la flamme intérieure, se colore en beau vert comme s'il y avait du *chrôme*. Dans la matière dessai, il arrive que le globule est brunâtre quand il est chaud et que la couleur verte n'est appréciable qu'après le refroidissement. Il est facile de distinguer le vanadium du chrôme en ce que le globule porté à la flamme extérieure devient jaune, quand il contient du vanadium, et reste vert, lorsqu'il contient du chrôme. Chauffé seul sur le charbon, l'acide vanadique laisse un corps noir ressemblant au graphite et qui est un *sous oxide de vanadium.*
ACIDES DU MANGANÈSE. — ACIDE MANGANIQUE.	Solide, en cristaux prismatiques, rouges rubis très acide.	*Chaleur.*	A son action, l'acide manganique paraît se volatiliser en donnant lieu à des vapeurs rougeâtres, qui se condensent en gouttelettes d'un rouge carmin foncé; cependant il s'en décompose toujours une partie en *per-oxide de manganèse* et en *oxigène.*
		Eau.	Il se dissout dans ce liquide en lui communiquant sa couleur, mais s'y décompose à la longue quand la solution est très étendue.

NOMS des CORPS.	PROPRIÉTÉS physiques PRINCIPALES.	CORPS QUI EN DÉCÈLENT LA PRÉSENCE OU QUI AGISSENT PARTICULIÈREMENT SUR EUX.	PHÉNOMÈNES et OBSERVATIONS.
ACIDE DU MANGANÈSE. (Suite). ACIDE MANGANIQUE. (Suite).	*Voir la page précédente.*	*Acides.*	La plupart décomposent l'acide manganique, en donnant lieu à un dépôt brunâtre d'*oxide de manganèse*. Les *hydracides*, surtout, le décomposent avec formation d'eau.
		Bases.	Ces corps se combinent avec lui et donnent naissance à des sels qui, à l'état *basique*, sont verts pour la plupart, mais qui, dissous dans l'eau et exposés au contact de l'air, deviennent violets et bientôt rouges. Tous les acides déterminent à l'instant le changement de couleur souvent accompagnée d'un dépôt brunâtre *d'oxide de manganèse*. On attribue ce phénomène à la décomposition d'une portion de l'acide qui, selon Berzélius, passe en partie, à l'état *d'acide hypermanganique*. Quant aux phénomènes produits par les acides, on les explique, en admettant que l'acide ajouté s'empare d'une portion de la base du *manganate* pour le faire passer à l'état de *manganate acide*, qui, dès lors, prend, comme il arrive presque toujours, la couleur propre à son acide.
		Chalumeau.	L'acide manganique ne donne pas lieu à des phénomènes bien tranchés. Comme l'oxide de manganèse, il produit une *fritte verte* avec la soude en formant un *sous manganate de soude*.
ACIDE DU TUNGSTÈNE. ACIDE TUNGSTIQUE.	Blanc, jaunâtre ou verdâtre.	*Chaleur.*	A son action, il devient d'une couleur citrine ou jaune verdâtre. Quand il a été rougi fortement, il se dissout alors bien dans les solutions alcalines ; il est infusible et fixe.
		Air humide.	Exposé à son action, il absorbe un peu d'eau et peut alors, quoique très faiblement, rougir le papier de tournesol.
		Acides hydrochlorique, nitrique, sulfurique, phosphorique et acétique.	Il se précipite en partie lorsqu'on verse un de ces acides dans ses dissolutions alcalines : le précipité blanc qui se forme

NOMS des CORPS.	PROPRIÉTÉS physiques PRINCIPALES.	CORPS QUI EN DÉCÈLENT LA PRÉSENCE OU QUI AGISSENT PARTICULIÈREMENT SUR EUX.	PHÉNOMÈNES et OBSERVATIONS.
ACIDE DU TUNGSTÈNE. (Suite). *ACIDE TUNGSTIQUE.* (Suite).	*Voir la page précédente.*	*(Voir la page précédente.)*	alors contient, outre l'acide tungstique, une petite quantité de l'acide qui a servi à le précipiter. — Quand on a employé l'acide nitrique ou hydrochlorique, le précipité, par le temps, devient un peu jaunâtre. Lorsqu'on s'est servi de l'acide sulfurique, le précipité reste blanc. Précipité au moyen des trois acides précités, il ne se redissout pas dans un excès. L'acide phosphorique donne aussi lieu à un précipité blanc, mais qui se redissout dans un excès d'acide phosphorique. Les acides tartrique et citrique ne forment pas de précipité, mais l'acide acétique en donne un qui reste blanc et ne se dissout pas dans un excès.
		Bases.	Elles forment avec cet acide des sels qui sont pour la plupart insolubles. L'acide tungstique se dissout assez facilement dans les solutions alcalines. Il peut même se dissoudre dans les solutions de carbonates, mais le dégagement d'acide carbonique, même à chaud, est presqu'insensible.
		Hydrosulfate d'ammoniaque.	Ce sel versé dans une dissolution d'acide tungstique, donne lieu à un précipité brun plus ou moins foncé, si l'on ajoute quelques gouttes d'acide hydrochlorique.
		Zinc.	Précipité de ses dissolutions, il est facilement reconnaissable au moyen du zinc, dont une lame lui fait prendre une couleur bleue plus ou moins foncée. Il ressemble en cela à l'acide titanique.
		Chalumeau.	— Voyez oxide de Tungstène.

NOMS des CORPS.	PROPRIÉTÉS physiques PRINCIPALES.	CORPS QUI EN DÉCÈLENT LA PRÉSENCE OU QUI AGISSENT PARTICULIÈREMENT SUR EUX.	PHÉNOMÈNES et OBSERVATIONS.
ACIDE DE L'OSMIUM. — ACIDE OSMIQUE.	Solide, blanc ou jaunâtre, soluble dans l'eau, fusible et volatil.	*Chaleur.*	Exposé a l'action d'une chaleur même assez faible, l'acide osmique fond et se volatilise en dégageant une odeur très désagréable ; sa vapeur reçue sur un corps froid, se condense en petites gouttelettes blanches.
		Eau.	En contact avec ce liquide, il ne se dissout qu'en faible quantité. Si l'on fait bouillir de l'acide osmique dans l'eau, il se fond bientôt en donnant naissance à de petites gouttes blanches et oléagineuses ressemblant au phosphore fondu, et si on fait bouillir l'eau, la vapeur de celle-ci entraîne assez d'acide osmique pour en acquérir l'odeur désagréable.
		Bases.	En contact avec elles, l'acide osmique se dissout en donnant lieu à une liqueur jaunâtre dont la teinte blanchit avec le temps. Les sels formés précipitent presque tous par les acides.
		Ammoniaque.	L'acide osmique dissous dans l'ammoniaque, forme un sel qui, traité par un acide, donne naissance à un dégagement d'*azote*, à la décomposition de l'acide osmique et à la formation d'*oxide d'osmium*.
		Sulfites alcalins.	Une solution d'un sulfite, versée dans une dissolution d'acide osmique, donne lieu à un dépôt et à une liqueur bleue ou violette qui conserve cette couleur d'autant plus longtemps qu'elle est plus étendue.
		Sulfate de fer.	Une solution de ce sel, détermine dans les osmiates un précipité brun ou noir.
		Chalumeau.	A l'action de cet agent, et avec le contact du charbon, l'acide osmique donne lieu à une vapeur d'une odeur forte et désagréable.

NOMS des CORPS.	PROPRIÉTÉS physiques PRINCIPALES.	CORPS QUI EN DÉCÈLENT LA PRÉSENCE OU QUI AGISSENT PARTICULIÈREMENT SUR EUX.	PHÉNOMÈNES et OBSERVATIONS.
ACIDES DE L'ARSENIC. *ACIDE ARSÉNIQUE.*	Solide, blanc, très acide, déliquescent, très vénéneux.	*Chaleur.*	A son action, l'acide fond en donnant naissance à un verre opaque. Si la température est plus élevée, il est susceptible de se volatiliser, mais toujours en se décomposant ; il donne alors de l'*acide arsénieux* et de l'*oxigène*.
		Eau.	Il se dissout dans ce liquide avec beaucoup de facilité et l'attire fortement lorsqu'il est sec ; aussi à l'air humide tombe-t-il en déliquescence.
		Bases.	Il s'unit avec elles, en donnant des sels pour la plupart fixes et en général peu solubles dans l'eau. Ces sels précipitent un assez grand nombre de réactifs ; celui qu'il forme avec l'ammoniaque est décomposable par la chaleur.
		Hydrogène sulfuré.	L'acide arsénique dissous dans l'eau et précipité par ce gaz, forme un précipité d'une couleur jaune-clair, qui met quelques temps pour se rassembler au fond du vase, et dont la couleur alors est ordinairement très pâle. Ce précipité se dissout dans l'hydrosulfate d'ammoniaque et dans les solutions de potasse et d'ammoniaque. Quelquefois pour le voir paraître, on doit verser dans la liqueur quelques gouttes d'acide hydrochlorique. C'est du reste un réactif sensible.
		Sulfate de cuivre.	Une solution de ce sel détermine dans les dissolutions d'acide arsénique, un précipité bleu verdâtre assez abondant.
		Nitrate d'argent.	Versé dans une solution de ce sel, l'acide arsénique donne lieu à un précipité brun abondant. La liqueur qui surnage le précipité est acide, bien même que les deux sels employés soient neutres.
		Sels de plomb, d'étain, de bismuth.	Les solutions de ces sels en contact avec l'acide arsénique, donnent lieu à des précipités blancs.
		Chalumeau.	A l'action de cet agent, l'acide arsénique, avec quelques

NOMS des CORPS.	PROPRIÉTÉS physiques PRINCIPALES.	CORPS QUI EN DÉCÈLENT LA PRÉSENCE OU QUI AGISSENT PARTICULIÈREMENT SUR EUX.	PHÉNOMÈNES et OBSERVATIONS.
ACIDES DE L'ARSENIC. (Suite). / ACIDE ARSÉNIQUE. (Suite).	(*Voir à la page précédente*).	*Chalumeau.* (Suite).	précautions, est facilement reconnaissable; si on le chauffe en contact avec le charbon, il y a alors réduction de l'acide et formation d'arsenic métallique, reconnaissable à son odeur d'ail. Si on le chauffait sans le contact du charbon, il se pourrait très bien que l'odeur d'ail ne se manifestât pas.
ACIDE ARSÉNIEUX.	Solide, blanc, insipide, devenant opaque à l'air, se volatilisant sans se fondre.	*Chaleur.*	A la chaleur et à la pression ordinaire, il se volatilise sans se fondre, en donnant lieu à une fumée blanche sans odeur s'il est bien pur. Cette vapeur peut se condenser, soit en poussière, soit en plaques cristallines. En vase clos, l'acide arsénieux peut se fondre.
		Eau.	S'y dissout mieux à chaud qu'à froid. Peut cristalliser par l'évaporation en cristaux octaédriques.
		Acide hydrochlorique	Produit le même effet que l'eau.
		Acide nitrique.	Produit le même effet lorsqu'il est très étendu; dans le cas contraire, il acidifie l'acide arsénieux et le transforme en *acide arsénique.*
		Eau régale.	Le transforme en *acide arsénique.*
		Bases.	Combiné avec elles, il forme des sels qui sont presque tous insolubles.
		Acide hydrosulfurique et hydrosulfate d'ammoniaque.	Ce gaz détermine dans les solutions d'acide arsénieux, ou dans ses combinaisons, un précipité jaune de *sulfure d'arsenic* qui est d'une couleur moins claire que celui formé dans l'acide arsénique; ce précipité ne se forme pas toujours de suite et dans quelques cas ne se produit point.

NOMS des CORPS.	PROPRIÉTÉS physiques PRINCIPALES.	CORPS QUI EN DÉCÈLENT LA PRÉSENCE OU QUI AGISSENT PARTICULIÈREMENT SUR EUX.	PHÉNOMÈNES et OBSERVATIONS.
ACIDES DE L'ARSENIC. (Suite). — ACIDE ARSÉNIEUX. (Suite).	*(Voir à la page précédente.)*	*Nitrate d'argent.*	Versé dans une solution de ce sel, l'acide arsénieux, surtout lorsqu'il est saturé par un peu de potasse, donne lieu à un précipité jaune qui ressemble assez à celui qui est produit dans le même sel par l'acide phosphorique, ou un phosphate.
		Sulfate de cuivre.	Une solution de ce sel donne lieu, dans les dissolutions d'acide arsénieux, à un précipité vert d'herbe appelé *vert de Scheele.*
		Sels solubles de plomb, de baryte, de strontiane et de chaux.	Les solutions de ces sels, donnent lieu à des précipités blancs, par les dissolutions d'acide arsénieux. Le dernier surtout, est un assez bon réactif.
		Chalumeau.	Soumis à son action, l'acide arsénieux se volatilise, s'il est pur, sans donner aucune odeur; s'il a le contact du charbon, il se forme de l'*arsenic métallique* dont l'odeur d'ail devient sensible. Il faut autant que possible ne chauffer l'acide arsénieux qu'avec de la soude, afin que l'acide ne soit pas tout volatilisé, avant que la température ne soit assez haute pour le réduire.

 Moyens

EMPLOYÉS

pour reconnaître de très petites quantités

D'ACIDE ARSÉNIEUX

LIBRE OU COMBINÉ.

Parmi les réactifs de l'acide arsénieux, il en est quelques-uns qui fournissent des résultats peu certains, surtout lorsque l'acide arsénieux se trouve uni à des matières organiques ; c'est ainsi qu'une infusion de café non torréfié produit, avec le sulfate de cuivre, un précipité vert assez semblable à l'*arsénite de cuivre*. La décoction d'oignon donne un précipité qui y ressemble plus encore.

Le sulfate de cuivre est donc en général, un réactif incertain pour reconnaître de très petites quantités d'acide arsénieux.

D'un autre côté, l'eau de chaux donne lieu à un précipité blanc, qui a des propriétés communes à trop de substances et qui, d'ailleurs, peut se dissoudre dans plusieurs acides, et l'hydrogène sulfuré ne produit pas toujours, d'une manière bien tranchée, le précipité jaune de *sulfure d'arsenic.* C'est cependant encore un des meilleurs réactifs.

Lorsqu'on a de très petites quantités d'acide arsénieux à reconnaître, on emploie le moyen suivant : On prend un tube de verre (PL. 1, FIG. 1.) dont on effile une des extrémités, que l'on ferme ensuite ; on y introduit alors l'acide arsénieux, et l'on y pousse après un petit cylindre de charbon, terminé par un cône et qui remplit à peu près le diamètre de la partie du tube effilé ; on chauffe ensuite au rouge la partie du tube occupée par le charbon ; puis on volatilise l'acide arsénieux qui, obligé de passer en vapeur sur le morceau de charbon rouge, se réduit et donne de l'*arsenic métallique* qui vient se condenser sous forme d'un anneau brillant et d'apparence miroitée. On casse alors le tube à l'endroit correspondant, et on le chauffe à la lampe à alcool ; on sent bientôt après l'odeur d'ail de l'arsenic.

Si l'acide arsénieux se trouve en combinaison, en le précipitant par l'hydrogène sulfuré, on ne peut obtenir qu'une quantité très faible de sulfure, ce qui rend l'expérience difficile. Pour apprécier cette minime quantité de sulfure, on se sert d'une méthode indiquée par Berzélius et qui donne des résultats très exacts ; pour cela on recueille sur un filtre, le plus petit possible, le peu de sulfure obtenu, on le délaie sur le filtre même, dans quelques gouttes d'ammoniaque et on le rassemble ensuite sur un petit verre de montre sur lequel on le fait sécher ; puis on le détache, on en fait une pâte avec un peu de soude humectée, et l'on introduit ce morceau de pâte dans un tube d'une longueur de

2 à 5 pouces et d'un diamètre de deux lignes (Pl. 1, Fig. 2.) qui se trouve aminci à une de ses extrémités, sans toutefois que l'ouverture soit devenue trop petite ; ce tube est lui-même introduit dans un autre tube plus grand, aussi étiré à une de ses extrémités ; les deux pointes des deux tubes sont dirigées du même côté.

A la grande extrémité du plus grand tube, se trouve un tuyau amenant un courant d'hydrogène préalablement desséché sur du chlorure de calcium. Lorsque les deux tubes sont remplis d'hydrogène, on chauffe, au moyen d'une lampe à alcool, la partie correspondant à la pâte introduite dans le petit tube, et si l'extrémité effilée de celui-ci n'est pas trop étroite, le courant de gaz hydrogène s'établit bien et réduit le sulfure d'arsenic, dont le soufre se combine en partie avec l'hydrogène et avec la soude, tandis que l'arsenic métallique va se rassembler en un anneau à la partie supérieure du petit tube.

Les quantités reconnues par ce moyen sont si faibles, qu'on ne peut pas les apprécier avec la balance la plus sensible.

Quand la quantité de sulfure d'arsenic dont on peut disposer est un peu plus forte, on se sert de la méthode de Liebig, qui est plus facile ; elle consiste à amincir, vers une de ses extrémités, un tube long de cinq à six pouces (Pl. 1, Fig. 5), à le fermer de ce côté et à mettre au fond, également de ce côté, le sulfure d'arsenic dont on veut constater la présence ; au dessus de celui-ci, on met du tartrate de chaux récemment carbonisé, et l'on chauffe. Après que la partie du tube contenant le tartrate de chaux a été portée au rouge, le sulfure d'arsenic se volatilise et se décompose en cédant son soufre à la chaux, et l'oxigène de la petite quantité d'acide arsénieux qu'il contient, au carbone de l'acide tartrique ; l'arsenic métallique vient alors se condenser en un anneau à quelque distance.

On peut encore, par le grillage, reconnaître le sulfure d'arsenic. Pour cela on l'introduit dans un tube de verre, ouvert par les deux bouts, que l'on tient le plus obliquement possible et vers la partie la plus basse duquel on le place ; on chauffe ensuite au moyen d'une lampe à alcool de manière que la flamme se porte un peu plus haut que le point où se trouve placé le sulfure ; le tube de verre échauffé fait fonction de cheminée et le courant d'air qui s'établit sous l'influence de la chaleur, décompose le sulfure d'arsenic en *acide sulfureux* et en *acide arsénieux* qui se condense en poudre blanche ; on ferme alors le tube à l'extrémité vers laquelle l'acide arsénieux s'est condensé, on l'étire un peu et, au moyen de la chaleur, on y chasse l'acide arsénieux ; on introduit ensuite un morceau de charbon et on procède comme nous l'avons vu.

Lorsque l'acide arsénieux se trouve mélangé avec des matières organiques, il est beaucoup plus difficile de le reconnaître et les résultats fournis par la chaleur peuvent seuls, pour ainsi dire, être admis comme concluants. Si nous supposons l'acide arsénieux mélangé avec une matière animale, on emploie le procédé suivant : On fait bouillir le tout dans de l'eau en petite quantité, après y avoir ajouté quelques gros de potasse ; la liqueur alors est ordinairement très colorée en raison de la matière organique dissoute par la potasse ; en général la couleur est brune, très foncée ou noirâtre. Après le refroidissement, on filtre le liquide afin de le séparer du peu de graisse ou de matière organique qui s'y trouve en suspension ; on y ajoute de l'acide nitrique jusqu'à ce que la liqueur soit devenue jaunâtre et claire. Alors on y dissout un peu de carbonate de potasse en ayant soin, toutefois, de maintenir la liqueur acide ; on chauffe après pour chasser tout l'acide carbonique et l'on fait passer dans le vase un courant d'hydrogène sulfuré jusqu'à saturation ; on abandonne la liqueur, jusqu'à ce qu'elle ait perdu toute odeur d'hydrogène sulfuré et on l'expose ensuite dans un lieu d'une température modérée ; au bout de quelques temps, on recueille avec soin le précipité de sulfure d'arsenic que l'on analyse comme ci-dessus.

Il existe encore un procédé découvert par Marsch, et qui permet de reconnaître avec certitude des quantités infiniment petites d'acide arsénieux. Cette méthode est surtout avantageuse dans les cas ou cet acide se trouve mêlé avec des matières organiques qui, ainsi que nous l'avons vu, peuvent être de nature à altérer ses propriétés ou à produire des résultats équivoques. Le fond de ce procédé consiste à transformer entièrement l'acide arsénieux en hydrogène arséniqué. Cette méthode peut également être appliquée à l'acide arsénique ou aux combinaisons solubles de ces deux acides ; pour cela, on expose ces matières à l'action du gaz hydrogène naissant, qui les réduit d'abord, et les transforme ensuite en gaz hydrogène arséniqué.

L'appareil employé à cet effet (PL. 1, FIG. 4) est très simple et consiste en un tube de verre ouvert à ses deux bouts, d'un diamètre intérieur de $^3/_4$ de pouce et courbé en forme d'U ; seulement on laisse comme pour un syphon l'une des branches beaucoup plus longue que l'autre ; la plus courte a environ cinq et l'autre huit pouces de longueur.

A l'extrémité de la branche courte se trouve mastiqué un petit robinet terminé par un ajutage très étroit. Tout l'appareil est maintenu verticalement par un support et un pied.

Si la substance que l'on suppose contenir de l'arsenic est solide, on commence par la faire bouillir longtemps avec deux ou trois onces d'eau pure, à laquelle on peut ajouter une faible quantité de potasse, puis on filtre. Quand les matières sont liquides, on peut les employer sans ébullition préalable.

Lorsqu'on doit se servir de l'appareil, on introduit dans la branche courte, une feuille de zinc, de manière à ce qu'elle ne descende pas dans la courbure. On introduit ensuite, par la grande branche, le liquide qu'on veut analyser et on l'acidifie avec de l'acide sulfurique qu'on ajoute dans la proportion d'une partie d'acide pour sept parties d'eau; on ferme alors le petit robinet et on abandonne l'instrument à lui même pendant quelques instants. Sous l'influence de l'acide sulfurique, le zinc décompose l'eau, s'oxide à ses dépens, et se combine avec l'acide sulfurique, tandis que l'hydrogène de l'eau décomposée, réduit la matière arsénicale et s'unit au métal pour former de l'hydrogène arséniqué. Celui-ci se rassemble à la partie supérieure de la petite branche, en repousssant le liquide dans la plus longue jusqu'à ce qu'il soit au dessous du zinc dans la plus courte; à ce moment, la production du gaz s'arrête. On ouvre alors le petit robinet et on enflamme aussitôt le gaz qui s'échappe. S'il n'y a pas d'arsenic, la flamme est blanche; dans le cas contraire elle est bleue, à moins que la quantité ne soit excessivement petite, auquel cas elle n'est colorée qu'à sa pointe. Si l'on tient perpendiculairement à la direction de la flamme une

plaque de verre ou un morceau de porcelaine, il ne tarde
pas à se ternir et à se recouvrir d'une couche noire miroi-
tante d'arsenic métallique.

Si l'on veut obtenir l'arsenic à l'état d'acide arsénieux, on
prend un tube de verre d'un diamètre moyen et d'une longueur de huit à dix pouces, que l'on tient au dessus de la flamme
de manière à ce que leurs axes se confondent, et qui se recouvre à l'intérieur d'une couche d'acide arsénieux ; si l'on tient
obliquement le tube, on obtient, à la fois, un dépôt d'arsenic
métallique à l'endroit touché par la flamme et une couche d'a-
cide arsénieux à quelque distance de ce point ; on sent, en
outre, l'odeur d'ail caractéristique de l'arsenic métallique.

Lorsque la quantité de liquide à essayer est d'une ou de
plusieurs pintes, on peut se servir de l'appareil représenté
(Pl. 1, Fig. 5) qui n'a pas besoin d'explication ; mais l'instrument décrit plus haut est infiniment plus exact. En
effet, les phénomènes sont encore sensibles avec la
liqueur suivante : dans un demi drachme de liqueur, on fit
dissoudre un demi grain d'acide arsénieux et on ajouta deux
livres d'eau ; on prit ensuite deux onces de cette liqueur et
on l'étendit d'une once d'acide hydrochlorique (ainsi plus de
la 40,000ᵉ dilution) et l'on obtint une couleur grise manifeste. Enfin, à un drachme de la dernière liqueur on joignit
la quantité d'acide affaibli, nécessaire pour compléter deux
onces (ainsi la 491, 520ᵉ dilution) et on produisit sur un
émail blanc une teinte d'abord jaune, puis grisâtre.

On peut traiter le sulfure d'arsenic comme l'acide arsénieux.

En opérant d'après la méthode de Marsch, on doit faire
attention de n'employer que du zinc pur et qui ne contienne

ni du fer ni de l'antimoine, ni surtout de l'arsenic. On doit donc s'assurer de la pureté du zinc avant que de compter sur les résultats, et ne jamais en employer qui ait déjà servi à une semblable recherche. Il est aussi de la plus haute importance d'analyser préalablement l'acide sulfurique du commerce, qui contient presque toujours une certaine quantité d'arsenic.

Je ne parlerai ici que des méthodes à suivre pour purifier les deux réactifs indispensables à la recherche de l'arsenic d'après le procédé de Marsch, c'est-à-dire, l'acide sulfurique et le zinc, méthodes que j'ai pour la première fois indiquées dans un mémoire envoyé à la cour suprême à l'appui du pourvoi en cassation de Marie Capelle, veuve Lafarge. Je vais transcrire textuellement les parties de mon mémoire relatives à ces méthodes :

Me fondant sur la facilité extrême avec laquelle l'acide nitrique se décompose, pour céder son oxigène aux corps qui en sont avides, ainsi que sur l'action prompte qu'il exerce sur l'acide arsénieux, je me suis demandé s'il ne serait pas possible, au moyen de l'acide nitrique, de convertir tout l'acide arsénieux que peut contenir l'acide sulfurique en acide arsénique. Si cela se pouvait, il était évident que la purification serait complète, car l'acide arsénique étant fixe au dessous de la chaleur rouge, on obtiendrait par la distillation l'acide sulfurique exempt de toute combinaison arsénicale.

Pour savoir jusqu'à quel point mon désir s'accordait avec la possibilité de le réaliser, j'introduisis dans une cornue en verre tubulée, 150 centimètres cubes d'acide sulfurique pur à 65° et j'y mêlai 75 centimètres cubes d'acide nitrique à 41° de Beaumé.

Je jetai ensuite par la tubulure 0^{gram},10 d'acide arsénieux, je fis rendre le col de la cornue dans une allonge, le bec de celle-ci dans un ballon plongé dans l'eau, et je chauffai peu à peu.

Quelques minutes après l'application de la première chaleur, les vapeurs nitreuses commencèrent à se dégager, et bientôt elles furent très abondantes, ce qui, selon toutes probabilités, dépendait de ce que l'acide sulfurique, étant concentré, absorbait l'eau de l'acide nitrique; celui-ci ne pouvant exister sans eau, se décomposait. Cette décomposition de l'acide nitrique ne pouvait être que favorable à l'oxigénation de l'acide arsénieux, qui passa bientôt à l'état d'acide arsénique. Dès ce moment, les vapeurs rouges cessèrent, et l'acide nitrique en excès passa seul ou mélangé avec une petite proportion d'acide sulfurique. Je changeai alors de récipient, et je poussai le feu jusqu'à ce qu'il déterminât l'ébullition de l'acide sulfurique que je recueillis d'abord, bien au-dessous de 65° et puis à 66°. Cet acide saturé par de la potasse à l'alcool très pure, ne donna, par l'appareil de Marsch, aucune tache arsénicale.

Voyons maintenant le mode de purification du zinc que j'ai proposé; les autres se trouvant dans presque tous les ouvrages de chimie, nous n'en ferons pas mention.

Je traite le zinc du commerce par l'acide nitrique concentré, qui laisse insolubles l'étain et l'antimoine à l'état de deutoxide d'étain et d'acide antimonieux, tandis que l'arsenic passe à l'état d'acide arsénique et que le zinc et le cadmium se dissolvent; je filtre et je sépare ainsi l'oxide d'étain et l'acide antimonieux. Je sature avec précaution la liqueur filtrée acide, par la potasse caustique bien pure, en ayant soin de ne pas dépasser le point de saturation. J'ajoute alors à la liqueur une petite quantité d'acide hydrochlorique, et j'y fais passer un courant d'hydrogène sulfuré jusqu'à ce qu'elle soit complètement saturée ; après quoi, je l'abandonne au repos. L'acide hydrosulfurique a précipité le cadmium à l'état de sulfure, tandis que le zinc est resté dissout à la faveur de l'excès d'acide hydrochlorique. Je neutralise de nouveau la liqueur, après l'avoir filtrée, par la potasse caustique et je la précipite ensuite par le carbonate de potasse ; je recueille le carbonate de zinc sur un filtre, je le lave avec soin afin d'enlever les petites portions d'arséniate de potasse qu'il peut avoir entraînées, et je le chauffe au rouge dans un creuset de platine pour le faire passer à l'état d'oxide. J'introduis ensuite celui-ci dans un fort tube de verre au milieu duquel se trouve soufflée une boule, je chauffe l'oxide au rouge, et je fais traverser le tube par un courant d'hydrogène pur et sec qui réduit ce métal. Il est prudent de faire passer l'hydrogène, qui doit traverser le tube, dans une solution de sulfate de cuivre qui lui enlèvera la faible portion d'arsenic qu'il pourrait contenir.

En réunissant toutes les précautions que je viens d'indiquer, on obtiendra nécessairement du zinc exempt de tout mélange arsénical ; mais s'il était possible de conserver l'ombre d'un doute sur sa pureté, on le réduirait de nouveau en sulfate neutre, on mélangerait cette solution avec de l'eau oxigénée un peu acide, en ayant soin de mettre le bi-oxide d'hydrogène en assez grand excès, et de refroidir le vase à zéro. On ajouterait alors une solution étendue de potasse bien pure, et on recueillerait, sur un filtre, du bi-oxide de zinc qu'on laverait avec de l'eau oxigénée et qu'on réduirait ensuite,

d'abord en protoxide, et puis en métal au moyen de l'hydrogène. Il est de la plus grande évidence que l'arsenic qui pourrait exister encore dans le zinc, serait entraîné par l'eau à
l'état d'acide arsénique.

La méthode que je viens d'exposer exige, pour être
bien suivie, du temps et des manipulations assez compliquées. A quoi bon tant de peines, s'écriera-t-on
peut-être, pour enlever au zinc un atome d'arsenic?
C'est que cet atome peut, comme l'a prouvé le procès de
Tulle, servir de base à une condamnation infamante ou
capitale. C'est que cette quantité inpondérable jetée dans
la balance, peut faire croire l'innocent coupable et rendre
la justice assassine! C'est qu'enfin là où l'on va chercher la
vérité, il faut au moins faire en sorte de ne point rencontrer
l'erreur.

Il ne reste plus, pour terminer le chapitre relatif à la
recherche de l'arsenic, qu'à faire connaître la modification
que j'ai apportée à l'appareil de Marsch, et qui écarte toutes
les chances d'insuccès présentées par ceux que j'ai décrits plus
haut. (Pl. 1, Fig. 6). L'instrument dont je conseille l'emploi,
a, sur l'appareil ordinaire, l'avantage de permettre de remplir
le flacon du liquide à essayer et de le fermer exactement avant
d'y introduire l'acide sulfurique. De cette manière, les
premières portions de gaz ne sont jamais perdues par la
nécessité où l'on se trouve de chasser tout l'air contenu dans
le vase, afin d'éviter une explosion. (Voir l'explication des
planches).

NOMS des CORPS.	PROPRIÉTÉS physiques PRINCIPALES.	CORPS QUI EN DÉCÈLENT LA PRÉSENCE OU QUI AGISSENT PARTICULIÈREMENT SUR EUX.	PHÉNOMÈNES et OBSERVATIONS.
DES HYDRACIDES. — ACIDE DU CHLORE. ACIDE HYDROCHLORIQUE ET CHLORURES.	Gazeux, incolore, très acide, odeur forte et suffocante ; pouvant être liquéfié par une pression très forte et un froid considérable ; indécomposable par la chaleur sans le contact des corps combustibles. Quant aux chlorures, leurs propriétés physiques sont extrêmement variables.	*Eau.*	A l'action de ce liquide, l'acide se dissout avec une grande avidité et forme une solution dense, d'une couleur ordinairement jaunâtre qui est due à un peu de *chlorure* ou de *cyanure de fer.* Ce dernier ne peut se rencontrer que lorsque des matières organiques se trouvaient mêlées avec celles employées à la fabrication de l'acide hydrochlorique. Cette solution est ordinairement fumante à l'air, à l'action duquel elle répand des vapeurs blanches, surtout quand l'air est humide ; elle rougit très fortement les couleurs bleues. Si on la chauffe lorsqu'elle est concentrée, une grande partie de l'acide hydrochlorique se dégage, mais si on la chauffe quand elle est étendue, au lieu de perdre son acide, elle se concentre davantage. Traitée par quelques métaux, cette solution se décompose en donnant lieu à de l'*hydrogène* et à un *chlorure.* Certains oxides donnent un *chlorure* et de l'*eau.* Le chlore se dissout en certaine quantité dans cette solution qui lui cède une partie de l'hydrogène de son eau.
		Peroxides de manganèse et de plomb.	Traité par ces oxides, l'acide hydrochlorique liquide se décompose en formant un *chlorure* et donnant lieu à un dégagement de *chlore.*
		Bases.	Traité par ces corps, l'acide hydrochlorique donne des *chlorures* que quelques-uns considèrent comme des *hydrochlorates* quand ils sont dissous dans l'eau. Parmi les chlorures, il y en a qui se comportent avec l'eau de différentes manières, tels sont : les chlorures de silicium et d'aluminium qui forment de l'acide hydrochlorique en abandonnant la silice et l'alumine. Presque tous les chlorures for-

NOMS des CORPS.	PROPRIÉTÉS physiques PRINCIPALES.	CORPS QUI EN DÉCÈLENT LA PRÉSENCE OU QUI AGISSENT PARTICULIÈREMENT SUR EUX.	PHÉNOMÈNES et OBSERVATIONS.
ACIDE DU CHLORE. (Suite). ACIDE HYDROCHLORIQUE ET CHLORURES. (Suite).	Déjà énoncées.	*(Voir à la page précédente.)*	més par des métaux dont les oxides peuvent jouer le rôle d'acides, se comportent de la même manière. Les autres au contraire ne font ordinairement que se dissoudre dans l'eau ; d'autres enfin y sont insolubles.
		Acide nitrique.	Traitée par cet acide, la solution de gaz chlorhydrique se décompose ; il se forme de l'*eau* et de l'*acide chloro-nitreux* ou *eau régale* ; il y a quelquefois dégagement de chlore.
		Acide Sulfurique.	Traité par cet acide, l'acide hydrochlorique liquide ne se décompose pas; mais parmi les chlorures, il y en a qui se comportent de différentes manières. Ordinairement, surtout quand l'acide sulfurique contient de l'eau, les chlorures se décomposent avec dégagement d'acide hydrochlorique ; mais il en est quelques uns qui décomposent l'acide sulfurique en dégageant de l'acide sulfureux comme le protochlorure de mercure ; il en est d'autres sur lesquels l'acide sulfurique n'a pas d'action et qui s'y dissolvent, exemple : le *deutochlorure de mercure*, qui, dissout à chaud, cristallise par le refroidissement.
		Ammoniaque liquide.	L'acide hydrochlorique s'y combine pour former un sel ; et quand on l'approche, même d'assez loin, d'un flacon de cet alcali, il y a production de vapeurs blanches et condensation d'hydrochlorate d'ammoniaque sur les objets environnants. Dans certains chlorures, l'ammoniaque précipite l'oxide, dans d'autres, quand ils se trouvent dissous dans un excès d'acide hydrochlorique, l'ammoniaque s'y combine en donnant naissance à des composés salins dans lesquels le chlorure métallique remplit le rôle d'acide.

NOMS des CORPS.	PROPRIÉTÉS physiques PRINCIPALES.	CORPS QUI EN DÉCÈLENT LA PRÉSENCE OU QUI AGISSENT PARTICULIÈREMENT SUR EUX.	PHÉNOMÈNES et OBSERVATIONS.
ACIDE DU CHLORE. (Suite). — ACIDE HYDROCHLORIQUE ET CHLORURES. (Suite).	Déjà énoncées.	*Sels d'argent solubles.*	Les sels de ce métal, versés dans une solution d'acide hydrochlorique ou de chlorure, déterminent la formation d'un précipité blanc de *chlorure d'argent;* ce corps a un aspect caséeux, est pesant et devient violet à l'action de la lumière ; il est insoluble dans l'acide nitrique étendu, et partage cette propriété avec le brômate, le brômure et l'iodure d'argent; mais il est soluble dans l'ammoniaque, en forte proportion, tandis que ces trois autres corps, surtout le dernier, ne le sont qu'en proportion beaucoup moindre. Il serait assez facile de confondre un précipité de chlorure d'argent avec celui de brômate d'argent. Pour les distinguer, on n'a qu'à verser sur le précipité que l'on suppose être du brômate, une petite quantité d'acide sulfurique qui, par la chaleur, détermine la production de vapeurs brunes ou rougeâtres. On pourrait aussi confondre le chlorure avec le brômure d'argent, mais il arrive souvent que ce dernier a une couleur jaune très claire qui disparaît facilement par l'acide hydrochlorique.
		Sels de plomb solubles.	Ces sels déterminent aussi un précipité blanc dans l'acide hydrochlorique et les chlorures solubles; ce précipité est quelquefois cristallin, légèrement jaunâtre et se fondant en masse, que les anciens appelaient plomb corné. Comme on pourrait confondre le chlorure de plomb avec les brômates et les brômures de ce métal, on traite le précipité par l'eau bouillante dans laquelle le chlorure de plomb est seul assez soluble. D'ailleurs, l'acide sulfurique employé comme pour le brômate d'argent, donnera aussi lieu à des vapeurs rouges, si le précipité n'est pas du chlorure de plomb.

NOMS des CORPS.	PROPRIÉTÉS physiques PRINCIPALES.	CORPS QUI EN DÉCÈLENT LA PRÉSENCE OU QUI AGISSENT PARTICULIÈREMENT SUR EUX.	PHÉNOMÈNES et OBSERVATIONS.
ACIDE DU CHLORE. (Suite). *ACIDE HYDROCHLORIQUE ET CHLORURES (Suite).*	Déjà énoncées.	*Peroxide de manganèse, acide sulfurique et eau.*	Soumis à l'action de ces trois agents, les chlorures se décomposent en donnant lieu à un dégagement de chlore ; si les proportions étaient convenables, il n'y aurait pas de gaz perdu.
		Chalumeau.	A l'action de cet agent, les chlorures sont facilement reconnaissables, d'après Berzélius. Selon lui, on doit ajouter une petite quantité de chlorure a un globule résultant de la fusion du sel de phosphore et du deutoxide de cuivre; à l'action du dard, le globule s'entourera d'une belle flamme bleue.
ACIDE DE L'IODE. *ACIDE HYDRIODIQUE ET IODURES.*	Gazeux, ressemblant beaucoup aux gaz *chlorhydrique* et *bromhydrique.* Quant aux iodures, leurs propriétés physiques sont extrêmement variables.	*Eau.*	Se dissout très facilement dans ce liquide en donnant lieu à une solution incolore, répandant aussi à l'air, quand elle est concentrée, des vapeurs blanches assez épaisses. Quand elle est ancienne, il arrive souvent qu'une petite portion de l'acide hydriodique soit décomposée, et alors l'iode au lieu de se précipiter reste dissous dans la solution et la colore en rouge ou en brun; on nomme alors la liqueur *acide hydriodique ioduré.* Exposée à la chaleur, la solution perd une grande partie de son acide, et si elle contient de l'iode libre, il se forme des vapeurs violettes.
		Peroxides de manganèse et de plomb.	Ces corps le décomposent, ainsi que sa solution, en donnant, par la chaleur, des vapeurs violettes.
		Bases.	Combiné avec elles, l'acide hydriodique donne naissance à des *iodures* qui, dissous dans l'eau, sont considérés comme *hydriodates.*

NOMS des CORPS.	PROPRIÉTÉS physiques PRINCIPALES.	CORPS QUI EN DÉCÈLENT LA PRÉSENCE OU QUI AGISSENT PARTICULIÈREMENT SUR EUX.	PHÉNOMÈNES et OBSERVATIONS.
ACIDE DE L'IODE. (Suite). ACIDE HYDRIODIQUE ET IODURES. (Suite).	Dèjà énoncées.	*Bases.*	Les iodures ont en général quelque ressemblance avec les chlorures; mais leur manière de se comporter à l'action de certains agents, établit entr'eux des différences marquées. D'abord les iodures susceptibles de jouer le rôle d'acide, sont en nombre moins considérable que les chlorures possédant cette propriété; ensuite, exposés à l'action de la chaleur, le nombre d'iodures qui se volatilisent est au contraire plus considérable; c'est ainsi qu'on peut volatiliser l'iodure de mercure, tandis que le chlorure, quoiqu'aussi volatil, exige une température bien plus haute.
		Acide nitrique.	Cet acide, décompose l'acide hydriodique, mais ne donne pas lieu à la formation d'eau régale; la liqueur prend seulement une couleur rouge plus ou moins foncée. Versé sur un iodure, l'acide nitrique le décompose pour s'unir à sa base et dégager l'iode. Quand cet acide est étendu, il dissout quelques iodures.
		Ammoniaque.	Uni à cet acide, il forme un sel.
		Sels d'argent solubles.	Ces sels dans les solutions d'acide hydriodique, ou dans celles des iodures, donnent lieu à un précipité blanc d'*iodure d'argent*, insoluble dans l'acide nitrique étendu et que l'on distingue facilement du chlorure, du brômate, et du brômure; d'abord, par sa solubilité dans l'ammoniaque dans lequel le chlorure se dissout très bien, tandis que l'iodure s'y dissout à peine; et puis par l'acide sulfurique qui donne des vapeurs rouges avec les brômates et les brômures, et des vapeurs violettes avec l'iodure.
		Sels de plomb.	Ces sels constituent un des meilleurs réactifs pour reconnaître les iodures; car ils déterminent dans les solutions

NOMS des CORPS.	PROPRIÉTÉS physiques PRINCIPALES.	CORPS QUI EN DÉCÈLENT LA PRÉSENCE OU QUI AGISSENT PARTICULIÈREMENT SUR EUX.	PHÉNOMÈNES et OBSERVATIONS.
ACIDE DE L'IODE. (Suite). ACIDE HYDRIODIQUE ET IODURES. (Suite).	Déjà énoncées.	*(Voir à la page précédente.)*	de ces derniers, un précipité jaune serin ou blanchâtre qui, dissous en petite quantité dans l'eau bouillante, peut se déposer par le refroidissement en paillettes du plus beau jaune d'or. Cet iodure est décomposable par le feu.
		Sels de protoxide et de deutoxide de mercure solubles.	Ces sels produisent dans les solutions d'iodures, des précipités de couleurs bien distinctes. Les premiers, donnent lieu à un précipité vert jaunâtre de *protoiodure de mercure* et les seconds à un précipité de couleur rouge coquelicot la plus vive; ce précipité peut se dissoudre dans un excès de réactif.
		Peroxide de manganèse, acide sulfurique et eau.	Ces trois agents donnent lieu au dégagement de vapeurs d'iode.
		Chalumeau.	A l'action de cet agent, les iodures, selon Berzélius, se comportent de la même manière que les chlorures; seulement, la flamme qui entoure le globule est de couleur verte émeraude.
		Amidon.	Cette matière constitue le réactif le plus sensible peut-être, pour déceler la présence de l'iode libre, car, avec l'acide hydriodique ou un iodure, l'action est nulle. Avec certaine précaution cependant, on peut la rendre aussi concluante; pour cela, on versera dans la solution d'iodure quelques gouttes d'acide nitrique; dans la solution d'acide hydriodique, le phénomène est plus sensible, et la couleur bleue qu'il donne à l'amidon est plus vive et plus apparente. Une petite quantité d'une solution de chlore peut aussi faire paraître la couleur bleue par l'addition de l'amidon, mais si on ajoute un excès de chlore, cette couleur bleue disparaît et pour la faire naître de nouveau, on n'a d'autre moyen que d'ajouter du chlorure d'étain.

NOMS des CORPS.	PROPRIÉTÉS physiques PRINCIPALES.	CORPS QUI EN DÉCÈLENT LA PRÉSENCE OU QUI AGISSENT PARTICULIÈREMENT SUR EUX.	PHÉNOMÈNES et OBSERVATIONS.
ACIDE DE L'IODE. ACIDE HYDRIODIQUE ET IODURES.	Déjà énoncées.	*(Voir à la page précédente.)*	Quand l'iodure se trouve mêlé de chlorure de mercure, il faut encore ajouter de l'acide nitrique pour que la couleur bleue puisse se produire. Si l'on voulait reconnaître de petites quantités d'iode libre ou combiné, on introduirait la matière dans un tube de verre fermé par un bout, et dans lequel on ajouterait aussi un peu de peroxide de manganèse et quelques gouttes d'acide sulfurique. En exposant ensuite un papier amidonné à l'action de la vapeur, il acquerrait bientôt une couleur bleue. Si l'iode est en trop petite quantité, pour produire manifestement des vapeurs violettes, on peut se convaincre de sa présence, en mêlant la combinaison avec du peroxide de manganèse, introduisant le tout dans une bouteille, et en versant dessus de l'acide sulfurique; on glisse ensuite dans le vide de la bouteille un papier enduit d'empois. Le mieux est de fixer ce papier entre le goulot et le bouchon; au bout de quelque temps il se colore en bleu, même quand la combinaison ne contient que de très faibles traces d'iode. L'emploi du peroxide de manganèse et de l'acide sulfurique, a, sur l'emploi de cet acide seul, l'avantage de donner des vapeurs violettes d'iode sans mélange d'acide sulfureux. Quand la quantité d'amidon est considérable, la couleur bleue peut être très intense; si au contraire la quantité d'iode est très forte, la couleur est presque vert foncé.

NOMS des CORPS.	PROPRIÉTÉS physiques PRINCIPALES.	CORPS QUI EN DÉCÈLENT LA PRÉSENCE OU QUI AGISSENT PARTICULIÈREMENT SUR EUX.	PHÉNOMÈNES et OBSERVATIONS.
ACIDE DU BROME. *ACIDE HYDROBRÔMIQUE ET BRÔMURES.*	Gazeux, incolore, d'une odeur suffoquante, très soluble dans l'eau. Quant aux *brômures,* leurs propriétés physiques sont extrèmement variables.	*Eau.*	S'y dissout comme l'acide hydriodique, et au bout d'un certain temps d'exposition à l'air, une partie du brôme mis à nu, se dissout dans le liquide en le colorant en rouge. A la chaleur, la solution d'acide hydrobrômique se comporte comme celle de l'acide hydriodique.
		Peroxide de manganèse.	Le décompose comme l'acide hydriodique.
		Bases.	Se combine avec elles, en donnant de l'*eau* et des *brômures*; ceux-ci présentent de grandes ressemblances avec les iodures et les chlorures et sont ordinairement un peu moins solubles que ces derniers. A la chaleur, quelques-uns se décomposent, d'autres se volatilisent, quelques-uns perdent leur eau de cristallisation; d'autres enfin n'éprouvent aucun changement.
		Acide nitrique.	Concentré, cet acide décompose l'acide hydrobrômique et produit avec la solution de cet acide une espèce d'eau régale, moins active cependant que l'acide chloronitreux. Versé sur un brômure, l'acide nitrique le décompose, à moins qu'il ne soit très étendu, auquel cas, il le dissout souvent, à l'exception du brômure d'argent.
		Sels d'argent.	Précipitent en blanc l'acide hydrobrômique et les brômures; le précipité se dissout dans l'ammoniaque, moins bien que le chlorure d'argent, mais mieux que l'iodure; traité par l'acide sulfurique et le péroxide de manganèse, ce précipité donne des vapeurs rouges de brôme.
		Sels de plomb solubles.	Précipitent en blanc par ces sels.
		Sels de mercure.	Précipitent en blanc et en brunâtre, mais ne donnent pas lieu à des phénomènes tranchés.
		Chalumeau.	A l'action de cet agent, et traité de la même manière qu'un chlorure, les brômures donnent lieu à la production d'une flamme bleue tirant un peu sur le vert.

NOMS des CORPS.	PROPRIÉTÉS physiques PRINCIPALES.	CORPS QUI EN DÉCÈLENT LA PRÉSENCE OU QUI AGISSENT PARTICULIÈREMENT SUR EUX.	PHÉNOMÈNES et OBSERVATIONS.
ACIDE DU BROME. (Suite). ACIDE HYDROBROMIQUE ET BROMURES. (Suite.)	Déjà énoncées.	Amidon.	Versé dans la solution d'un brômure, l'amidon y détermine un précipité aussi abondant que dans les iodures et dont la couleur est brune, plus ou moins foncée. Les phénomènes présentés par l'amidon n'offrent rien de caractéristique.
ACIDE DU FLUOR. ACIDE HYDROFLUORIQUE ET FLUORURES.	Liquide, incolore, d'une odeur forte et pénétrante; saveur âcre et caustique, désorganisant les matières organiques, attaquant le verre. Quant aux *fluorures*, leurs propriétés physiques sont extrèmement variables.	Chaleur.	Exposé à son action, il se volatilise en répandant une vapeur incolore d'une odeur très âcre et fort caustique.
		Eau.	Mêlé à ce liquide, il se dissout en toute proportion. Cette solution n'est décomposée par aucun acide. Si on la chauffe quand elle est concentrée, elle abandonne une partie de son acide; dans le cas contraire, elle se concentre.
		Métaux.	L'acide hydrofluorique les attaque presque tous et les transforme en *fluorures*. Il n'y a que l'argent, le platine, et selon quelques uns l'or, qui ne soient pas attaqués par lui. Le plomb, quoique moins attaquable, l'est toujours un peu.
		Bases.	L'acide hydrofluorique se combine avec elles pour former de l'*eau* et des *fluorures*. Ces derniers présentent quelque ressemblance avec les chlorures. Cependant, en général, ils sont beaucoup moins solubles qu'eux, et ce n'est que dans quelques cas très rares que cette solubilité est plus grande. Les fluorures des métaux, dont les oxides sont susceptibles de remplir le rôle d'acide, sont gazeux et volatils pour la plupart; le *fluorure* de *silicium* par exemple.

NOMS des CORPS.	PROPRIÉTÉS physiques PRINCIPALES.	CORPS QUI EN DÉCÈLENT LA PRÉSENCE OU QUI AGISSENT PARTICULIÈREMENT SUR EUX.	PHÉNOMÈNES et OBSERVATIONS.
ACIDE DU FLUOR. (Suite). ACIDE HYDROFLUORIQUE. (Suite).	Déjà énoncées.	(Voir à la page précédente.)	Exposés à l'action de la chaleur, les fluorures ne se décomposent pas, à moins qu'ils aient le contact d'un acide puissant et concentré. Parmi les fluorures, il en est quelques uns qui sont solubles dans un excès d'acide hydrofluorique, quelques uns même le sont à froid, dans l'acide sulfurique concentré. Quelques fluorures peuvent donner lieu à des sels en s'unissant à l'acide hydrofluorique.
		Acide nitrique.	Mêlé à l'acide hydrofluorique liquide, l'acide nitrique peut constituer un acide mixte dissolvant l'or et le platine.
		Papier de bois de fernambouc.	L'acide hydrofluorique, même en vapeurs, jaunit ce papier. Il partage cette propriété avec les acides phosphorique et oxalique.

MANIÈRE

DE RECONNAITRE

le Fluor et l'Acide Hydrofluorique.

***

Lorsque les quantités de fluorure dont on peut disposer sont assez considérables, le moyen de reconnaître le fluor et l'acide hydrofluorique est très facile. Il consiste à pulvériser la matière et à l'introduire dans un creuset de platine, avec de l'acide sulfurique concentré. Comme quelques fluorures peuvent se dissoudre, dans cet acide, en formant un liquide visqueux, il est indispensable de chauffer le creuset ; alors seulement il se dégage de l'acide hydrofluorique. Pour démontrer la présence de cet acide, on couvre le creuset avec une plaque de verre enduite de cire et sur laquelle on a tracé des caractères quelconques. Quoique l'acide hydrofluorique soit en faible quantité, il ne tarde pas à attaquer le verre. Il faut avoir soin de maintenir bien froid le verre qui ferme le creuset, afin que la cire ne fonde pas.

Si l'on n'avait pas de creuset de platine, on pourrait se servir d'un creuset d'argent où même d'une capsule de plomb.

Quand la quantité de fluorure que l'on possède est très faible, on peut en faire une pâte avec l'acide sulfurique et l'étendre sur une plaque de verre; au bout de quelques temps, l'effet est ordinairement produit et le verre corrodé.

Si l'on supposait qu'il existât de l'acide hydrofluorique dans une solution, on s'y prendrait comme pour un fluorure solide et on la ferait bouillir avec l'acide sulfurique; mais si la quantité de solution étant très faible ne contenait elle même que peu d'acide hydrofluorique, on devrait l'évaporer en partie, y ajouter de l'acide sulfurique concentré, et la réduire lentement dans un verre enduit intérieurement de cire, sur laquelle on aurait tracé quelques caractères.

Si la proportion d'acide hydrofluorique était très petite, on se servirait, d'après Berzélius, d'un verre de montre bien net, inattaquable par l'acide sulfurique concentré.

Lorsque l'acide hydrofluorique ou le fluor n'existe qu'en quantité très faible, comme dans la topaze, un autre moyen doit être employé pour en reconnaître la présence.

Voici le procédé indiqué par Bonsdorf pour l'analyse de la topaze. La matière à essayer est pulvérisée et puis porphyrisée; on la mêle ensuite avec du carbonate de soude et l'on fond le tout dans un creuset de platine; la masse fondue, est traitée par l'eau distillée, qui en dissout une certaine partie; cette solution filtrée est mise dans une capsule d'argent et sursaturée avec de l'acide hydrochlorique; on la laisse exposée à l'air assez longtemps pour que la plus petite quantité d'acide carbonique ait disparu; alors on sature la liqueur par l'ammoniaque et on l'introduit dans un flacon fermé hermétiquement. On verse alors dans la liqueur une certaine quantité d'une solution de chlorure de calcium et on ferme le flacon que l'on abandonne à lui même, jusqu'à ce que tout le précipité de fluorure de calcium se soit formé. Toutes les précautions prises, lors de la saturation et de l'addition du chlorure, ont pour but d'éviter la formation du carbonate de chaux, qui pourrait induire en erreur sur les quantités obtenues de fluorure de calcium. Ce corps étant recueilli et lavé, est traité comme ci-dessus.

A l'action du chalumeau, on peut reconnaître l'acide hydrofluorique, mais il est à remarquer que cela est en général plus difficile pour les composés, dans lesquels cet acide entre comme partie essentielle, que pour ceux dans lesquels il n'existe qu'en quantité très faible.

Pour le reconnaître, on se borne ordinairement à introduire le composé dans lequel on le suppose, mêlé avec du sel de phosphore, dans l'une des extrémités d'un tube ouvert par les deux bouts, et vers lequel on dirige le dard; l'acide hydrofluorique qui se dégage, attaque toujours le verre et jaunit en outre le papier de fernambouc que l'on introduit à l'autre extrémité du tube.

Pour les petites quantités de fluorure, on agit dans un tube fermé par un bout et on se sert de l'acide sulfurique et d'une lampe d'émailleur.

L'acide hydrofluorique forme avec le silicium un composé gazeux qui peut se combiner avec les bases pour former des sels.

Le fluorure de silicium dépose quelquefois sur le verre une couche plus ou moins épaisse de silice.

On reconnaît le fluorure de silicium en le faisant arriver dans l'eau dans laquelle il forme un dépôt de silice.

Dans une solution de potasse, il forme un précipité gélatineux transparent. Avec l'acide borique, l'acide hydrofluorique donne naissance au gaz fluoborique qui peut aussi former des sels avec les bases. Il se distingue du fluorure de silicium en ce que, quand on le fait passer dans l'eau, il y forme un précipité blanc cristallin; en évaporant tout à fait la solution, elle donne des cristaux d'acide borique.

NOMS des CORPS.	PROPRIÉTÉS physiques PRINCIPALES.	CORPS qui en décèlent la présence ou qui agissent particulièrement sur eux.	PHÉNOMÈNES et OBSERVATIONS.
ACIDE DU SÉLÉNIUM. ACIDE HYDROSÉLÉNIQUE.	Gazeux, d'une odeur d'œufs pourris, très soluble dans l'eau, d'une saveur acide.	*Eau.*	Se dissout dans ce liquide; la solution est d'abord incolore, mais au bout d'un certain temps, une petite quantité de sélénium étant mise à nu, elle se colore en rouge. Elle a une odeur presque semblable à celle de l'acide hydrosulfurique. Concentrée, elle s'affaiblit par la chaleur; étendue, au contraire, elle se concentre.
		Acide nitrique.	Cet acide, surtout quand il est concentré, décompose la solution d'acide hydrosélénique; le sélénium se dépose alors.
		Peroxides métalliques.	La plupart d'entr'eux décomposent l'acide hydrosélénique.
		Chlore.	Un courant de ce gaz et sa solution dans l'eau, décomposent aussi l'acide hydrosélénique.
		Bases.	Se combine avec elles pour former des *séléniures* et de l'*eau.* Les premiers peuvent facilement se reconnaître par la manière dont ils se comportent, qui est presque en tout semblable à celle des sulfures métalliques. Exposés cependant à l'action de la chaleur, les phénomènes sont différents, et lorsque les séléniures se décomposent, ils brûlent en donnant une forte odeur de raifort pourri.
		Chalumeau.	A l'action de cet agent, les séléniures se comportent à peu près comme les sulfures, à l'exception, toutefois, de l'odeur désagréable qu'ils développent. Traité sur le charbon avec le sel de phosphore et la soude, il donne, comme les sulfures, un globule d'une couleur rouge brunâtre, qui disparaît plus facilement par une chaleur prolongée. Si le globule, pendant qu'il est en fusion, est jeté sur une feuille d'argent, et qu'on l'humecte, il produira sur ce métal une tache noire comme un sulfure. Si on chauffe le séléniure à

NOMS des CORPS.	PROPRIÉTÉS physiques PRINCIPALES.	CORPS QUI EN DÉCÈLENT LA PRÉSENCE OU QUI AGISSENT PARTICULIÈREMENT SUR EUX.	PHÉNOMÈNES et OBSERVATIONS.
ACIDE DU SÉLÉNIUM. (Suite). ACIDE HYDROSÉLÉNIQUE. (Suite).	Déjà énoncées.	*(Voir à la page précédente.)*	l'extrémité d'un tube de verre ouvert par les deux bouts, il se décomposera ; si le courant d'air est lent ou peu actif, il se volatilisera du *sélénium* qui se déposera en poudre rouge sur les parois du tube ; si le courant d'air est plus fort, on pourra obtenir, d'abord de *l'oxide de sélénium* que son odeur fera reconnaître, puis de *l'acide sélénieux* qui se déposera en réseau cristallin aux parties supérieures du tube : il est au reste très difficile de séparer le sélénium, du soufre, ces deux corps étant *isomorphes*.
ACIDE DU SOUFRE. ACIDE HYDROSULFURIQUE ET SULFURES.	Gazeux, d'une odeur suffoquante d'œufs pourris, très vénéneux, brûlant avec une flamme bleue. Quant aux sulfures, leurs propriétés physiques sont très variables.	*Froid.*	A son action, aidé par une forte pression, l'acide hydrosulfurique devient liquide et reprend son état gazeux avec explosion par un faible dégré de chaleur, ou par une diminution de pression.
		Eau.	Ce liquide peut en dissoudre deux ou trois fois son volume, et le gaz s'en dégage par une faible élévation de température. Cette solution possède toutes les propriétés du gaz, mais s'affaiblit beaucoup, rien que par le contact de l'air. Quand elle y est quelque temps exposée, elle absorbe une certaine quantité d'oxigène et devient laiteuse par la suspension d'un peu de *soufre hydraté.*
		Oxigène.	Mêlé avec ce gaz ou avec l'air, il ne se décompose pas ; mais à la chaleur rouge, sous l'influence de l'étincelle électrique ou de l'éponge de platine, il y a détonation, formation d'*eau* et d'*acide sulfureux.*
		Acide sulfureux.	Au contact de ce gaz sec, l'hydrogène sulfuré reste intact, mais s'ils sont tous deux humides, il y a décomposition réciproque, dépôt de soufre et formation d'eau.

NOMS des CORPS.	PROPRIÉTÉS physiques PRINCIPALES.	CORPS QUI EN DÉCÈLENT LA PRÉSENCE OU QUI AGISSENT PARTICULIÈREMENT SUR EUX.	PHÉNOMÈNES et OBSERVATIONS.
ACIDE DU SOUFRE. (Suite). ACIDE HYDROSULFURIQUE ET SULFURES. (Suite).	Déjà énoncées.	*Acide Sulfurique.*	Cet acide concentré, dissout une petite quantité d'acide hydrosulfurique et en décompose une partie. Quand il est hydraté et étendu, l'action est nulle.
		Chlore.	Ce gaz décompose instantanément l'acide hydrosulfurique; il se forme de l'*acide hydrochlorique* et du soufre.
		Brôme et iode.	Mêmes phénomènes.
		Sels de plomb, d'argent, de bismuth.	Ces sels précipitent la solution d'hydrogène sulfuré en noir; la réaction est très sensible, mais le phénomène est équivoque dans une analyse exacte.
		Arsenic.	Voyez *arsenic.*
		Sels solubles de zinc.	Ces sels précipitent l'hydrogène sulfuré en blanc.
		Sels solubles de cadmium.	Ces sels précipitent l'acide hydrosulfurique en jaune; le précipité étant fondu, peut cristalliser et ressemble alors au sulfure jaune d'arsenic, duquel il est cependant facile de le distinguer au moyen de la chaleur qui fond le sulfure de cadmium et volatilise le sulfure d'arsenic en dégageant une odeur d'ail.
		Sels de mercure solubles.	L'acide hydrosulfurique donne lieu dans ces sels, à un précipité qui d'abord est blanc et qui reste en suspension dans le liquide; la surface seule de ce dernier présente une teinte grisâtre à l'endroit où viennent crever les bulles. Ce précipité blanc parait être un composé mixte de sulfure et de sel de mercure, et ce n'est que par l'agitation, et en continuant longtemps le courant de gaz, que le précipité devient d'un noir pesant de sulfure de mercure.
		Sels d'antimoine solubles.	Ces sels sont précipités par l'hydrogène sulfuré, en rouge brun marron, et quelquefois rouge oranger.
		Sels solubles de cuivre.	Ces sels produisent par l'hydrogène sulfuré, un précipité vert sombre presque noir.

NOMS des CORPS.	PROPRIÉTÉS physiques PRINCIPALES.	CORPS QUI EN DÉCÈLENT LA PRÉSENCE OU QUI AGISSENT PARTICULIÈREMENT SUR EUX.	PHÉNOMÈNES et OBSERVATIONS.
ACIDE DU SOUFRE. (Suite). ACIDE HYDROSULFURIQUE ET SULFURES. (Suite).	Déjà énoncées.	*Bases*	Ces corps, en solution dans l'eau, dissolvent avec plus ou moins de facilité l'hydrogène sulfuré, en donnant lieu à de l'eau et à des sulfures. La couleur de ces derniers varie selon leur nature ; les sulfures alcalins ont ordinairement une couleur jaune ou légèrement verdâtre, sans que cette couleur soit toujours plus foncée pour ceux qui contiennent le plus de soufre. Quelques sulfures alcalins forment des solutions incolores, mais souvent, au bout de quelque temps, leur couleur devient jaune sans que leur composition change. Les sulfures alcalins sont, en général, très solubles dans l'eau et se décomposent facilement par l'action des acides les plus faibles ; l'acide carbonique de l'air suffit même souvent pour cela. L'acide hydrochlorique les décompose toujours ; mais donne lieu, dans certains cas, quand il n'est ni trop concentré ni trop étendu, à un liquide oléagineux qui est l'*hydrure de soufre*. Exposées longtemps à l'action de l'air, les solutions de sulfures alcalins absorbent l'oxigène et passent à l'état d'*hyposulfites*. Les sulfures terreux possèdent à peu près les mêmes caractères que les alcalins; ils sont en général moins solubles; ils sont la plupart incolores. Quant à leur action sur l'air et les acides, elle est en général la même, seulement l'acide hydrochlorique n'y forme point de l'hydrure de soufre. Les sulfures métalliques ont des propriétés très variables; beaucoup sont noirs, quelques-uns blancs. Ils sont tantôt insolubles, tantôt ils se dissolvent dans un excès d'hydrogène sulfuré ou

NOMS des CORPS.	PROPRIÉTÉS physiques PRINCIPALES.	CORPS qui en décèlent la présence ou qui agissent particulièrement sur eux.	PHÉNOMÈNES et OBSERVATIONS.
ACIDE DU SOUFRE. (Suite). ACIDE HYDROSULFURIQUE ET SULFURES. (Suite).	Déjà énoncées.	*(Voir à la page précédente.)* *Chalumeau.*	de sulfhydrate d'ammoniaque. Traités par les acides, ils se comportent différemment; l'acide nitrique se décompose presque toujours, en donnant lieu à un *nitrate métallique*, au dégagement de *deutoxide d'azote*, au dépôt d'une certaine quantité de *soufre* et à la formation d'*hydrogène sulfuré*. L'eau régale peut donner lieu aux mêmes effets, excepté toutefois au dégagement d'hydrogène sulfuré; mais si l'on fait bouillir ou simplement chauffer l'acide nitrique, ou l'eau régale avec le sulfure métallique, il arrive souvent qu'une partie de soufre mise à nu, s'acidifie aux dépens de l'acide nitrique et donne alors lieu à la formation d'acide sulfurique que l'on peut facilement reconnaître dans la liqueur au moyen d'un sel de baryte. L'acide hydrochlorique agit de différentes manières sur les sulfures métalliques. Il en est sur lesquels il n'a d'action qu'à une température élevée, d'autres qu'il décompose avec dépôt de *soufre* et d'autres qu'il dissout entièrement; ces derniers sont en général les sulfures les plus inférieurs. Les sulfures se reconnaissent facilement, parce qu'ils dégagent généralement de l'*acide sulfureux* lorsqu'on les chauffe fortement; plusieurs même, à l'action du dard, fondent et brulent avec une flamme bleue. De petites quantités de sulfures peuvent être reconnues par la fusion avec de la soude, à laquelle ils communiquent une couleur brune rougeâtre, mais ce caractère est aussi présenté par les sulfates. On peut également en constater la présence en jetant le globule sur une feuille d'argent qui deviendra noire si on l'humecte.

NOMS des CORPS.	PROPRIÉTÉS physiques PRINCIPALES.	CORPS QUI EN DÉCÈLENT LA PRÉSENCE OU QUI AGISSENT PARTICULIÈREMENT SUR EUX.	PHÉNOMÈNES et OBSERVATIONS.
ACIDE DU SOUFRE. (Suite). ACIDE HYDROSULFURIQUE ET SULFURES. (Suite).	Déjà énoncées.	(Voir à la page précédente.)	Si on voulait reconnaître dans un sulfure la nature d'un métal, il faudrait commencer par le griller. Il arrive souvent qu'en grillant un sulfure, il se forme un peu de sulfate; dans ce cas, le dégagement d'acide sulfureux recommence quand on ajoute un peu de charbon à la matière d'essai.

DE L'IMPORTANCE

DE L'HYDROGÈNE SULFURÉ

ET DE L'HYDROSULFATE D'AMMONIAQUE,

DANS LES ANALYSES.

L'acide sulfhydrique présente, sur un grand nombre de réactifs, l'avantage de produire avec presque tous les corps des précipités colorés; avantage un peu contrebalancé par la couleur identique de plusieurs d'entr'eux; mais le caractère le plus précieux de l'hydrogène sulfuré, c'est de donner lieu à la précipitation exacte et complète de presque tous les corps; de sorte qu'il fournit des résultats concluants dans plusieurs cas, où tous les autres réactifs n'en donnent que de très équivoques. De plus la présence de matières étrangères n'influe que très peu sur la couleur des précipités. Il est donc important de connaître l'action de l'hydrogène sulfuré, sur les différents corps ; d'autant plus qu'elle n'est pas toujours la même.

D'après la manière dont l'hydrogène sulfuré se comporte avec leurs dissolutions, les oxides métalliques ont été divisés en deux classes.

1.ᵉ CLASSE. Elle comprend tous les oxides que l'hydrogène sulfuré peut précipiter à l'état de sulfure de leurs dissolutions alcalines, sans pouvoir les précipiter au même état de leurs dissolutions acides, et que l'hydrosulfate d'ammoniaque peut au contraire précipiter à l'état de sulfure, de leurs dissolutions neutres ou alcalines ; ces oxides sont : les oxides de manganèse, de fer, l'oxide de zinc, de cobalt, de nickel et les oxides d'urane. La même classe comprend encore les oxides que l'hydrosulfate d'ammoniaque précipite à l'état d'*oxides*, de leurs dissolutions neutres. Ce sont : l'alumine, la glucine, la thorine, l'yttria, l'oxide de cérium, la zircone, l'acide titanique, l'oxide de chrôme et l'acide tantalique. Les dissolutions alcalines et terreuses sont converties en *sulfures* par l'acide sulfhydrique.

2.ᵐᵉ CLASSE. Elle comprend tous les oxides que l'hydrogène sulfuré peut précipiter en sulfures de leurs dissolutions acides étendues. Cette classe comprend deux sections.

La 1.ᵉ section renferme tous les oxides que l'hydrogène sulfuré peut précipiter en sulfures de leurs dissolutions étendues et acides, plus ceux que l'hydrosulfate d'ammoniaque précipite en sulfures de leurs dissolutions neutres ou alcalines ; ces sulfures sont insolubles dans un excès d'hydrosulfate d'ammoniaque ; ces oxides sont :

L'oxide de cadmium, l'oxide de plomb, l'oxide de

bismuth, les oxides de cuivre, l'oxide d'argent, les oxides de mercure, l'oxide de palladium, de rhodium et d'osmium.

La 2.me section comprend tous les oxides que l'hydrosul-fate d'ammoniaque et l'hydrogène sulfuré précipitent en sulfures de leur dissolutions acides étendues, mais que l'hydrogène sulfuré et l'hydrosulfate d'ammoniaque ne précipitent pas en sulfures de leurs dissolutions neutres ou alcalines ; ces oxides sont :

Les oxides de platine, l'oxide d'iridium, l'oxide d'or, les oxides d'étain, les oxides d'antimoine et l'acide antimonique, les oxides de molybdène, les oxides de tungstène, l'oxide de tellure, l'acide sélénieux, les acides arsénieux et arsénique.

L'hydrosulfate d'ammoniaque et l'hydrogène sulfuré ne déterminent pas de précipité dans les dissolutions neutres de ces derniers oxides, à cause de la solubilité des sulfures qu'ils produisent dans l'excès de sulfhydrate ou d'hydrogène sulfuré qu'il est nécessaire d'employer pour que la réaction soit complète ; mais il serait possible d'obtenir un précipité de ces dissolutions, en ajoutant un acide étendu immédiatement après la saturation par l'hydrogène sulfuré ou par le sulfhydrate d'ammoniaque.

L'hydrogène sulfuré jouit de la propriété de s'unir à plusieurs sulfures métalliques pour donner lieu à des composés ayant presque toutes les propriétés des sels, comme les *sulfarséniates*, les *sulfarsénites*, les *sulfhyper-arséniates*, les *sulfomolybdates*, les *hyper-sulfo molybdates*, les *sulfotungstates*, les *sulfoantimoniates*, les *hyposulfoantimoniates* et les *sulfhydrates*.

Ces derniers peuvent être pris dans deux acceptions différentes ; mais ils désignent ordinairement les sulfures métalliques dissous dans l'eau.

Ceux-ci sont le plus souvent, en état de dissoudre une assez grande quantité de soufre en excès ; les sulfhydrates sont cependant de nature à servir de réactifs comme les sulfures.

Les sulfures préparés artificiellement ont une couleur plus claire que ceux de la nature. Ils se décomposent aussi plus facilement. Les sulfures naturels sont pour la plupart cristallisés.

NOMS des CORPS.	PROPRIÉTÉS physiques PRINCIPALES.	CORPS QUI EN DÉCÈLENT LA PRÉSENCE OU QUI AGISSENT PARTICULIÈREMENT SUR EUX.	PHÉNOMÈNES et OBSERVATIONS.
ACIDE DU CYANOGÈNE. ACIDE HYDROCYANIQUE ET CYANURES.	Liquide, d'une saveur des plus âcres et des plus piquantes ; d'une odeur tellement forte, qu'elle ne saurait être désignée. Lorsque cet acide est étendu, son odeur ressemble a celle des amandes amères ; respirée en quantité faible, elle étourdit. L'acide hydrocyanique parait être le plus violent des poisons inorganiques. Quant aux propriétés des cyanures, elle sont très variables.	*Température ordinaire.*	Elle suffit pour déterminer la décomposition de cet acide, qui s'opére en très peu de temps et d'autant plus vite qu'il est concentré et plus pur ; il est tellement volatil, qu'une goutte, en se vaporisant en partie, donne un abaissement de température suffisant pour congeler l'autre partie. Les produits de la décomposition de cet acide, sont une matière charbonneuse qui se dépose, et de l'ammoniaque qui, en s'unissant à la portion de l'acide non décomposée, forme un cyanhydrate d'ammoniaque.
		Eau.	Il se dissout dans ce liquide avec beaucoup de facilité, et lui communique son odeur qui est très persistante et qui constitue un des caractères les plus positifs de cet acide. Il se combine avec elles pour former de l'eau et des cyanures métalliques. Ces derniers ont des propriétés très variables ; les uns sont solubles, d'autres sont insolubles. Exposés à la chaleur, il en est qui ne se décomposent pas, comme le cyanure de potassium. D'autres qui laissent dégager tout leur cyanogène, comme le cyanure de mercure ; d'autres, enfin, dont le cyanogène se décompose comme le cyanure de fer et certains autres.
		Bases.	Les cyanures métalliques, peuvent assez facilement être reconnus par les précipités auxquels ils donnent lieu dans quelques dissolutions métalliques. C'est surtout lorsqu'un cyanure alcalin se trouve mêlé au cyanure de fer que la couleur des précipités est la plus tranchée ; ainsi une solution de cyanure alcalin versée dans un sel de cuivre, donnera un précipité blanc, tandis que le cyanure double de potassium et de fer donnera un précipité brun marron qui pour-

NOMS des CORPS.	PROPRIÉTÉS physiques PRINCIPALES.	CORPS QUI EN DÉCÈLENT LA PRÉSENCE OU QUI AGISSENT PARTICULIÈREMENT SUR EUX.	PHÉNOMÈNES et OBSERVATIONS.
ACIDE HYDROCYANIQUE.	Déjà énoncées.	*(Voir à la page précédente.)*	ra faire reconnaître 0,0001 de cuivre. Versés dans une solution de fer, les cyanures simples ne déterminent pas de précipité, mais si on ajoute à la liqueur quelques gouttes d'une solution de potasse qui, en s'emparant de l'acide, met à nu l'oxide de fer, on obtient un précipité verdâtre qui, par l'exposition à l'air et le lavage à l'acide hydrochlorique, deviendra d'un beau bleu. Le cyanure double de potassium et de fer constitue un des meilleurs réactifs des dissolutions de cuivre et de fer.
		Hydrogène et soufre.	Combiné à l'hydrogène et au soufre, le cyanogène donne lieu à de l'acide hydro-sulfocyanique qui constitue un des meilleurs réactifs pour les dissolutions de péroxide de fer dans lesquelles il détermine une couleur rouge sang très prononcée sans former de précipité.
		Eau de laurier cérise et d'amandes amères; huile essentielle de ces plantes.	Dans ces liquides l'acide hydrocyanique existe en quantité quelquefois considérable et s'y reconnaît facilement par l'odeur d'amandes amères qu'ils développent; cependant, il serait quelquefois difficile d'employer ces matières comme réactifs. Dans quelques cas, l'addition du chlore en décomposant l'acide hydrocyanique en détruit l'odeur. La plupart des autres réactifs laissent persister cette odeur.
ACIDE HYDROTELLURIQUE.	Gazeux, d'une odeur d'œufs pourris, vénéneux.	*Action des réactifs en général.*	Se comporte avec eux d'une manière presqu'identique à l'hydrogène sulfuré, seulement il abandonne dans quelques cas, un peu de tellure métallique.

DES BASES

SOIT LIBRES, SOIT COMBINÉES.

NOMS des CORPS.	PROPRIÉTÉS physiques PRINCIPALES.	CORPS QUI EN DÉCÈLENT LA PRÉSENCE OU QUI AGISSENT PARTICULIÈREMENT SUR EUX.	PHÉNOMÈNES et OBSERVATIONS.
POTASSE.	Solide, blanche ou jaunâtre, d'une saveur âcre et caustique; dissolvant la plupart des matières animales et végétales qu'elle convertit souvent en *acide ulmique*; verdissant les couleurs bleues de mauve et de chou rouge, quand elle est en solution étendue.	*Chaleur.*	A son action, la potasse se liquéfie mais ne peut guère être fondue que dans des vaisseaux métalliques, attendu l'action qu'elle exercerait sur les vaisseaux de verre. A une température élevée, la potasse se volatilise en partie.
		Air.	Quand elle y est exposée, la potasse attire promptement l'humidité qu'il contient et tombe en déliquescence; elle absorbe aussi facilement l'acide carbonique qu'il peut contenir.
		Eau.	La potasse s'y dissout avec la plus grande facilité, et, la solution exposée à l'air, absorbe l'acide carbonique au point de passer à l'état de sesqui-carbonate et même de bi-carbonate qui forme alors des croûtes cristallines sur les parois des vases.
		Acides.	Elle se combine avec eux afin de former des sels pour la plupart très solubles. Il y en a quelques-uns qui, comme le tartrate acide de potasse, sont peu solubles, et d'autres qui, comme certains silicates, sont insolubles. Il existe cependant des silicates solubles. Les sels de potasse sont toujours incolores, quand l'acide qui les forme l'est aussi; dans le cas contraire, ils sont ordinairement colorés, comme le chrômate, par exemple.
		Chlorure de platine.	Une solution de ce chlorure versée dans une solution de potasse détermine la formation d'un précipité jaune de chlorure double de potassium et de platine; si la quantité de potasse

NOMS des CORPS.	PROPRIÉTÉS physiques PRINCIPALES.	CORPS qui en décèlent la présence ou qui agissent particulièrement sur eux.	PHÉNOMÈNES et OBSERVATIONS.
POTASSE. (Suite).	Déjà énoncées.	*(Voir à la page précédente.*	ou de sel de potasse que l'on a à reconnaître est très peu considérable, il est préférable de la dissoudre préalablement dans l'alcool. Le chlorure de platine, quoique sensible, peut faillir dans certains cas, c'est lorsque la quantité de potasse est très faible.
		Sulfate d'alumine.	Une solution de ce sel mêlée avec une solution de potasse, donne, au bout de quelque temps, des cristaux de sulfate double.
		Acide tartrique.	Une solution de cet acide détermine presque toujours dans une solution de potasse ou d'un sel de cette base, un précipité cristallin de surtartrate de potasse. Quand les deux solutions sont alcooliques, la réaction est plus sensible.
		Gaz acide fluosilicique.	Ce gaz détermine dans une solution de potasse ou d'un sel de cette base, un précipité gélatineux tellement translucide qu'il est presqu'impossible de l'apercevoir dans le liquide ; ce n'est que par l'évaporation de ce dernier qu'on obtient un précipité.
		Acide nitropicrique.	Une solution de cet acide détermine dans celle de potasse un précipité cristallin jaunâtre. Liebig prétend qu'il décèle les quantités de potasse que le chlorure de platine ne précipite pas.
		Chalumeau.	A l'action de cet agent, la potasse se fait reconnaître par la couleur bleuâtre que prend le globule dans lequel on a mis une petite quantité d'oxide de nickel. La meilleure manière de reconnaître la potasse au chalumeau, selon Thuchs, consiste à en fondre une petite quantité sur un fil de platine recourbé, de manière que le globule soit exposé dans la flamme extérieure à l'action de la pointe de la flamme intérieure ; alors le globule et la flamme deviennent violets et conservent longtemps leur couleur.

NOMS des CORPS.	PROPRIÉTÉS physiques PRINCIPALES.	CORPS QUI EN DÉCÈLENT LA PRÉSENCE OU QUI AGISSENT PARTICULIÈREMFT SUR EUX.	PHÉNOMÈNES et OBSERVATIONS.
SOUDE.	Solide, âcre et caustiqne; semblable à la potasse sous plusieurs rapports.	*Chaleur.*	Se comporte à peu de chose près comme la potasse.
		Air.	À son action, la soude attire aussi l'humidité, puis l'acide carbonique, mais au lieu de former avec ce dernier un sel déliquescent, elle en forme un qui s'effleurit.
		Eau.	Se dissout dans ce liquide et se comporte comme la potasse.
		Acides.	Forme avec eux des sels qui ont presque tous une saveur amère, et qui s'effleurissent à l'air.
		Acide fluosilicique.	Cet acide détermine dans les solutions sodiques un précipité beaucoup moins abondant que celui qu'il forme dans les solutions potassiques.
		Chalumeau.	A l'action de cet agent, la soude se distingue facilement de la potasse; car lorsq'on la chauffe de manière à exposer le globule à la pointe de la flamme intérieure, elle prend une couleur jaune claire semblable à celle d'une bougie brûlant tranquillement.
AMMONIAQUE.	Gazeux, odeur forte, sui generis; verdissant les couleurs bleues; se formant lors de la décomposition des matières organiques.	*Chaleur et combustibles*	Une haute température seule ne peut le décomposer; mais le contact du charbon, du soufre ou d'un métal le décompose en tout ou en partie.
		Eau.	Il se dissout dans ce liquide en lui donnant son odeur et sa saveur. Cette solution, mise sur la langue, en détruit l'épiderme, et lorsqu'elle est un peu concentrée, elle y forme un eschare. Elle se comporte dans toutes les circonstances comme l'ammoniaque gazeux. Exposée au cantact de l'air, elle perd une partie de son gaz sans attirer l'acide carbonique; en contact avec les acides, elle s'y combine avec bouillonnement.
		Acides.	Ces corps s'unissent à l'ammoniaque et forment des sels qui sont tous d'une saveur vive et piquante, cristallisant ordinairement bien, et se volatilisant presque tous par la cha-

NOMS des CORPS.	PROPRIÉTÉS physiques PRINCIPALES.	CORPS QUI EN DÉCÈLENT LA PRÉSENCE OU QUI AGISSENT PARTICULIÈREMENT SUR EUX.	PHÉNOMÈNES et OBSERVATIONS.
AMMONIAQUE. (Suite).	Déjà énoncées.	*Voir à la page précédente.*	leur; avec les hydracides, l'ammoniaque ne suit pas la règle générale et forme des hydrosels qui ne contiennent pas d'eau. Les sels d'ammoniaque, quant à leur composition, ont une très grande analogie avec les éthers.
		Chlorure de platine.	Une solution de ce chlorure détermine dans celles d'ammoniaque, comme dans celles de potasse, un précipité jaune de chlorure double.
		Acide hydrochlorique.	Cet acide peut déceler d'assez petites quantités d'ammoniaque, par les vapeurs blanches qu'il produit quand on l'approche d'un flacon qui contient de cet alcali
		Sulfate d'alumine.	Une solution de ce sel produit dans les solutions d'ammoniaque, des cristaux d'alun à base d'ammoniaque qui se distinguent presque toujours de l'alun à base de potasse par la forme octaèdrique de ses cristaux.
		Acide tartrique.	Une solution de cet acide donne dans les solutions ammoniacales un précipité ressemblant assez au tartrate acide de potasse, mais plus facilement soluble dans l'eau que celui-ci.
		Dissolutions cuivreuses.	Une dissolution d'ammoniaque versée dans une dissolution cuivreuse détermine une couleur ou un précipité bleu.
		Dissolutions métalliques.	Déterminent presque toujours la précipitation de l'oxide existant dans la dissolution.
LITHINE.	Solide, blanche très faible.	*Chaleur.*	A son action, et sans que la température soit très élevée, la lithine se fond, et si c'est dans un creuset de platine que la fusion s'est faite, le creuset se trouve tâché et son poli enlevé, ce qui dénote une perte de substance ; on ignore du reste la nature du composé qui s'est formé.

NOMS des CORPS.	PROPRIÉTÉS physiques PRINCIPALES.	CORPS QUI EN DÉCÈLENT LA PRÉSENCE OU QUI AGISSENT PARTICULIÈREMENT SUR EUX.	PHÉNOMÈNES et OBSERVATIONS.
LITHINE. (Suite.)	Déjà énoncées.	Eau.	Se dissout dans ce liquide mais en quantité très faible comparativement aux bases précédentes ; elle n'attire pas l'humidité de l'air et très peu son acide carbonique.
		Phosphates solubles.	Un phosphate versé dans une solution d'un sel de lithine ne détermine pas de précipité ; il s'en forme un très abondant par l'addition de l'ammoniaque.
		Acides.	Se combine avec eux pour donner naissance à des sels en général peu solubles.
		Chlorure de platine.	Ce chlorure détermine dans les solutions alcooliques de lithine, un trouble extrêmement léger qui se voit à peine. Si la solution est étendue, aucun trouble n'apparaît.
		Chalumeau.	« La lithine se découvre « très bien dans les sels lithi- « ques lorsqu'on en fait fon- « dre un peu sur un fil de pla- « tine courbé en crochet, et « qu'on dirige la flamme des- « sus, de manière que la poin- « te de la flamme intérieure « touche à la masse fondue ; « la flamme extérieure prend « alors une belle couleur rou- « ge de carmin très foncé. De « tous les sels lithiques, le « chlorure est celui qui produit « ce phénomène au plus haut « dégré. Si le sel lithique est « mêlé avec un sel potassique, « on n'aperçoit au chalumeau « que la coloration rouge, et « alors la présence de la po- « tasse ne peut point être cons- « tatée à l'aide du chalu- « meau, même quand sa quan- « tité surpasse celle de la li- « thine. Si au contraire, le sel « lithique est mêlé avec un « sel sodique, on n'aperçoit, « même quand la lithine pré- « domine, que la réaction « de la soude, et la flam- « me extérieure se colore en « jaune. La même chose « arrive aussi lorsque le sel « lithique contient simulta- « nément des sels potassi-

NOMS des CORPS.	PROPRIÉTÉS physiques PRINCIPALES.	CORPS QUI EN DÉCÈLENT LA PRÉSENCE OU QUI AGISSENT PARTICULIÈREMENT SUR EUX.	PHÉNOMÈNES et OBSERVATIONS.
LITHINE. (Suite.)	Déjà énoncées.	*Voir à la page précédente.*	« ques et sodiques. » (Traité pratique d'analyse chimique, par Henri Rose , Tome 1.er, page 12).
BARYTE.	Blanche , verdâtre, solide, poreuse, caustique.	Chaleur.	A son action , la baryte lorsquelle est anhydre, se fond moins vite que quand elle est hydratée. Alors elle abandonne une partie de son humidité en en conservant assez pour constituer un *hydrate* qu'une haute température ne peut plus décomposer.
		Eau.	La baryte y est peu soluble lorsquelle est anhydre, s'y dissout facilement quand elle est hydratée, et donne , par l'évaporation, des cristaux transparents d'*hydrate de baryte.* Cette solution a une réaction alcaline et bleuit le tournesol rougi. Exposée à l'air , elle en attire promptement l'acide carbonique en se recouvrant d'une pellicule de *carbonate de baryte* qui gagne le fond, si on agite le vase et qui se renouvelle tant que toute la baryte n'est pas carbonatée.
		Acides.	La baryte forme avec eux des sels dont un grand nombre sont insolubles. Le plus insoluble de tous et qui l'est en même temps dans les acides nitrique et hydrochlorique, est le sulfate. Les composés binaires, tels que le chlorure de barium, partagent les propriétés des sels et peuvent se reconnaître de la même manière. Les sels de baryte solubles ont une saveur alcaline et caustiqne et sont incolores excepté quelques-uns. Exposés au feu , quelques sels de baryte ne se décomposent pas ; d'autres, surtout les sels organiques, se décomposent toujours.

NOMS des CORPS.	PROPRIÉTÉS physiques PRINCIPALES.	CORPS QUI EN DÉCÈLENT LA PRÉSENCE OU QUI AGISSENT PARTICULIÈREMENT SUR EUX.	PHÉNOMÈNES et OBSERVATIONS.
BARYTE. (Suite).	Déjà énoncées.	Acide sulfurique.	Cet acide détermine dans les solutions de baryte ou de ses sels un précipité blanc, pesant insoluble. C'est le meilleur réactif pour reconnaître la baryte.
		Acide carbonique.	Forme aussi un précipité, mais qui est décomposable par les acides avec effervescence.
		Acide oxalique.	Cet acide détermine à la longue un précipité blanc qui, cependant, peut ne pas paraître si les solutions sont étendues.
		Succinates solubles.	Ces corps forment sur le champ un précipité blanc dans les sels barytiques.
		Acide hydrofluo-silicique.	Cet acide donne lieu à un précipité blanc cristallin presqu'insoluble dans les acides hydrochlorique et nitrique.
		Chalumeau.	La Baryte paraît donner une couleur verdâtre, mais ce caractère n'est pas assez positif pour prouver son existence.

Manière

DE RECONNAITRE LA PRÉSENCE

DE LA

BARYTE,

MALGRÉ LE MÉLANGE DE MATIÈRES ORGANIQUES.

Le procédé est simple. On peut employer deux méthodes;
lorsque la baryte se trouve à l'état d'hydrate ou de sel soluble,
on peut faire évaporer si l'on opère sur un liquide et dans
tous les cas on doit calciner le résidu, de manière à décomposer les matières organiques et à obtenir la baryte mélangée avec le charbon. En traitant alors le résidu de la carbonisation par l'eau, on dissoudra l'hydrate de baryte et la
solution filtrée sera traitée par les réactifs convenables.
La deuxième méthode consiste à étendre d'eau le liquide
dans lequel on suppose l'existence de la baryte, et à verser
dans cette liqueur étendue, de l'acide sulfurique ou une solution de sulfate de soude; il se formera dans tous les cas un

Manière

DE RECONNAITRE LA PRÉSENCE

DE LA

BARYTE,

MALGRÉ LE MÉLANGE DE MATIÈRES ORGANIQUES.

Le procédé est simple. On peut employer deux méthodes : lorsque la baryte se trouve à l'état d'hydrate ou de sel soluble, on peut faire évaporer si l'on opère sur un liquide et dans tous les cas on doit calciner le résidu, de manière à décomposer les matières organiques et à obtenir la baryte mélangée avec le charbon. En traitant alors le résidu de la carbonisation par l'eau, on dissoudra l'hydrate de baryte et la solution filtrée sera traitée par les réactifs convenables. La deuxième méthode consiste à étendre d'eau le liquide dans lequel on suppose l'existence de la baryte, et à verser dans cette liqueur étendue, de l'acide sulfurique ou une solution de sulfate de soude ; il se formera dans tous les cas un précipité blanc, et pour s'assurer si c'est un sulfate de baryte, on pourra opérer de deux manières ; d'après la première, on fera bouillir ce précipité mêlé de matières organiques avec du carbonate de potasse, ce qui amènera, malgré l'affinité de l'acide sulfurique pour la baryte, la formation d'un sulfate de potasse et d'un carbonate de baryte dont la solubilité quoique très faible, permettra de reconnaître la baryte dans la liqueur filtrée.

La seconde manière consiste à recueillir le précipité que l'on suppose être du sulfate de baryte et à l'introduire dans un creuset de porcelaine fermé, soit seulement avec les matières organiques dont il est souillé, soit en y ajoutant encore un peu de charbon en poudre ; dans tous les cas, la haute température et le contact du charbon décomposeront le sulfate de baryte pour former un sulfure de barium qui, comme on le sait, est soluble dans l'eau. On traitera donc la masse carbonisée par ce liquide, et la liqueur filtrée verdira les couleurs bleues, si elle contient du sulfure de barium qui a toujours une réaction alcaline.

La présence de la baryte pourra après se constater au moyen des réactifs cités.

NOMS des CORPS.	PROPRIÉTÉS physiques PRINCIPALES.	CORPS QUI EN DÉCÈLENT LA PRÉSENCE OU QUI AGISSENT PARTICULIÈREMENT SUR EUX.	PHÉNOMÈNES et OBSERVATIONS.
STRONTIANE.	A peu près semblable à la baryte.	*Certain nombre de réactifs.*	La strontiane, à part les phénomènes qu'elle présente avec les réactifs suivants, a la plus grande analogie avec la baryte.
		Acide sulfurique.	Cet acide forme aussi dans les dissolutions de strontiane un précipité blanc de sulfate, mais ce réactif, quoique sensible, ne l'est pourtant pas autant que pour la baryte, attendu que le sulfate de strontiane n'est jamais totalement précipité; et la preuve, c'est que si, dans une solution de strontiane qui ne donne plus de précipité par l'acide sulfurique, on verse quelques gouttes d'une solution de baryte, la petite quantité de sulfate de strontiane dissoute, sera décomposée, et il se formera un précipité blanc de *sulfate de baryte.*
		Acide succinique.	Une solution de cet acide qui donne un précipité blanc avec les sels de baryte, n'en détermine aucun dans les dissolutions de strontiane, quand elles sont étendues.
		Alcool.	Ce liquide dissout une certaine quantité de strontiane et alors, quand on y met le feu, la flamme se colore en rouge. Cet effet se remarque surtout lorsqu'on agite le mélange ou quand l'alcool est presqu'entièrement consumé. Les sels solubles présentent cet effet à un plus haut point que les insolubles qui, comme le sulfate, peuvent cependant aussi le produire. Si le sulfate de strontiane contenait un peu de sulfate de baryte, la coloration de la flamme ne pourrait plus avoir lieu
		Chalumeau.	A l'action de cet agent, la strontiane ou ses composés se comportent d'une manière distincte; car si on les expose à l'action de la flamme intérieure, la flamme extérieure sera colorée en rouge carmin foncé.

NOMS des CORPS.	PROPRIÉTÉS physiques PRINCIPALES.	CORPS qui en décèlent la présence ou qui agissent particulièrement sur eux.	PHÉNOMÈNES et OBSERVATIONS.
STRONTIANE (Suite.)	Déjà énoncées.	Voir à la page précédente.	Cette couleur disparait par la fusion du sel. Si la strontiane se trouvait unie à la potasse, le chalumeau pourrait ne pas permettre de reconnaître cette dernière, la couleur rouge de la strontiane voilant la couleur violette de la potasse. Mêlée à la soude, la couleur rouge de la strontiane ne saurait empêcher la couleur jaune de la soude.
CHAUX.	Solide, blanche, hygrométrique et caustique.	Chaleur.	À son action, la chaux est infusible, mais acquiert ordinairement une petite teinte jaunâtre.
		Eau.	La chaux anhydre en absorbant une partie de l'eau contenue dans l'air, passe d'abord à l'état de poudre blanche, s'échauffe, et si la quantité d'eau est plus considérable, elle se délite et forme une bouillie claire d'un blanc très éclatant; cette bouillie est formée d'hydrate de chaux qui contient un peu de carbonate. Si la bouillie de chaux est mise en contact avec une grande quantité d'eau, un peu de chaux s'y dissout et la solution a une saveur légèrement caustique et une réaction alcaline. Exposée au contact de l'air la solution de chaux en absorbe l'acide carbonique.
		Acides.	La chaux forme avec eux des sels ayant une saveur désagréable et en général assez solubles dans l'eau ou dans un excès d'acide.
		Acide sulfurique.	Cet acide fut d'abord considéré comme un bon réactif pour reconnaître la chaux; mais il ne l'est effectivement que pour autant que les solutions calciques soient concentrées; dans le cas contraire, le précipité qui se forme est peu abondant, et le liquide évaporé pourrait donner des cristaux de sulfate de chaux.

NOMS des CORPS.	PROPRIÉTÉS physiques PRINCIPALES.	CORPS QUI EN DÉCÈLENT LA PRÉSENCE OU QUI AGISSENT PARTICULIÈREMENT SUR EUX.	PHÉNOMÈNES et OBSERVATIONS.
CHAUX. (Suite).	Déjà énoncées.	*Acide oxalique.*	La solution de cet acide peut être considérée comme le réactif le plus sensible pour reconnaître la chaux. Il déterminera à l'instant, dans les solutions de cette base, un précipité blanc insoluble dans l'eau.
		Chalumeau.	A l'action de cet agent, la chaux produit une flamme rouge dont l'intensité ne peut être comparée à celle de la strontiane. Ce qui peut servir aussi à distinguer la chaux et son carbonate, c'est le grand éclat dont ils brillent quand on dirige sur eux la flamme d'un chalumeau.
ALUMINE.	Solide, blanche, insoluble dans l'eau, mais formant avec elle un hydrate; happant à la langue.	*Chaleur.*	Infusible, quelle que soit d'ailleurs la température. Seulement à une chaleur très élevée l'alumine prend du retrait, se fendille, et prend une apparence plus compacte.
		Acides.	S'unit avec eux pour former des sels dont plusieurs sont solubles et possèdent tous une saveur styptique et astringente. Presque toujours leur réaction est acide ; quelques-uns cristallisent très bien, d'autres, en se solidifiant, prennent une apparence gommeuse. La plupart des sels insolubles que forme l'alumine, sont solubles dans l'acide hydrochlorique.
		Acide sulfurique.	Cet acide, en excès, dissout l'alumine en donnant lieu à un sel qui, saturé par la potasse, produit des cristaux d'alun.
		Ammoniaque.	Ce corps versé dans la solution d'un sel d'alumine, donne un précipité blanc d'alumine en flocons.
		Potasse.	Cet oxide donne lieu aux mêmes phénomènes que l'ammoniaque; mais le précipité se redissout totalement si l'on ajoute un excès de potasse. L'aluminate de potasse qui s'est formé, pourra laisser précipiter l'alumine par un acide concentré qui s'emparera de la potasse.

NOMS des CORPS.	PROPRIÉTÉS physiques PRINCIPALES.	CORPS QUI EN DÉCÈLENT LA PRÉSENCE OU QUI AGISSENT PARTICULIÈREMENT SUR EUX.	PHÉNOMÈNES et OBSERVATIONS.
ALUMINE. (Suite).	Déjà énoncées.	Hydrosulfate d'ammoniaque.	Ce réactif fait naître dans les dissolutions d'alumine neutres, un précipité blanc d'alumine pure.
		Chalumeau.	A l'action de cet agent, avec le nitrate de cobalt, elle donne une couleur bleue qui n'est bien visible qu'au grand jour, et qui est violette à la flamme.
MAGNÉSIE.	Solide, blanche, infusible ; lorsqu'elle est humectée, elle peut bleuir le papier bleu rougi.	Chaleur.	A son action, elle n'éprouve aucune altération et ne se fond pas; seulement, si la température a été très élevée, elle se dissout moins facilement dans certains acides.
		Eau.	Ce liquide ne dissout qu'une quantité très faible de magnésie.
		Solution de potasse.	Une solution de cette base détermine dans les dissolutions de magnésie, un précipité blanc de magnésie en flocons, susceptible de se redissoudre si l'on ajoute à la liqueur une solution d'hydrochlorate d'ammoniaque.
		Ammoniaque.	Une solution de cette base donne lieu aux mêmes phénomènes.
		Carbonate de potasse.	Une solution de ce sel donne lieu aux mêmes phénomènes.
		Phosphate de soude.	Une solution de ce sel donne lieu dans les dissolutions magnésiennes, à un précipité blanc pesant qui est un phosphate double de soude et de magnésie. Ce précipité, dans certaines circonstances, est susceptible de se redissoudre ; quand les solutions sont concentrées, l'addition de l'ammoniaque le rend plus abondant.
		Acides.	La magnésie s'unit à la plupart d'entr'eux pour former des sels qui sont tous remarquables par leur saveur amère. Ils sont pour la plupart insolubles dans l'eau. Il y a peu de sels de magnésie qui ne se décomposent pas à une haute température.

NOMS des CORPS.	PROPRIÉTÉS physiques PRINCIPALES.	CORPS QUI EN DÉCÈLENT LA PRÉSENCE OU QUI AGISSENT PARTICULIÈREMENT SUR EUX.	PHÉNOMÈNES et OBSERVATIONS.
MAGNÉSIE. (Suite).	Déjà énoncées.	*Acides hydrosulfurique et hydrochlorique.*	Ces acides jouissent de la propriété de dissoudre presque tous les sels de magnésie qui sont insolubles dans l'eau.
		Chalumeau.	A l'action de cet agent, la magnésie, par elle même, ne présente aucun phénomène tranché, mais chauffée avec le nitrate de cobalt, elle donne lieu à une couleur rose rougeâtre.
GLUCINE.	Solide, blanche, infusible.	*Chaleur.*	A son action, elle se comporte comme la magnésie.
		Eau.	Comme la magnésie.
		Potasse.	Une solution de cette base forme un précipité blanc pesant qui ne se dissout pas dans un excès si la liqueur contient de l'hydrochlorate d'ammoniaque.
		Ammoniaque.	Le phénomène est le même que ci-dessus, seulement le précipité paraît plus leger.
		Carbonate de potasse.	Une solution de ce sel produit aussi un précipité blanc; il en est de même d'une solution de bicarbonate.
		Carbonate d'ammoniaque.	Une solution de ce sel donne les mêmes phénomènes.
		Sulfhydrate d'ammoniaque.	Le Sulfhydrate d'ammoniaque donne lieu à un précipité blanc de glucine pure.
		Phosphate de soude.	Une solution de ce sel donne aussi lieu à un précipité blanc.
		Chalumeau.	A son action, la glucine humectée avec le nitrate de cobalt, donne au bouton une couleur noire ou grisâtre.
THORINE.	Solide, blanche, infusible.	*Chaleur.*	Comme la magnésie et la glucine.
		Potasse.	Une solution de cette base produit aussi un précipité blanc insoluble dans un excès.
		Ammoniaque.	— Même phénomène.
		Carbonate de potasse.	Même phénomène; précipité soluble dans un excès.
		Carbonate d'ammoniaque.	Même phénomène.

NOMS des CORPS.	PROPRIÉTÉS physiques PRINCIPALES.	CORPS QUI EN DÉCÈLENT LA PRÉSENCE OU QUI AGISSENT PARTICULIÈREMENT SUR EUX.	PHÉNOMÈNES et OBSERVATIONS.
THORINE. (Suite).	Déjà énoncées.	Phosphate de soude.	Une solution de ce sel produit un précipité blanc.
		Acide oxalique.	Cet acide, ou une solution de bioxalate de potasse, détermine dans les dissolutions thoriques, un précipité blanc compacte.
		Sulfate de potasse.	Une solution de ce sel produit un précipité blanc qui se forme avec beaucoup de lenteur.
		Hydrosulfate d'ammoniaque.	Donne un précipité blanc.
YTTRIA.	Solide, blanche, infusible. Ses dissolutions neutres rougissent le papier de tournesol.	Chaleur.	— Comme la thorine.
		Eau.	En absorbe une certaine quantité pour passer à l'état d'hydrate.
		Potasse.	— Comme pour la thorine.
		Ammoniaque.	— Même phénomène.
		Carbonate de potasse.	Même phénomène, ainsi que pour le bicarbonate.
		Carbonate d'ammoniaque.	Même phénomène.
		Acide oxalique.	Précipité blanc, plus compacte que pour la thorine; soluble dans l'acide hydrochlorique.
		Cyanure de potassium et de fer, jaune.	Précipité blanc.
		Hydrosulfate d'ammoniaque.	Une solution de ce sel produit un précipité blanc d'yttria pure. L'hydrogène sulfuré seul ne produirait aucun précipité.
OXCIDES DU CÉRIUM. PROTOXIDE DE CÉRIUM.	Solide, blanc, oxidable par la chaleur.	Chaleur.	A la chaleur, sa couleur blanche s'altère et passe au jaunâtre; elle peut même devenir rouge briqueté, en passant à l'état de *deutoxide de cérium*.
		Acide hydrochlorique.	Cet acide dissout facilement le protoxide de cérium en donnant naissance à un dégagement de *chlore* très faible si l'oxide est impur.
		Potasse.	Une solution de cette base donne lieu à un précipité blanc insoluble dans un excès.
		Ammoniaque. — Carbonate de potasse, carbonate d'ammoniaque.	Mêmes phénomènes respectifs.

NOMS des CORPS.	PROPRIÉTÉS physiques PRINCIPALES.	CORPS QUI EN DÉCÈLENT LA PRÉSENCE OU QUI AGISSENT PARTICULIÈREMENT SUR EUX.	PHÉNOMÈNES et OBSERVATIONS.
OXIDES DU CÉRIUM. (Suite). — PROTOXIDE DE CÉRIUM. (Suite).	Déjà énoncées.	*Phosphate de soude.* —	Précipité blanc.
		Sulfate de Potasse.	Une solution de ce sel donne lieu à un précipité cristallin assez abondant. On peut même reconnaître une dissolution de protoxide de cérium en y introduisant une petite croûte cristalline de sulfate de potasse.
		Cyanure jaune de potassium et de *fer.*	Mis en rapport avec le protoxide de cérium, ce réactif donne lieu à un précipité blanc.
		Hydrosulfate d'ammoniaque.	Même phénomène.
		Chalumeau.	A son action, le protoxide de cérium produit, avec du borax et du sel de phosphore, un verre rougeâtre.
DEUTOXIDE DE CÉRIUM.	Solide, rouge briqueté.	*Réactifs divers.*	A l'action des réactifs, le deutoxide de cérium se comporte comme le protoxide, seulement, en se dissolvant dans l'acide hydrochlorique, il donne lieu à un plus grand dégagement de chlore.
ZIRCONE.	Solide, blanche. Ses dissolutions neutres rougissent le tournesol.	*Chaleur.*	A son action, elle ne se fond pas mais se *racornit* et prend une légère teinte jaune.
		Potasse.	Une solution de cette base produit un précipité blanc insoluble dans un excès.
		Carbonate de potasse.	Même phénomène; le précipité est un peu soluble dans un grand excès de réactif.
		Ammoniaque.	Le précipité blanc qui se forme, est insoluble dans un excès de réactif.
		Phosphate de soude. —	Forme un précipité blanc.
		Acide oxalique, cyanure double de potassium et de fer jaune.	Mêmes phénomènes respectifs. Le précipité formé par l'acide oxalique, est soluble dans un grand excès d'acide hydrochlorique.
		Sulfate de potasse.	Une solution de ce sel donne lieu à un précipité susceptible de se dissoudre dans l'acide hydrochlorique.
		Hydrosulfate d'ammoniaque.	Une solution de ce sel donne un précipité blanc de *zircone pure.*

NOMS des CORPS.	PROPRIÉTÉS physiques PRINCIPALES.	CORPS QUI EN DÉCÈLENT LA PRÉSENCE OU QUI AGISSENT PARTICULIÈREMENT SUR EUX.	PHÉNOMÈNES et OBSERVATIONS.
OXIDE DU MANGANÈSE. — PROTOXIDE DE MANGANÈSE.	Solide, blanc verdâtre, très oxidable. Ses dissolutions neutres ne rougissent pas le tournesol.	*Chaleur.*	A son action, il ne s'altère pas, quelqu'élevée que soit la température, bien entendu lorsqu'il n'a pas le contact de l'air, auquel cas, il absorbe de l'oxigène. Avec le contact du charbon, il peut à grande peine se réduire.
		Eau.	A son action, le protoxide de manganèse passe à l'état d'*hydrate*, et sa couleur verdâtre devient blanche.
		Acides.	Il se dissout dans plusieurs d'entr'eux pour former des sels assez stables, souvent insolubles dans l'eau. Quand ils sont solubles, leur saveur est styptique.
		Acide hydrochlorique.	Cet acide dissout complètement le protoxide de manganèse, sans donner lieu à une bulle de chlore; mais il faut pour cela que le protoxide soit bien pur.
		Potasse.	Une solution de cette base, dans les dissolutions de cet oxide, donne lieu à un précipité blanc de protoxide hydraté.
		Ammoniaque.	Même phénomène; mais le précipité, exposé à l'air, absorbe l'oxigène et devient brunâtre, puis noir.
		Carbonates de potasse et d'ammoniaque.	Même phénomène, seulement le précipité reste blanc et inaltérable.
		Phosphate de soude.	Formation d'un précipité blanc.
		Acide oxalique.	Le précipité blanc qui se forme est pesant et se décompose facilement par la chaleur en laissant du protoxide pour résidu, bien entendu à l'abri du contact de l'air.
		Cyanure double de potassium et de fer, jaune.	Une solution de ce sel détermine la formation d'un précipité blanc rougeâtre.
		Cyanure de potassium et de fer, rouge.	Une solution de ce sel donne lieu à un précipité brun.
		Hydrosulfate d'ammoniaque.	Une solution de ce sel est un des meilleurs réactifs pour reconnaître le protoxide de manganèse. Des quantités très

NOMS des CORPS.	PROPRIÉTÉS physiques PRINCIPALES.	CORPS QUI EN DÉCÈLENT LA PRÉSENCE OU QUI AGISSENT PARTICULIÈREMENT SUR EUX.	PHÉNOMÈNES et OBSERVATIONS.
OXIDES DU MANGANÈSE. (Suite.) — PROTOXIDE DE MANGANÈSE. (Suite.)	Déjà énoncées.	(Voir à la page précédente.)	faibles donnent lieu à un précipité rosé, couleur de chair, qu'il convient, cependant, de n'examiner que lorsque la précipitation est complète. Si l'on versait au contraire de l'hydrogène sulfuré seul, soit liquide, soit en courant, on n'obtiendrait aucun précipité, à moins, toutefois, de verser dans la liqueur, immédiatement après la saturation par l'acide hydrosulfurique, quelques gouttes d'une solution d'ammoniaque; alors le précipité rosâtre se forme, mais il lui faut un temps plus long pour se rassembler au fond du vase.
		Acide sulfurique.	Cet acide dissout le protoxide de manganèse en donnant un sel blanc cristallisable, d'une couleur rosée. C'est ordinairement ce sel qu'on cherche à obtenir pour la détermination du protoxide de manganèse.
		Chalumeau.	A l'action de cet agent, le protoxide de manganèse fondu avec la soude donne une frite verte ou caméléon minéral. Fondu en globule avec du borax, il donne lieu à une couleur améthyste violette ou noirâtre, selon les quantités.
DEUTOXIDE DE MANGANÈSE.	Solide, noir, donnant une raye brune quand on le frotte sur de la porcelaine non vernie.	Chaleur.	La couleur du deutoxide qui est noire, passe au brun sous l'influence d'une température élevée, et peut reprendre sa couleur primitive si la température diminue; toujours avec le contact de l'air bien entendu.
		Acides.	Les acides, en dissolvant le deutoxide de manganèse, produisent ordinairement des dissolutions d'une couleur brune, et l'acide hydrochlorique, en le dissolvant, donne lieu à un fort dégagement de chlore.
		Acide sulfurique	Cet acide chauffé avec le deutoxide de manganèse, se décompose en partie en même temps que le deutoxide, et tandis que celui-ci perd une

NOMS des CORPS.	PROPRIÉTÉS physiques PRINCIPALES.	CORPS QUI EN DÉCÈLENT LA PRÉSENCE OU QUI AGISSENT PARTICULIÈREMENT SUR EUX.	PHÉNOMÈNES et OBSERVATIONS.
OXIDES DU MANGANÈSE. (Suite.) — DEUTOXIDE DE MANGANÈSE.	Déjà énoncées.	(*Voir à la page précédente.*)	partie de son oxigène, le protoxide de manganèse formé, se combine avec l'acide sulfurique non décomposé, et forme un *sulfate* qu'on peut obtenir cristallisé en lavant la masse calcinée. Mis seulement en contact avec l'acide sulfurique concentré, le deutoxide de manganèse colore, au bout de quelque temps, l'acide sulfurique en rouge violet plus ou moins foncé. Cette liqueur ne peut pas cristalliser par l'évaporation.
		Potasse.	Une solution de cette base, versée dans une de deutoxide de manganèse, donne lieu à un précipité brun.
		Ammoniaque. — *Carbonates d'ammoniaque et de potasse.* *Cyanure double de potassium et de fer, rouge.*	Mêmes phénomènes respectifs.
		Hydrosulfate d'ammoniaque.	Une solution de ce sel donne lieu à un précipité de même couleur que dans les dissolutions de protoxide de manganèse.
		Chalumeau.	Donne les mêmes résultats que le protoxide.
PÉROXIDE DE MANGANÈSE.	Noir, et ne dégageant pas d'eau lorsqu'on le chauffe.	*Chaleur.*	Se comporte comme le deutoxide.
		Acide hydrochlorique.	Cet acide donne lieu à un fort dégagement de *chlore*.
		Acide sulfurique.	Cet acide se colore en violet.

NOMS des CORPS.	PROPRIÉTÉS physiques PRINCIPALES.	CORPS QUI EN DÉCÈLENT LA PRÉSENCE OU QUI AGISSENT PARTICULIÈREMENT SUR EUX.	PHÉNOMÈNES et OBSERVATIONS.
OXIDE DE ZINC.	Solide, blanc, insoluble dans l'eau.	*Chaleur.*	Infusible, non volatil, formant des flocons blancs.
		Acides.	Les acides le dissolvent en donnant lieu à des sels solubles pour la plupart et d'une saveur très styptique.
		Potasse, soude et ammoniaque.	Les alcalis précipitent en blanc les dissolutions zinciques.
		Hydrogène sulfuré.	Cet acide précipite en blanc les dissolutions zinciques neutres. C'est donc un réactif très convenable pour ce métal.
		Hydrosulfate d'ammoniaque, carbonates alcalins, cyanure de potassium et de fer, jaune.	Mêmes phénomènes que ci-dessus.
		Chalumeau.	A son action, l'oxide de zinc peut facilement se reconnaître par la propriété qu'il a de donner des vapeurs blanches par la chaleur, et du zinc qui brûle avec le contact du charbon.
PROTOXIDE DE COBALT.	Grisâtre, verdâtre, dévenant rougeâtre quand il est hydraté. On est rarement dans le cas de le rencontrer seul.	*Potasse.*	Une solution de cet alcali, versée dans une dissolution de cobalt, donne naissance à un précipité bleuâtre ou verdâtre qui, par l'exposition à l'air et l'ébullition, prend une couleur rougeâtre qu'acquièrent presque tous les précipités de cobalt par le contact de l'oxigène; le précipité paraît insoluble dans un excès de solution de potasse.
		Ammoniaque.	Cet alcali détermine, dans les dissolutions de cobalt, un précipité analogue au précédent, mais qui cependant est susceptible de se dissoudre dans un excès d'alcali.
		Carbonate de potasse.	Une solution de ce sel produit un précipité rose ou rougeâtre qui, par le contact de l'air et l'ébullition, peut devenir bleu.

NOMS des CORPS.	PROPRIÉTÉS physiques PRINCIPALES.	CORPS QUI EN DÉCÈLENT LA PRÉSENCE OU QUI AGISSENT PARTICULIÈREMENT SUR EUX.	PHÉNOMÈNES et OBSERVATIONS.
PROTOXIDE DE COBALT. (Suite).	Déjà énoncées.	(*Voir à la page précédente.*)	Le bi-carbonate de potasse jouit à peu près des mêmes propriétés.
		Carbonate d'ammoniaque.	Une solution de ce sel, donne lieu à un précipité rose rougeâtre, soluble dans un excès d'hydrochlorate d'ammoniaque.
		Phosphate de soude.	Une solution de phosphate de soude, donne lieu à un précipité bleu de phosphate de cobalt.
		Acide oxalique.	Une solution de cet acide produit un trouble blanc qui devient bientôt rougeâtre et forme plus tard, un précipité très abondant.
		Cyanure double de fer et de potassium, jaune.	Une solution de ce sel, donne lieu à un précipité verdâtre qui devient gris; insoluble dans l'acide hydrochlorique.
		Cyanure rouge de fer et de potassium.	Une solution de ce sel, produit un précipité brun rouge insoluble dans l'acide hydrochlorique.
		Hydrosulfate d'ammoniaque.	Une solution de ce sel, détermine un précipité noir, abondant et pesant, de sulfure de cobalt.
		Hydrogène sulfuré.	Cet acide, soit liquide, soit en courant, ne donnera lieu, dans la dissolution de cobalt, qu'à un précipité noir très peu abondant et qui ne le deviendra que par l'addition d'un alcali.
		Acides.	Se combine avec eux, pour former des sels dont plusieurs sont insolubles dans l'eau; ces derniers sont en revanche solubles, pour la plupart, dans les acides hydrochlorique et sulfurique.
		Chalumeau.	A l'action de cet agent, le cobalt, ou ses composés, colorent le borax et le sel de phosphore en bleu.

NOMS des CORPS.	PROPRIÉTÉS physiques PRINCIPALES.	CORPS QUI EN DÉCÈLENT LA PRÉSENCE OU QUI AGISSENT PARTICULIÈREMENT SUR EUX.	PHÉNOMÈNES et OBSERVATIONS.
DEUTOXIDE DE COBALT.	Noir-grisâtre ; si on le traite par l'acide hydrochlorique, il y a dégagement de chlore. Ses dissolutions neutres rougissent les couleurs bleues de tournesol.	*Réactifs divers.*	Les réactifs exercent sur le deutoxide de cobalt, une action analogue à celle qu'ils exercent sur le précédent.
PROTOXIDE DE NICKEL.	Quand il est sec, il peut être gris; lorsqu'il est hydraté, il est ordinairement vert.	*Chaleur.*	A son action, aidée par le charbon, il passe à l'état de métal.
		Potasse.	Une solution de cet alcali, donne lieu a un précipité vert pomme d'oxide de nickel hydraté.
		Ammoniaque.	Ce corps donne lieu à un précipité semblable au précédent, mais qui paraît susceptible de se dissoudre dans un excès assez faible d'alcali.
		Carbonate de potasse.	Ce réactif donne lieu à un précipité vert clair.
		Carbonate d'ammoniaque,	Même phénomène.
		Phosphate de soude. —	Précipité blanc verdâtre.
		Acide oxalique.	Une solution de cet acide, sans donner lieu à un précipité, détermine un trouble verdâtre qui augmente par le repos.
		Cyanure jaune de potassium et de fer.	A l'action de ce réactif, il se forme un précipité d'un blanc verdâtre, insoluble dans l'acide hydrochlorique.
		Chalumeau.	A l'action de cet agent, l'oxide de Nickel fondu avec le borax, donne naissance à un verre rouge. Traité avec la soude sur le charbon, il donne une poudre blanche métallique et magnétique.

NOMS des CORPS.	PROPRIÉTÉS physiques PRINCIPALES.	CORPS QUI EN DÉCÈLENT LA PRÉSENCE OU QUI AGISSENT PARTICULIÈREMENT SUR EUX.	PHÉNOMÈNES et OBSERVATIONS.
DEUTOXIDE DE NICKEL.	Noir. Traité par l'acide hydrochlorique, il donne lieu à un dégagement de chlore. Les dissolutions neutres de nickel rougissent les couleurs bleues.	Hydrosulfate d'ammoniaque.	Soumis à ce réactif, les dissolutions de protoxide, ou de deutoxide, donnent lieu à un précipité noir.
		Hydrogène sulfuré.	Cet acide produit un précipité noir qui ne devient abondant que par l'addition d'un alcali.
		Chalumeau.	Au chalumeau, il se comporte comme le protoxide.
PROTOXIDE DE FER.	Blanc, verdâtre. Ses dissolutions neutres rougissent les teintures bleues.	Chaleur.	A son action, le protoxide de fer est infusible ; mais s'il a le contact de l'air, il absorbe l'oxigène en passant à l'état de péroxide. Avec le contact du charbon, il se réduit et donne naissance à du fer, à de la fonte ou à de l'acier, selon les quantités de carbone qui restent combinées au métal.
		Eau.	Il se combine avec ce liquide pour former un hydrate blanc.
		Potasse.	Une solution de cet alcali, versée dans une solution de protoxide de fer, donne lieu à un précipité blanc ou verdâtre qui, lorsqu'il est mis à l'air sur un filtre, se fonce rapidement en couleur en se péroxidant.
		Ammoniaque.	Même phénomène.
		Carbonate de potasse.	Une solution de ce sel donne lieu à un précipité blanc verdâtre, qui, même recouvert d'eau, se fonce en couleur et prend une teinte brune plus ou moins intense selon la durée de son exposition à l'air.
		Carbonate d'ammoniaque.	Même phénomène.
		Phosphate de soude.	Une solution de ce sel, détermine dans les sels de fer un précipité blanc ou verdâtre.
		Acide oxalique.	Une solution de cet acide, donne lieu à un précipité jaunâtre soluble dans l'acide hydrochlorique.
		Acides benzoïque et succinique.	Une solution de l'un ou de l'autre de ces acides est em-

NOMS des CORPS.	PROPRIÉTÉS physiques PRINCIPALES.	CORPS QUI EN DÉCÈLENT LA PRÉSENCE OU QUI AGISSENT PARTICULIÈREMENT SUR EUX.	PHÉNOMÈNES et OBSERVATIONS.
PROTOXIDE DE FER. (Suite.)	Déjà énoncées.	(*Voir à la page précédente.*)	ployée pour séparer les dissolutions de fer des dissolutions de manganèse.
		Cyanure de potassium et de fer, jaune.	Une solution de ce sel donnerait lieu, dans les dissolutions ferreuses, si elles étaient absolument exemptes du contact de l'air, à un précipité blanc ; mais le précipité qu'on obtient ordinairement est d'une couleur bleuâtre ou verdâtre et devient bleu foncé par l'exposition à l'air et le lavage à l'acide hydrochlorique.
		Cyanure de potassium et de fer, rouge.	Une solution de ce sel produit un précipité d'une couleur bleue foncée.
		Hydrosulfate d'ammoniaque.	La solution de ce sel constitue un des meilleurs réactifs pour reconnaître les dissolutions ferreuses, dans lesquelles elle produit un précipité noir, qui, exposé à l'air, devient assez rapidement brun. C'est ce qui distingue le sulfure de fer des sulfures de nickel et de cobalt.
		Hydrogène sulfuré.	Cet acide seul, ne donne lieu à aucun précipité ; mais, dans certains cas, il peut en produire par l'addition d'un alcali.
		Chalumeau,	Au chalumeau, il se distingue par la couleur rouge qu'il donne au globule dans la flamme extérieure, et par la coloration verte qu'il lui donne à la flamme intérieure.
DEUTOXIDE DE FER.	Solide, rouge plus ou moins éclatant. Ses dissolutions neutres rougissent les couleurs bleues.	*Chaleur.*	A son action, il perd l'eau qu'il contient ordinairement, et se fonce en couleur.
		Potasse.	Une solution de potasse donne lieu à un précipité rouge brun, plus ou moins foncé.
		Ammoniaque.	— Même phénomène.
		Carbonate d'ammoniaque et de potasse.	Même phénomène ; seulement le précipité paraît plus clair qu'avec la potasse.
		Phosphate de soude.	Une solution de ce sel donne lieu à un précipité blanc.

NOMS des CORPS.	PROPRIÉTÉS physiques PRINCIPALES.	CORPS QUI EN DÉCÈLENT LA PRÉSENCE OU QUI AGISSENT PARTICULIÈREMENT SUR EUX.	PHÉNOMÈNES et OBSERVATIONS.
DEUTOXIDE DE FER. (Suite).	Déjà énoncées.	*Cyanure de potassium et de fer, jaune.*	Ce sel donne lieu à un précipité bleu, ordinairement très foncé.
		Cyanure de potassium et de fer, rouge.	Ce sel ne donne lieu à aucun précipité dans les dissolutions de deutoxide de fer, mais colore seulement la liqueur en rouge brunâtre.
		Chalumeau.	A l'action de cet agent, le peroxide de fer se comporte comme le précédent.
OXIDE DE CADMIUM.	Solide, jaune foncé ou rougeâtre.	*Chaleur.*	A son action, il est infusible, et pour peu qu'il y ait contact du charbon, il y a réduction du métal, qui se volatilise.
		Potasse.	Cet alcali détermine, dans les dissolutions cadmiques, un précipité blanc d'oxide.
		Ammoniaque.	Même phénomène.
		Carbonates de potasse et d'ammoniaque.	Id. id.
		phosphate de soude.	Id. id.
		Cyanure de potassium et de fer, jaune.	Le précipité qui se forme est d'une couleur grise jaunâtre, il est soluble dans l'acide hydrochlorique.
		Cyanure de potassium et de fer, rouge.	Le précipité qui se forme est jaune et soluble dans l'acide hydrochlorique.
		Hydrogène sulfuré.	Cet acide donne lieu à un précipité jaune fusible et cristallisable.
		Chalumeau.	A l'action de cet agent, les composés de cadmium laissent sur le charbon une poudre ou un sédiment jaune.
PROTOXIDE DE PLOMB.	Solide, d'une couleur jaune ou rougeâtre, ordinairement en écailles.	*Chaleur.*	A son action, il fond à une température assez basse et s'unit facilement à la silice des creusets qu'il perce promptement ; il paraît même pouvoir se volatiliser. A une température de 300° il passe à l'état de deutoxide.

NOMS des CORPS.	PROPRIÉTÉS physiques PRINCIPALES.	CORPS QUI EN DÉCÈLENT LA PRÉSENCE OU QUI AGISSENT PARTICULIÈREMENT SUR EUX.	PHÉNOMÈNES et OBSERVATIONS.
PROTOXIDE DE PLOMB. (Suite.)	Déjà énoncées.	Potasse.	Une solution de cet alcali, versée dans un sel de protoxide de plomb, produit un précipité blanc, d'hydrate. Ce précipité est susceptible de se dissoudre dans un grand excès de potasse.
		Ammoniaque.	Même phénomène, seulement le précipité ne se dissout pas dans un excès.
		Carbonates de potasse et d'ammoniaque.	Forment un précipité blanc.
		Phosphate de soude.—	Id. id.
		Cyanure de potassium et de fer, jaune.	Id. id.
		Acide hydrochlorique.	Cet acide versé dans un sel de plomb, donne un précipité blanc, pesant, cristallin qui, traité par l'eau bouillante, est susceptible de s'y dissoudre, en partie. Fondu, le précipité prend le nom de plomb corné.
		Acide sulfurique.	Cet acide donne lieu à un précipité blanc insoluble, qui dégage de l'acide sulfureux quand on le chauffe avec du charbon.
		Iodure de potassium.	Une solution de ce sel, produit un précipité jaune serin, qui, traité par l'eau bouillante, s'y dissout en partie, et cristallise en paillettes jaune d'or, par le refroidissement.
		Chrômate de potasse.	Ce sel donne un précipité jaune clair ou oranger foncé.
		Hydrogène sulfuré.	Cet acide produit un précipité noir, qui ne se rassemble, toutefois, qu'avec peine et par un excès d'acide.
		Hydrosulfate d'ammoniaque.	Ce sel donne lieu aux mêmes phénomènes ; mais précipite le plomb exactement.
		Acides nitrique et acétique.	Ces deux acides dissolvent, avec la plus grande facilité, l'oxide de plomb, sans le laisser même précipiter par certains acides faibles qui forment avec lui des sels insolubles.
		Chalumeau.	A l'ation de cet agent, et traité par le charbon, l'oxide de plomb donne lieu à du plomb métallique.

NOMS des CORPS.	PROPRIÉTÉS physiques PRINCIPALES.	CORPS QUI EN DÉCÈLENT LA PRÉSENCE OU QUI AGISSENT PARTICULIÈREMENT SUR EUX.	PHÉNOMÈNES et OBSERVATIONS.
DEUTOXIDE DE PLOMB.	Rouge vif, insoluble dans l'eau.	*Chaleur.*	A son action le deutoxide peut passer à l'état de protoxide.
		Acides.	Traité par quelques uns d'entr'eux, et notamment par l'acide nitrique, le deutoxide de plomb change de couleur et de rouge qu'il était, devient brun.
TRITOXIDE DE PLOMB.	Solide, couleur brune pâle.	*Chaleur.*	A la chaleur, il perd son oxigène et redevient deutoxide.
		Soufre.	Trituré fortement avec ce corps combustible, il s'enflamme sans détonation.
OXIDE DE BISMUTH.	Solide, jaune plus ou moins foncé.	*Chaleur.*	A la chaleur, il se fond, et au contact du charbon ou de l'hydrogène, il se réduit.
		Acides.	Se combine avec bon nombre d'entr'eux pour former des sels qui, lorsqu'ils sont solubles, ont une saveur métallique et astringente ; quelques-uns sont déliquescents.
		Potasse.	Une solution de cet alcali, forme un précipité blanc dans les dissolutions de bismuth.
		Ammoniaque.	— Même phénomène.
		Carbonates de potasse et d'ammoniaque.	Id. id.
		Eau.	Ce liquide, mis en contact avec la plupart des sels solubles de bismuth, et notamment avec le nitrate donne lieu à un précipité blanc de sous-sel de bismuth. Le liquide qui surnage, contient alors un sel acide.
		Hydrogène sulfuré et hydrosulfate d'ammoniaque.	A l'action de ces agents il se forme un précipité noir.

NOMS des CORPS.	PROPRIÉTÉS physiques PRINCIPALES.	CORPS QUI EN DÉCÈLENT LA PRÉSENCE OU QUI AGISSENT PARTICULIÈREMENT SUR EUX.	PHÉNOMÈNES et OBSERVATIONS.
OXIDE DE BISMUTH. (Suite).	Déjà énoncées.	*Iodure de potassium.*	Ce sel donne lieu à un précipité brun plus ou moins foncé.
		Chalumeau.	A son action, il se réduit par le contact du charbon en laissant du bismuth métallique en grains cassants qui se brisent sous le marteau ; le charbon se recouvre d'une poudre jaune.
PROTOXIDE DE CUIVRE.	Solide, en poudre rouge de cochenille.	*Chaleur.*	A son action, il absorbe l'oxigène et devient noir en passant à l'état de *deutoxide.*
		Acides.	Plusieurs d'entr'eux, et notamment l'acide sulfurique, le décomposent en partie pour donner lieu à du cuivre métallique et à du deutoxide de cuivre qui se combine avec l'acide.
		Acide hydrochlorique.	Cet acide est susceptible de le dissoudre en entier, mais sans le décomposer.
		Potasse.	Une solution de cet alcali, versée dans une dissolution de protoxide de cuivre dans l'acide hydrochlorique, donne lieu à un précipité qui peut être blanc en formant un sous-chlorure, ou jaune brunâtre en produisant un *protoxide hydraté.*
		Ammoniaque.	Cet alcali produirait le même effet que la potasse, si la solution n'avait pas le contact de l'air. Sous l'influence de celui-ci, la liqueur se colore en bleu dont l'intensité va en augmentant de la surface vers le fond.
		Carbonate de potasse.	Ce sel donne lieu à un précipité jaune.
		Bi-Carbonates d'ammoniaque ou de potasse.	Le bi-carbonate de potasse agit comme le précédent, mais le bicarbonate d'ammoniaque agit comme l'ammoniaque, et laisse dégager son acide carbonique.

NOMS des CORPS.	PROPRIÉTÉS physiques PRINCIPALES.	CORPS QUI EN DÉCÈLENT LA PRÉSENCE OU QUI AGISSENT PARTICULIÈREMENT SUR EUX.	PHÉNOMÈNES et OBSERVATIONS.
PROTOXIDE DE CUIVRE. (Suite.)	Déjà énoncées.	*Phosphate de soude.*	Une solution de ce sel produit un précipité blanc qui devient verdâtre ou bleuâtre s'il a le contact de l'air.
		Acide oxalique.	Donne lieu à un précipité blanc bleuâtre.
		Cyanure double de potassium et de fer, jaune.	Produit un précipité blanc qui devient d'une couleur brun-marron par le contact de l'air.
		Cyanure rouge de potassium et de fer.	Même phénomène. Cependant le précipité rouge brun est instantané.
		Chalumeau.	A l'action de cet agent, il se comporte comme le deutoxide, à l'exception, toutefois, qu'il produit avec le borax à la flamme extérieure, une couleur brune que le deutoxide ne donne qu'à la flamme intérieure.
DEUTOXIDE DE CUIVRE.	Solide, noir presqu'infusible.	*Chaleur.*	A son action, il ne se décompose pas, mais peut se fondre à une très forte chaleur.
		Acide hydrochlorique.	Ce corps peut dissoudre le deutoxide de cuivre en donnant lieu à une dissolution verte *émeraude.*
		Potasse.	Une solution de cette base donne lieu, dans les sels de deutoxide de cuivre, à un précipité bleu de *deutoxide hydraté* qui peut devenir noir par l'exposition à l'air et à la chaleur.
		Ammoniaque.	Même phénomène, seulement, le précipité formé par l'ammoniaque, se dissout dans un excès, et la liqueur prend alors une couleur bleue très foncée.
		Carbonate de potasse.	Une solution de ce sel détermine un précipité vert bleuâtre, de carbonate de cuivre.
		Carbonate d'ammoniaque.	Même phénomène.
		Phosphate de soude.	Une solution de ce sel donne un précipité blanc verdâtre.
		Acide oxalique.	Même phénomène.
		Cyanure jaune de potassium et de fer.	Ce corps détermine la formation d'un précipité brun-marron, et constitue un des meilleurs réactifs pour reconnaître le cuivre.

NOMS des CORPS.	PROPRIÉTÉS physiques PRINCIPALES.	CORPS QUI EN DÉCÈLENT LA PRÉSENCE OU QUI AGISSENT PARTICULIÈREMENT SUR EUX.	PHÉNOMÈNES et OBSERVATIONS.
DEUTOXIDE DE CUIVRE (Suite).	Déjà énoncées.	*Cyanure rouge de potassium et de fer.*	Ce corps produit dans les sels de deutoxide de cuivre, un précipité d'une couleur jaune verte.
		Hydrogène sulfuré.	Cet acide, libre ou combiné, donne lieu à un précipité jaune verdâtre foncé, qui peut être aussi brun foncé ou noir.
		Iodure de potassium.	A l'action de ce sel, il y a formation d'un précipité blanc jaunâtre.
		Chromate de potasse.	Ce sel produit un précipité rouge brun qui, dissout dans l'ammoniaque, donne une solution d'un vert *emeraude.*
		Zinc.	Ce métal, plongé dans une dissolution cuivreuse, précipite le cuivre en flocons ou en poudre noire.
		Fer.	Ce métal précipite le cuivre à l'état métallique en se recouvrant d'une pellicule mince: c'est un des bons moyens pour reconnaître le cuivre,
		Chalumeau.	A l'action de cet agent, le deutoxide de cuivre, fondu avec le borax ou la soude, colore la flamme intérieure en brun et l'extérieure en vert.

[illegible]

[illegible]

[illegible]

[illegible]

MANIÈRE DE RECONNAITRE

Le Cuivre,

LIBRE OU COMBINÉ,

MÊLÉ AUX MATIÈRES ORGANIQUES.

Lorsque les quantités du métal, libre ou combiné, sont relativement très faibles, l'action des réactifs est souvent insensible, d'abord, par le fait même de l'extrême division, puis par les modifications que les matières organiques apportent à leur manière d'agir. C'est ainsi que dans du vin blanc, par exemple, qui contiendrait du *sulfate de cuivre* on ne pourrait guère reconnaître ce sulfate par l'addition de l'ammoniaque. Un des meilleurs moyens, dans ce cas, serait l'ébullition avec un peu de potasse.

Dans du vin rouge les difficultés seraient encore plus grandes. L'*ammoniaque* pourrait donner lieu à un précipité violet, et le *cyanure double de potassium et de fer*, lui même, ne donnerait qu'un précipité très équivoque. Enfin, presque toujours, les matières colorantes induiront en erreur sur la valeur relative du résultat obtenu.

Un des meilleurs moyens de reconnaître le cuivre dans un liquide organique, est d'y plonger une *lame de fer* bien décapée, et au bout de quelques heures de contact, elle se recouvrira d'une pellicule rouge.

L'*hydrogène sulfuré* peut encore être employé, mais il faut, pour cela, que la matière soit limpide et non susceptible, par elle-même, de précipiter avec l'hydrogène sulfuré.

Si les matières étaient solides ou pâteuses, la difficulté serait encore plus grande, car, en les dissolvant dans l'eau, on écarterait tellement les molécules cuivreuses que le plus grand nombre des réactifs ne pourraient les précipiter. Pour l'analyse du pain, par exemple, contenant du sulfate de cuivre, il est différents procédés. Tremper le pain dans la solution de *cyanure de potassium et de fer* ou dans *l'ammoniaque*, est un moyen qui ne peut réussir que pour autant que la quantité de cuivre soit très forte ; dans ce cas, le pain pourrait prendre une couleur brune ou bleue.

Enfoncer dans le pain une lame de fer décapée, est un assez bon moyen, si le pain est frais et humide ; mais encore court-on grand risque d'enlever, en retirant la lame, la pellicule qui pourrait s'être déposée sur le fer.

Le meilleur expédient consiste donc à employer la chaleur. Pour cela, on peut, ou bien fondre la matière desséchée avec du *carbonate de potasse*, ou bien la calciner seule dans un creuset de platine hermétiquement fermé.

Pendant la carbonisation, le sel de cuivre s'est réduit, et du cuivre métallique reste dans le charbon. On peut alors acquérir la preuve de son existence de deux manières: ou bien, on prend les cendres que l'on pulvérise dans un mortier d'agathe, et que l'on traite par lévigation, de manière à enlever la poussière de charbon qui est plus légère, et à laisser dans le mortier les parcelles du cuivre qui, aplaties par le pilon, forment de petites paillettes métalliques, (mais il faut, pour réussir de cette manière, avoir une grande habitude de cette opération mécanique) ou bien, on lave les cendres pour enlever les sels solubles, et on les traite ensuite par l'*acide nitrique étendu*; la liqueur étant filtrée, sera précipitée par l'*ammoniaque* ou plutôt par le *cyanure double de potassium et de fer.*

Ce procédé a, pendant très longtemps, été considéré comme infaillible. Aujourd'hui, dans un cas médico-légal, il faudrait se garder de présenter les résultats d'une semblable analyse comme des preuves concluantes contre l'accusé.

Des expériences nombreuses ont été faites et ont établi qu'il existe de faibles quantités de cuivre dans presque toutes les farines ; il faudrait donc aussi se livrer à des recherches sur ces dernières. Les bornes de cet ouvrage ne me permettent pas de donner plus de détails à ce sujet.

NOMS des CORPS.	PROPRIÉTÉS physiques PRINCIPALES.	CORPS QUI EN DÉCÈLENT LA PRÉSENCE OU QUI AGISSENT PARTICULIÈREMENT SUR EUX.	PHÉNOMÈNES et OBSERVATIONS.
PROTOXIDE D'URANE.	Solide, gris-noir-foncé, quelquefois d'un vert très prononcé.	Acides.	La solution du protoxide d'urane dans un acide, est ordinairement colorée. L'acide hydrochlorique est un de ceux qui le dissolvent le moins bien. Ordinairement ces dissolutions sont verdâtres.
		Potasse.	Une solution de cette base donne lieu à un précipité brun plus ou moins foncé, qui ne se dissout pas dans un excès de réactif.
		Ammoniaque.	Cet alcali produit le même phénomène, seulement le précipité est presque noir.
		Carbonate de potasse.	Donne lieu à un précipité verdâtre sale, soluble dans un grand excès de réactif.
		Carbonate d'ammoniaque.	Même phénomène.
		Phosphate de soude.	Le précipité est blanc verdâtre ou jaunâtre.
		Acide oxalique.	— Même phénomène.
		Cyanure jaune de potassium et de fer.	Une solution de ce sel donne lieu à un précipité brun-marron assez semblable à celui que ce même réactif détermine dans les sels de cuivre.
		Cyanure rouge de potassium et de fer.	Ce sel ne donne pas lieu d'abord à un précipité, mais il s'en forme un, après coup, d'une couleur rouge brun plus ou moins foncé.
		Hydrogène sulfuré.	Cet acide uni à l'ammoniaque, donne lieu à un précipité noir. Seul, l'hydrogène sulfuré ne précipite pas.
		Chalumeau.	A l'action de cet agent, il se comporte comme le deutoxide d'urane.

N. B. On a cru, jusqu'à présent, que le corps désigné par les chimistes sous le nom d'*Urane* était un corps simple. Il paraît que M. Peligot vient de découvrir que ce n'est qu'un oxide au radical duquel il propose de donner le nom d'*Uranium*. Ce que nous avons dit de l'urane métallique doit donc être plus ou moins inexact.

NOMS des CORPS.	PROPRIÉTÉS physiques PRINCIPALES.	CORPS QUI EN DÉCÈLENT LA PRÉSENCE OU QUI AGISSENT PARTICULIÈREMENT SUR EUX.	PHÉNOMÈNES et OBSERVATIONS.
DEUTOXIDE D'URANE.	Solide, jaune brun; ses dissolutions neutres rougissent les couleurs bleues.	*Chaleur.*	A son action, le deutoxide d'urane se décompose et se transforme en protoxide.
		Potasse.	Une solution de cet alcali donne lieu dans les dissolutions uraniques, à un précipité jaune.
		Ammoniaque. —	Même phénomène.
		Cyanure jaune de potassium et de fer.	Ce sel produit un précipité d'une couleur rouge brunâtre.
		Phosphate de soude.	Ce sel donne lieu à un précipité blanc jaunâtre.
		Hydrogène sulfuré.	Cet acide uni à l'ammoniaque, donne lieu à un précipité brun, quand le liquide n'est pas trop acide. Seul l'hydrogène sulfuré ne précipite pas.
		Chalumeau.	A l'action de cet agent, le deutoxide d'urane perd de son oxigène et devient protoxide; sa couleur jaune se renforce alors et il devient noir ou grisâtre; chauffé à la flamme extérieure, il la colore souvent en jaune brunâtre, et à la flamme intérieure en vert.
OXIDE D'ARGENT.	Solide, brun grisâtre, soluble dans l'ammoniaque.	*Chaleur.*	A son action, il perd d'abord l'eau qu'il contient, et à une température plus élevée, il perd son oxigène et se réduit.
		Acides.	Ces corps le dissolvent avec assez de facilité, pour constituer des sels solubles qui ont une saveur métallique et qui tachent la peau, ainsi que des sels insolubles qui, lorsqu'ils sont blancs, deviennent presque toujours violets par l'action de la lumière.
		Potasse.	Une solution de cette base détermine dans les dissolutions d'argent neutres, un précipité ordinairement olivâtre, d'oxide d'argent qui, quelquefois, est d'un brun clair.
		Ammoniaque.	Le précipité précédent, mis en contact avec cette base, donne lieu à un corps détonnant, l'*azoture d'argent*. Cette base versée dans un sel d'argent détermine aussi la précipitation de l'oxide qui se dissout dans un excès d'alcali.

NOMS des CORPS.	PROPRIÉTÉS physiques PRINCIPALES.	CORPS QUI EN DÉCÈLENT LA PRÉSENCE OU QUI AGISSENT PARTICULIÈREMENT SUR EUX.	PHÉNOMÈNES et OBSERVATIONS.
OXIDE D'ARGENT. (Suite.)	Déjà énoncées.	*Phosphate de soude.*	Une solution de ce sel donne lieu à un précipité jaune pâle. Avec le paraphosphate de soude le précipité est blanc.
		Carbonate de soude.	Donne un précipité blanc soluble dans l'ammoniaque.
		Carbonate d'ammoniaque.	Id. id.
		Acide oxalique. —	Id. id.
		Acide hydrochlorique.	Cet acide détermine, dans les dissolutions d'argent, un précipité blanc pésant, qui, traité par l'ammoniaque, se dissout et peut, par l'évaporation de la liqueur, donner des cristaux octaèdriques. Exposé à l'action de la lumière, le précipité acquiert rapidement une couleur bleuâtre ou violette.
		Iodure de potassium.	Ce sel produit un précipité blanc ayant une teinte jaunâtre.
		Chrômate de potasse.	Une solution de ce sel produit un précipité rouge ou poupre foncé, dont l'intensité de couleur peut varier selon les quantités relatives des matières mises en contact.
		Hydrogène sulfuré.	Cet acide produit un précipité noir de sulfure d'argent.
		Hydrosulfate d'ammoniaque.	Id. id.
		Cyanure jaune de potassium et de fer.	Donne lieu à un précipité blanc.
		Zinc.	Précipité par ce métal, il se forme un dépôt d'une couleur grise ou noire. Quand l'argent est à l'état de chlorure, on peut le réduire facilement au moyen du zinc. Pour cela on met le chlorure d'argent en mouvement dans de l'eau acidulée par l'acide sulfurique, avec quelques rognures de zinc; il se dégage de l'hydrogène, il se forme de l'argent métallique et du chlorure de zinc.
		Cuivre.	Ce métal, au contraire, précipite l'argent à l'état de petites paillettes cristallines.

NOMS des CORPS.	PROPRIÉTÉS physiques PRINCIPALES.	CORPS QUI EN DÉCÈLENT LA PRÉSENCE OU QUI AGISSENT PARTICULIÈREMENT SUR EUX.	PHÉNOMÈNES et OBSERVATIONS.
OXIDE D'ARGENT. (Suite).	Déjà énoncées.	*Sulfate de protoxide de fer.*	Une solution de ce sel produit un précipité blanc grisâtre d'argent métallique.
		Chalumeau.	A son action, l'oxide d'argent ou ses composés, se réduisent et laissent de l'argent métallique, reconnaissable à son inaltérabilité par la chaleur.
PROTOXIDE DE MERCURE.	Solide, noir; ses dissolutions rougissent les couleurs bleues.	*Chaleur.*	A son action, quand la température n'est pas très élevée, il se décompose en mercure métallique et en deutoxide; mais si la température est plus haute, le deutoxide de mercure produit se transforme en oxigène et en mercure métallique.
		Acides.	Plusieurs d'entr'eux dissolvent le protoxide de mercure et notamment l'acide nitrique; mais il faut, pour que le sel de protoxide de mercure soit bien neûtre, que la quantité de mercure soit toujours en excès.
		Potasse.	Une solution de cet alcali donne lieu à un précipité gris ou noir.
		Ammoniaque.	Le précipité est de même couleur, et si c'est le protonitrate de mercure qu'on précipite par l'ammoniaque, le précipité prend le nom de *mercure soluble de Hannemann.*
		Carbonate de potasse.	Un solution de ce sel donne lieu a un précipité blanc ou jaune sale, qui noircit par l'ébullition.
		Carbonate d'ammoniaque.	Forme un précipité gris ou noir.
		Phosphate de soude. —	Donne un précipité blanc.
		Acide oxalique. —	Id. id.
		Cyanure jaune de potassium et de fer.	Même phénomène.
		Iodure de potassium.	Une solution de ce sel produit dans les dissolution de protoxide de mercure un précipité jaune verdâtre plus ou moins foncé; c'est un proto-iodure de mercure souvent mêlé de sesqui-iodure. Le précipité est soluble dans un exès de réactif.

NOMS des CORPS.	PROPRIÉTÉS physiques PRINCIPALES.	CORPS QUI EN DÉCÈLENT LA PRÉSENCE OU QUI AGISSENT PARTICULIÈREMENT SUR EUX.	PHÉNOMÈNES et OBSERVATIONS.
PROTOXIDE DE MERCURE. (Suite.)	Déjà énoncées.	*Chrómate de potasse.*	Ce sel donne lieu a un précipité jaune rougâtre assez clair.
		Acide hydrochlorique.	Une solution de cet acide produit un précipité blanc, pesant, insoluble, qui est du protochlorure de mercure.
		Hydrogène sulfuré et hydrosulfate d'ammoniaque.	Cet acide et ce sel donnent lieu à un précipité noir.
DEUTOXIDE DE MERCURE.	Solide, rouge, cristallisant en masse, parsemée de points brillants; ses dissolutions neutres rougissent le tournesol.	*Chaleur.*	A la chaleur, il se décompose en oxigène et en mercure métalique.
		Acides.	Il s'unit avec le plus grand nombre d'entr'eux et produit des sels en général plus solubles que ceux de protoxide.
		Potasse.	Une solution de cette base donne lieu à un précipité jaune ou oranger d'oxide de mercure hydraté.
		Chaux.	Cet alcali produit le même phénomène.
		Ammoniaque.	Cet alcali ne donne souvent lieu qu'à un précipité blanc.
		Carbonate de potasse ou d'ammoniaque.	Une solution du premier de ces sels produit un précipité brun rougeâtre; le second donne un précipité blanc.
		Phosphate de soude.	Ce sel donne lieu à un précipité blanc.
		Acide oxalique. —	Même phénomène.
		Acide hydrochlorique.	Cet acide ne donne pas avec lui de précipité blanc insoluble, mais le dissout en formant du deutochlorure de mercure ou sublimé corrosif.
		Acides sulfurique et nitrique.	Ces deux acides forment avec lui des sels qui, traités par l'eau bouillante, se décomposent en donnant lieu à des précipités jaunes dont l'un est un sous nitrate appelé *turbith nitreux*, et l'autre un sous sulfate appelé *turbith minéral*.

NOMS des CORPS.	PROPRIÉTÉS physiques PRINCIPALES.	CORPS QUI EN DÉCÈLENT LA PRÉSENCE OU QUI AGISSENT PARTICULIÈREMENT SUR EUX.	PHÉNOMÈNES et OBSERVATIONS.
DEUTOXIDE DE MERCURE. (Suite).	Déjà énoncées.	*Iodure de potassium.*	Une solution de ce sel donne lieu à un précipité rouge coquelicot, susceptible de se dissoudre dans un excès de réactif.
		Chromate de potasse.	Ce sel produit un précipité d'un rouge oranger, plus foncé qu'avec le protoxide.
		Hydrogène sulfuré et hydrosulfate d'ammoniaque.	Cet acide et ce sel donnent lieu à un précipité noir qui, quelquefois, est blanchâtre, peut être à cause d'un dépôt de soufre
		Zinc.	Une lame de ce métal précipite les dissolutions mercurielles en donnant un dépôt grisâtre de mercure métallique dont les propriétés sont faciles à reconnaître.
		Étain.	— Id. id.
		Cuivre.	— Id. id.
		Chalumeau.	A l'action de cet agent, les oxides de mercure se décomposent, et, sous l'influence de la chaleur, le mercure se volatilise; si on chauffe cet oxide à l'extrémité ouverte d'un tube, en le tenant incliné, on aura sur les parois froides, un précipité grisâtre qu'il est facile de reconnaître à la loupe pour des globules de mercure.

MANIÈRE DE RECONNAITRE

Le Mercure,

MÊLÉ AUX MATIÈRES ORGANIQUES.

Il pourrait très facilement arriver que la présence de matières organiques empêchât de reconnaître l'existence du mercure; c'est ainsi qu'une dissolution d'albumine que l'on mettrait en contact avec une solution de bichlorure de mercure, décomposerait ce dernier et le changerait en protochlorure qui, étant insoluble, pourrait échapper à l'action des réactifs.

Dans ce cas, on n'aurait qu'à chauffer le précipité qui, s'il est formé uniquement de protochlorure de mercure, se volatilisera en entier et se condensera en poudre blanche sur les parois des corps froids. On pourrait encore le dissoudre dans l'ammoniaque.

Si la quantité de sublimé corrosif à reconnaître était très faible, le meilleur moyen serait, bien entendu, si le sublimé corrosif était en poudre, de le réduire en vapeurs sur des charbons ardents, et de recevoir ces vapeurs sur une lame de cuivre bien polie. La poussière blanche qui s'attache à cette dernière, deviendra, lorsqu'on la frottera, éclatante et miroitée, en donnant au cuivre l'éclat de l'argent.

Si le deutochlorure de mercure se trouvait en solution dans un liquide, un des meilleurs réactifs à employer serait la potasse ou la chaux, qui donnerait un précipité jaune d'oxide hydraté. L'iodure de potassium pourrait encore être employé. L'hydrogène sulfuré, au contraire, sera rejeté comme ne fournissant pas de résultats assez concluants.

Il est encore un procédé pour reconnaître de très faibles proportions de mercure en dissolution: on plonge dans la liqueur une petite lame d'or entourée d'une petite feuille d'étain tournée en spirale; la lame d'or blanchit presqu'aussitôt. Ce procédé est dû à Ellitson.

Si le protochlorure de mercure existait en poudre, on pourrait le traiter, comme l'arsenic, dans un tube de verre par un petit cône de charbon. Les reactifs, tels que l'ammoniaque, le chròmate de potasse, devront être négligés surtout si la matière organiqne a une couleur plus ou moins foncée.

NOMS des CORPS.	PROPRIÉTÉS physiques PRINCIPALES.	CORPS QUI EN DÉCÈLENT LA PRÉSENCE OU QUI AGISSENT PARTICULIÈREMENT SUR EUX.	PHÉNOMÈNES et OBSERVATIONS.
OXIDE D'ANTIMOINE.	Solide, blanc, en poudre cristalline.	Chaleur.	A son action, il se volatilise, surtout à l'aide d'un courant de gaz, en donnant des vapeurs blanches et en formant un petit réseau de cristaux sur le globule d'antimoine métallique qui peut rester dans le creuset.
		Potasse.	Une solution de cette base versée dans une dissolution d'antimoine, donne lieu à un précipité blanc.
		Ammoniaque; Carbonate de potasse ou d'ammoniaque; Phosphate de soude.	Même phénomène.
		Acide hydrochlorique.	Cet acide dissout facilement l'oxide d'antimoine en formant de l'eau et un *chlorure*. Si dans cette dissolution on vient à verser de l'eau brusquement, on obtient un précipité blanc insoluble d'oxichlorure auquel on a donné le nom de poudre d'*algaroth*.
		Acides.	Plusieurs d'entr'eux peuvent dissoudre l'oxide d'antimoine et former avec lui des sels simples ou doubles. Les acides organiques sont, surtout, propres à produire ces derniers.
		Hydrogène sulfuré.	Cet acide, liquide ou gazeux, précipite les dissolutions antimoniales en rouge-brun ou rouge-orangé. Il se forme alors un *sulfure d'antimoine hydraté* dont la couleur peut beaucoup varier d'intensité.
		Chalumeau.	A l'action de cet agent, l'oxide d'antimoine se volatilise bien; mais il se reduit, cependent, en partie, surtout, si c'est sur du charbon qu'on opère. Alors on obtient un globule d'antimoine que l'on reconnaît à son éclat, et principalement aux vapeurs blanches qu'il continue à donner, même quand il n'est plus chauffé.

NOMS des CORPS.	PROPRIÉTÉS physiques PRINCIPALES.	CORPS qui en décèlent la présence ou qui agissent particulièrement sur eux.	PHÉNOMÈNES et OBSERVATIONS.
PROTOXIDE DE PLATINE.	Solide, noir.	Chaleur.	A son action, surtout si la température est très élevée, il se décompose, dégage de l'oxigène, et se convertit en platine métallique.
		Chlore.	Le chlorure de platine qui correspond au protoxide, est solide, brun-foncé; c'est presque toujours celui dont on a à à reconnaître la présence.
		Potasse.	Une solution de cet alcali versée dans le chlorure de platine, ne donne lieu à aucun précipité; seulement, si la liqueur contenait un peu de bichlorure de platine, il pourrait se former un précipité jaune.
		Ammoniaque.	Cet alcali donne lieu dans une solution de protochlorure de platine, à un précipité vert cristallin.
		Nitrate de protoxide de mercure.	Une solution de ce sel donne lieu à un précipité noir.
		Hydrogène sulfuré.	Une solution de cet acide détermine la formation d'un précipité noir qui peut, aussi, n'être que brun quand les dissolutions sont étendues.
		Zinc.	Le zinc précipite les sels de protoxide de platine, en réduisant le métal qu'il précipite à l'état de poudre noir.
DEUTOXIDE DE PLATINE.	Solide, jaune-brun quand il est hydraté.	Chaleur.	Chauffé fortement, il devient noir, et finit par se décomposer tout à fait.
		Potasse.	Cet alcali donne lieu dans les sels de deutoxide de platine, à un précipité jaune-serin qui est un chlorure double de platine et de potassium.
		Ammoniaque.	Produit le même phénomène.
		Phosphate de soude.	Une solution de ce sel, ne donne lieu à aucun précipité.
		Nitrate de protoxide de mercure.	Ce sel donne lieu à un précipité rougeâtre.
		Iodure de potassium.	Ce sel donne lieu à un précipité brun-rougeâtre.
		Hydrogène sulfuré.	Cet acide dissous dans l'eau, donne un précipité brun qui bientôt paraît noir.
		Zinc.	Ce métal se comporte comme pour les sels de protoxide.

NOMS des CORPS.	PROPRIÉTÉS physiques PRINCIPALES.	CORPS QUI EN DÉCÈLENT LA PRÉSENCE OU QUI AGISSENT PARTICULIÈREMENT SUR EUX.	PHÉNOMÈNES et OBSERVATIONS.
PROTOXIDE DE PALLADIUM.	Solide, jaune-brun.	Chaleur.	Elle peut le décomposer; par son action, il devient noir.
		Potasse.	Cet alcali donne lieu à un précipité jaune-brunâtre.
		Ammoniaque.	Cet alcali produit un précipité blanc-rougeâtre.
		Phosphate de soude.	Ce sel donne lieu à un précipité brun.
		Cyanure jaune de potassium et de fer.	Ce sel ne produit pas d'abord un précipité, mais au bout d'un certain temps, il se forme une espèce de gelée verdâtre et épaisse.
		Cyanure rouge de potassium et de fer,	Se comporte, à peu près, comme le précédent.
		Chlorure d'étain.	Ce corps donne lieu à un précipité brun-foncé.
		Iodure de potassium.	Ce sel produit un précipité noir.
		Hydrogène sulfuré.	Cet acide précipite également en noir.
		Zinc.	Ce métal agit comme pour le platine.
DEUTOXIDE DE PALLADIUM.	Il est, pour ainsi dire, inconnu, quant à ses propriétés.		
PROTOXIDE DE RHODIUM.	Cet oxide n'est pas mieux connu que le précédent.		

NOMS des CORPS.	PROPRIÉTÉS physiques PRINCIPALES.	CORPS QUI EN DÉCÈLENT LA PRÉSENCE OU QUI AGISSENT PARTICULIÈREMENT SUR EUX.	PHÉNOMÈNES et OBSERVATIONS.
DEUTOXIDE DE RHODIUM.	Solide, noir; son hydrate est brun.	*Chaleur.*	A son action, et en contact avec le charbon ou l'hydrogène, il est susceptible de se décomposer quand il est hydraté.
		Potasse.	A la température de l'ébullition, cet alcali détermine la formation d'une espèce de gelée brunâtre.
		Ammoniaque.	Cet alcali, dans les dissolutions de rhodium, produit un précipité jaune.
		Carbonate de potasse.	Ce sel donne lieu à un précipité brun ou jaunâtre.
		Hydrogène sulfuré.	cet acide, soit libre soit combiné à l'ammoniaque, précipite en brun les dissolutions de deutoxide de rhodium.
		Zinc.	Se comporte comme pour le platine.
PROTOXIDE D'IRIDIUM.	Cet oxide est à peu près inconnu.		
DEUTOXIDE D'IRIDIUM.	Id.		
TRITOXIDE D'IRIDIUM.	Cet oxide qui, dans quelques cas, peut jouer le rôle d'acide, est difficile à obtenir, vu sa solubilité dans les alcalis, qui, par	*Potasse.*	Une solution de cet alcali mis en excès, déclore, sur le champ, les dissolutions d'iridium ou convertit leur couleur en une autre très faiblement verdâtre, changement pendant lequel il ne se forme qu'une trace de précipité noir brunâtre, lorsqu'on chauffe cette dissolution claire. Ordinaire-

NOMS des CORPS.	PROPRIÉTÉS physiques PRINCIPALES.	CORPS QUI EN DÉCÈLENT LA PRÉSENCE OU QUI AGISSENT PARTICULIÈREMENT SUR EUX.	PHÉNOMÈNES et OBSERVATIONS.
TRITOXIDE D'IRIDIUM. (Suite.)	conséquent, ne peuvent le précipiter de ses dissolutions acides.	(*Voir à la page précédente.*)	ment, elle ne subit, d'abord, qu'un faible changement; mais si on la laisse reposer après l'avoir chauffée, elle commence à se colorer en bleu. La couleur bleue augmente peu à peu d'intensité, à partir de la surface où la liqueur est en contact avec l'air atmosphérique. Cette couleur a de la ressemblance avec celle d'une dissolution d'un sel cuivrique dans de l'ammoniaque; cependant elle offre sensiblement une teinte de violet, qu'on peut mieux remarquer lorsque la dissolution n'est point encore devenue trop foncée. Si l'on évapore la dissolution bleue, il se sépare, d'abord, une petite quantité d'un précipité bleu, mais la masse sèche est blanche, et a une teinte verdâtre. Quand on la traite par l'eau, il reste une poudre bleue, et la dissolution surnageante est incolore. (Henry rose, T. 1, P. 127)
		Ammoniaque.	— Même phénomène.
		Carbonate de potasse.	Ce sel donne lieu à un précipité d'une couleur rouge-brun.
		Cyanure jaune de potassium et de fer.	Ce sel loin de former un précipité dans les dissolutions de tritoxide, les décolore et les rend limpides.
		Sulfate de protoxide de fer.	Une solution de ce sel produit, après un temps assez long, un précipité d'une couleur verdâtre sale.
		Nitrate de protoxide de mercure.	Une solution de ce sel donne un précipité brun-clair.
		Hydrogène sulfuré.	Cet acide donne un précipité brunâtre.
		Zinc.	Se comporte comme pour les métaux précédents.
PROTOXIDE D'OR.	Il est peu connu et ne doit presque jamais être recherché.		

NOMS des CORPS.	PROPRIÉTÉS physiques PRINCIPALES.	CORPS QUI EN DÉCÈLENT LA PRÉSENCE OU QUI AGISSENT PARTICULIÈREMENT SUR EUX.	PHÉNOMÈNES et OBSERVATIONS.
DEUTOXIDE D'OR.	Solide, jaunâtre ou brunâtre.	*Chaleur.*	A l'action de la chaleur, le deutoxide d'or se réduit et laisse alors le métal très divisé.
		Potasse.	Une solution de cet alcali produit ordinairement un précipité noir.
		Ammoniaque.	Cet alcali donne lieu à un précipité jaune.
		Acide oxalique.	Cet acide peut décomposer la dissolution en se décomposant lui même ; c'est pourquoi le liquide se colore en noir verdâtre ; l'or est mis à nu.
		Cyanure jaune de potassium et de fer.	Ce sel colore la liqueur en vert plus ou moins foncé.
		Nitrate de protoxide de mercure.	Ce sel donne lieu à un précipité noir.
		Sulfate de fer.	Ce sel donne d'abord à la liqueur une couleur bleue et la précipite en vert ; ce précipité seché et frotté avec un brunissoir, prend tout l'éclat de l'or métallique.
		Chlorure d'étain.	Ce corps précipite les dissolutions auriques en pourpre (*pourpre de Cassius*).
		Iodure de potassium.	Ce corps produit un précipité noir.
		Hydrogène sulfuré.	Cet acide donne lieu au même phénomène.
		Zinc.	Ce métal précipite les dissolutions d'or en se recouvrant d'un enduit brunâtre qui parait n'être que du métal très divisé.
PROTOXIDE D'ÉTAIN.	Solide, gris-noir, combustible. Ses dissolutions rougissent la couleur bleue de tournesol.	*Chaleur.*	Il peut à un certain dégré de température, s'enflammer en brulant comme de l'amadou.
		Potasse.	Les dissolutions de protoxide d'étain précipitent en blanc par cet alcali.
		Ammoniaque.	— Même phénomène
		Carbonate d'ammoniaque ou de potasse.	Id. id.
		Phosphate de soude. —	Id. id.
		Acide oxalique. —	Id. id.
		Cyanure jaune de potassium et de fer.	Id. id.
		Hydrogène sulfuré.	Cet acide, libre ou combiné, donne lieu à un précipité brun ou noir.

NOMS des CORPS.	PROPRIÉTÉS physiques PRINCIPALES.	CORPS QUI EN DÉCÈLENT LA PRÉSENCE OU QUI AGISSENT PARTICULIÈREMENT SUR EUX.	PHÉNOMÈNES et OBSERVATIONS.
PROTOXIDE D'ÉTAIN. (Suite).	Déjà énoncées.	Zinc.	Ce métal précipite les dissolutions de protoxide d'étain en petites paillettes blanches ou grisâtres.
		Chalumeau.	A l'action de cet agent, il se reconnaît d'abord par la réduction du métal, quand il est sur le charbon; ensuite, lorsq'on le met dans du sel de phosphore contenant de l'oxide de cuivre, il produit une couleur rouge-brune à la flamme intérieure, couleur due au protoxide de cuivre qui se forme.
DEUTOXIDE D'ÉTAIN.	Solide, blanc, insoluble dans l'eau ; jouissant d'une réaction acide. Ses dissolutions rougissent le tournesol.	Chaleur.	A son action, et avec l'aide d'un corps combustible, le deutoxide d'étain se décompose.
		Potasse ou ammoniaque.	Une solution de ces bases détermine dans les sels de deutoxide d'étain, un précipité blanc soluble dans un excès d'alcali.
		Réactifs.	Précipite en blanc par presque tous les réactifs.
		Hydrogène sulfuré.	Cet acide, libre ou combiné, précipite les solutions de deutoxide d'étain en jaune.
		Zinc.	Ce métal donne un précipité blanc quand on le plonge dans un sel de deutoxide d'étain ; il se produit de l'hydrogène.
		Chalumeau.	A l'action de cet agent, le deutoxide se comporte comme le protoxide.
PROTOXIDE D'OSMIUM.	Ressemble au protoxide d'*iridium*, mais en diffère par l'action que la chaleur exerce sur lui.	Chaleur.	A son action, il absorbe l'oxigène et se transforme en *acide osmique*.

NOMS des CORPS.	PROPRIÉTÉS physiques PRINCIPALES.	CORPS QUI EN DÉCÈLENT LA PRÉSENCE OU QUI AGISSENT PARTICULIÈREMENT SUR EUX.	PHÉNOMÈNES et OBSERVATIONS.
DEUTOXIDE D'OSMIUM.	Cet oxide est peu connu. Bouilli avec la potasse et lavé ensuite, il détonne.		
TRITOXIDE D'OSMIUM.	Noir, solide.	Chaleur.	A son action, se change en *acide osmique.*
		Potasse.	Une solution de cet alcali, surtout à l'aide de la chaleur, donne d'abord une couleur noire qui s'éclaircit ensuite. Il se forme un précipité de même couleur.
		Ammoniaque.	Même phénomène, seulement le précipité est brun.
		Carbonate de potasse.	Ce sel donne lieu à un précipité noir au dessus duquel la liqueur reste bleuâtre.
		Phosphate de soude, Iodure de potassium.	Même phénomène.
		Cyanure jaune de potassium et de fer.	Ce sel ne donne lieu à aucun précipité.
		Zinc.	Ce métal précipite les dissolutions d'*osmium*, en poudre noire.
		Acide nitrique.	Cet acide fait aisément reconnaître l'*osmium* par l'*acide osmique* auquel son ébullition avec le métal, donne lieu.
PEROXIDE D'OSMIUM.	Voir acide osmique.		

NOMS des CORPS.	PROPRIÉTÉS physiques PRINCIPALES.	CORPS QUI EN DÉCÈLENT LA PRÉSENCE OU QUI AGISSENT PARTICULIÈREMENT SUR EUX.	PHÉNOMÈNES et OBSERVATIONS.
PROTOXIDE DE MOLYBDÈNE	Solide, noir.	*Chaleur.*	A son action, il absorbe l'oxigène et passe à l'état d'acide molybdique.
		Potasse ou ammoniaque.	Une solution de l'un ou de l'autre de ces alcalis, donne lieu à un précipité brun noir.
		Carbonate de potasse ou d'ammoniaque. Phosphate de soude.	Même phénomène.
		Cyanure de potassium et de fer jaune ou rouge.	Ce sel donne lieu à un précipité brun rougeâtre.
		Acide hydro-sulfurique.	Cet acide donne lieu à un précipité brun-noir.
		Hydrosulfate d'ammoniaque.	Ce sel donne lieu à un précipité jaune brunâtre qui est soluble dans un excès.
		Chalumeau.	A l'action de cet agent, il donne, avec le sel de phosphore, un verre vert à la flamme intérieure; cette couleur est surtout sensible après le refroidissement. Avec le borax, la couleur est rouge brune à la flamme intérieure ; avec la soude et le charbon, il donne du molybdène métallique.
DEUTOXIDE DE MOLYBDÈNE.	Jaune-brunâtre ou noirâtre.	*Potasse ou ammoniaque.*	Ces alcalis donnent lieu à un précipité noir-brun insoluble dans un excès.
		Carbonate de potasse.	Le précipité est brun-clair et soluble dans un excès.
		Phosphate de soude.	Le précipité est blanc-brunâtre.
		Cyanure de potassium et de fer jaune ou rouge.	Ces sels donnent des précipités bruns.
		Chalumeau.	A son action, il se comporte comme le protoxide.

NOMS des CORPS.	PROPRIÉTÉS physiques PRINCIPALES.	CORPS QUI EN DÉCÈLENT LA PRÉSENCE OU QUI AGISSENT PARTICULIÈREMENT SUR EUX.	PHÉNOMÈNES et OBSERVATIONS.
TRITOXIDE DE MOLYBDÈNE.	Voyez acide molybdique.		
SOUS-OXIDE DE VANADIUM.	Cet oxide est peu connu.		
PROTOXIDE DE VANADIUM.	Solide, noir; son hydrate et gris-blanc.	Potasse.	Une solution de cet alcali détermine, dans les dissolutions de vanadium, un précipité blanc-grisâtre d'hydrate.
		Carbonate de potasse.	Produit le même phénomène; seulement, si le carbonate est en excès, le précipité deviendra brun.
		Cyanure jaune de potassium et de fer.	Ce sel donne un précipité jaune-brunâtre ou verdâtre.
		hydrosulfate d'ammoniaque.	Donne un précipité brun-noir soluble dans un excès.
		Infusion de noix de galles.	Une infusion de cette substance donne lieu à une couleur brun-foncé, il se précipite ensuite un précipité noir volumineux.

NOMS des CORPS.	PROPRIÉTÉS physiques PRINCIPALES.	CORPS QUI EN DÉCÈLENT LA PRÉSENCE OU QUI AGISSENT PARTICULIÈREMENT SUR EUX.	PHÉNOMÈNES et OBSERVATIONS.
OXIDE DE TUNGSTÈNE.	Sa couleur est noire, quelquefois jaunâtre.	Chaleur.	Lorsqu'on le fait rougir fortement à l'air, il absorbe l'oxigène et se convertit en acide tungstique.
OXIDE DE CHROME.	Solide, vert émeraude, infusible. N. B. les solutions de cet oxide peuvent, quelquefois, être confondues avec les dissolutions d'urane, mais l'acide nitrique donne lieu, dans celle-ci, à une couleur jaune et à la formation de l'acide uranique. Les dissolutions de chrôme peuvent, d'ailleurs, se distinguer encore par les cyanures doubles de potassium et de fer jaune ou rouge, ainsi que par l'acide oxalique qui ne donne lieu à aucun précipité.	Chaleur.	A son action, l'hydrate qui est d'une couleur grise-verdâtre, prend une teinte verte qui devient d'autant plus foncée que la chaleur est plus considérable. Quand la température est très haute, l'oxide de chrôme devient grenu, presqu'insoluble même dans les acides concentrés.
		Acides.	Ces corps dissolvent généralement assez bien l'oxide de chrôme, à moins qu'il n'ait été calciné; dans ce cas, l'acide sulfurique seul reste susceptible de le dissoudre assez facilement.
		Potasse.	Une solution de cette base, produit dans les dissolutions de protoxide de chrôme, un précipité vert-clair d'oxide qui, chauffé, devient d'un vert émeraude.
		Ammoniaque.	Cet alcali donne lieu dans les dissolutions chrômiques, à un précipité bleu-verdâtre qui, exposé à la lumière artificielle, a un aspect violet.
		Carbonate de potasse ou d'ammoniaque.	Ces sels donnent lieu à des précipités vert-clairs.
		Bicarbonate de potasse	Id. id.
		Phosphate de soude.	Ce sel donne un précipité vert clair.
		Chrômate de potasse.	Ce sel donne lieu à un précipité brun, si l'on ajoute de l'ammoniaque.
		Iodure de potassium.	Ce sel produit un précipité vert-blanchâtre, soluble dans l'acide hydrochlorique,

NOMS des CORPS.	PROPRIÉTÉS physiques PRINCIPALES.	CORPS QUI EN DÉCÈLENT LA PRÉSENCE OU QUI AGISSENT PARTICULIÈREMENT SUR EUX.	PHÉNOMÈNES et OBSERVATIONS.
OXIDE DE CHROME. (Suite).	Déjà énoncées.	*hydrosulfate d'ammoniaque.*	Ce sel donne un précipité verdâtre, tandis que l'hydrogène sulfuré libre n'en détermine aucun.
		Chalumeau.	A l'action de cet agent, l'oxide de chrôme donne au flux une couleur verte émeraude qui subsiste, tant à la flamme extérieure qu'à la flamme intérieure; c'est ce qui distingue l'oxide de chrôme des oxides de cuivre.
OXIDE DE TELLURE.	Solide, blanc.	*Chaleur.*	A son action, cet oxide peut se fondre et sa couleur blanche passer au jaune, couleur qu'il conserve jusqu'à son refroidissement. Si l'on venait cependant à le chauffer davantage, il se volatiliserait en repandant une fumée blanche. Il a, sous ce rapport, beaucoup de ressemblance avec l'oxide d'antimoine.
		Potasse.	Une solution de cet alcali, produit dans les dissolutions de tellure, un précipité blanc.
		Ammoniaque. —	Même phénomène.
		Carbonate de potasse ou d'ammoniaque.	Id. id.
		Phosphate de soude. —	Id. id.
		Hydrosulfate d'ammoniaque.	Produit un précipité brun qui paraît noir quand il est en grande quantité.
		Hydrogène sulfuré.	Cet acide donne un fort précipité brun.
		Zinc. —	Précipite le tellure en noir.
		Chalumeau.	A son action et par le contact du charbon, il se réduit. Quand il se volatilise, il laisse une poussière blanche sur le charbon comme le protoxide d'antimoine. Pour le distinguer de ce dernier, on doit le chauffer dans un tube de verre ouvert par les deux bouts; dans les deux cas, il se produit vers l'extrémité supérieure du tube, un dépôt blanc dont on doit attendre que l'épaisseur soit assez grande; si alors on

NOMS des CORPS.	PROPRIÉTÉS physiques PRINCIPALES.	CORPS QUI EN DÉCÈLENT LA PRÉSENCE OU QUI AGISSENT PARTICULIÈREMENT SUR EUX.	PHÉNOMÈNES et OBSERVATIONS.
OXIDE DE TELLURE. (Suite).	Déjà énoncées.	*(Voir à la page précédente).*	chauffe brusquement et fortement l'endroit du verre où se trouve le dépôt, s'il est formé par l'oxide de tellure, il se fondra en petites gouttelettes, tandis que l'oxide d'antimoine passera à l'état de vapeur.

DES SELS.

Nous étudierons les phénomènes qu'ils présentent, dans le même ordre que pour les acides qui leur donnent naissance.

NOMS des CORPS.	PROPRIÉTÉS physiques PRINCIPALES.	CORPS QUI EN DÉCÈLENT LA PRÉSENCE OU QUI AGISSENT PARTICULIÈREMENT SUR EUX.	PHÉNOMÈNES et OBSERVATIONS.
SULFATES.	Dans les sulfates neutres la quantité d'oxigène de l'oxide est à celle de l'acide :: 1 : 3.	Chaleur.	Quelques uns sont indécomposables par son action ; tels sont le *sulfate de magnésie* et les *sulfates* de la première section. Les autres se décomposent à une température plus ou moins élevée, en acide *sulfurique anhydre, acide sulfureux et oxigène*.
		Carbone.	Il décompose tous les *sulfates* à une température élevée. Ceux de la première section donnent lieu aux phénomènes les plus compliqués.
		Hydrogène.	Les décompose par l'action de la chaleur.
		Bore.	Les décompose aussi par l'action de la chaleur.
		Phosphore.	— Id. id.
		Iode.	— Id. id.
		Chlore.	— Id. id.
		Potassium et sodium.	— Id. id.
		Eau.	Quelques uns sont solubles dans ce liquide, d'autres le sont peu, d'autres enfin ne le sont point.
		Alcool.	Tous les *sulfates* y sont insolubles.
		Acides hydrosulfurique et hydrosélénique.	Peuvent décomposer certains *sulfates* en agissant sur leurs bases.
		Acide silicique.	Peut aussi chasser l'acide sulfurique de ses combinaisons à l'aide de la chaleur.
		Autres réactifs.	— Voyez acide sulfurique.

NOMS des CORPS.	PROPRIÉTÉS physiques PRINCIPALES.	CORPS QUI EN DÉCÈLENT LA PRÉSENCE OU QUI AGISSENT PARTICULIÈREMENT SUR EUX.	PHÉNOMÈNES et OBSERVATIONS.
HYPOSULFATES.	Ils sont facilement décomposés par la chaleur ; sans action sur l'oxigène et sur l'air. Ils sont presque tous solubles dans l'eau et insolubles dans l'alcool. L'oxigène de l'oxide est à celui de l'acide :: 1 : 5.	*Acide sulfurique.*	A froid, il n'y a aucun changement, mais si on fait bouillir, il y a dégagement d'acide *sulfureux* et formation d'*acide sulfurique*: il ne se dégage pas de *soufre.*
		Acide nitrique.	A froid, aucun phénomène ne se produit, mais à chaud il y a dégagement d'acide *nitreux.*
		Chalumeau.	A l'action de cet agent, chauffé dans un tube de verre fermé par un bout, un hyposulfate laisse dégager de l'*acide sulfureux*, et laisse un *sulfate neutre.* Avec la soude et la silice, il se comporte comme les sulfates. (Voyez sulfures).
SULFITES.	Solides, dégageant de l'*acide sulfureux* par la chaleur ou par un acide. L'oxigène de la base est à celui de l'acide :: 1 : 2.	*Chaleur.*	A son action, les sulfites passent à l'état de *sulfates.*
		Acide nitrique.	A froid, il se dégage de l'*acide sulfureux*, mais à chaud, il se forme de l'*acide nitreux* qui se dégage en vapeurs rouges.
		Acide hydrochlorique.	Donne lieu à un dégagement d'acide sulfureux.
		Hydrogène sulfuré.	Donne lieu à un précipité blanc, de soufre.
		Air.	Les sulfites absorbent son oxigène et passent à l'état de sulfates.
		Chalumeau.	A l'action de cet agent, les sulfites se comportent comme les sulfates. (Voyez sulfures.)
HYPOSULFITES.	Décomposables par la chaleur, et pour la plupart solubles dans l'eau. Le rapport de l'oxigène de la base à celui de l'acide n'est pas encore bien connu.	*Acide hydrochlorique.*	Versé dans les solutions d'hyposulfites, il produit, au bout de quelque temps, un trouble laiteux de *soufre* mis à nu, en laissant dégager de l'acide sulfureux.
		Acide nitrique.	Produit les mêmes phénomènes à froid, mais si on fait bouillir, la solution d'hyposulfite absorbe de l'oxigène.
		Nitrate d'argent.	Une solution de ce sel, donne lieu à un précipité d'abord blanchâtre si les liqueurs sont étendues, mais qui bientôt devient brun et puis tout à fait noir.
		Chlorure d'argent.	Une solution d'hyposulfite peut dissoudre une certaine quantité de chlorure.

NOMS des CORPS.	PROPRIÉTÉS physiques PRINCIPALES.	CORPS QUI EN DÉCÈLENT LA PRÉSENCE OU QUI AGISSENT PARTICULIÈREMENT SUR EUX.	PHÉNOMÈNES et OBSERVATIONS.
HYPOSULFITES. (Suite).	Déjà énoncées.	*Acétate de plomb.*	Une solution de ce sel, produit un précipité blanc.
		Nitrate de protoxide de mercure.	Une solution de ce sel produit un précipité noir.
		Chalumeau.	Les hyposulfites donnent lieu, à l'action de cet agent, aux mêmes phénomènes que les sulfates. (Voyez sulfures).
SÉLÉNIATES.	Presque semblables à celles des sulfates. L'oxigène de la base est à l'oxigène de l'acide :: 1 : 3.	*Acide hydrochlorique.*	Si on fait bouillir cet acide avec une solution de séléniate, il se dégage du chlore gazeux, et il se forme de l'acide sélénieux.
		Hydrochlorate d'ammoniaque.	Quand on mêle un séléniate solide avec de l'hydrochlorate d'ammoniaque, et qu'on chauffe, il se dégage du sélénium, qui se sublime.
		Chalumeau.	— (Voyez séléniures).
SÉLÉNITES.	En général solubles dans l'eau; indécomposables par la chaleur. L'oxigène de la base est à l'oxigène de l'acide :: 1 : 2.	*Acide hydrosulfurique.*	Cet acide, gazeux ou en solution, produit dans les sélénites alcalins, rendus acides, un précipité jaune-citron qui devient jaune-foncé et même rougeâtre si on chauffe la liqueur.
		Hydrosulfate d'ammoniaque.	Donne aussi lieu à un précipité jaune, soluble dans un excès de réactif.
		Sels de baryte solubles.	Ces sels donnent lieu, avec les sélénites, à un précipité blanc, soluble dans les acides libres.
		Solution d'acide sulfureux.	Voyez acide sélénieux.
		Zinc métallique.	— Voyez acide sélénieux.
		Hydrochlorate d'ammoniaque.	Voyez séléniates.
		Chalumeau.	— Voyez séléniures.
NITRATES.	Décomposables par la chaleur, et tous solubles dans l'eau; mais il y en	*Chaleur.*	Mêlés avec le charbon, et chauffés dans un creuset, les nitrates fusent et lancent des étincelles.

NOMS des CORPS.	PROPRIÉTÉS physiques PRINCIPALES.	CORPS QUI EN DÉCÈLENT LA PRÉSENCE OU QUI AGISSENT PARTICULIÈREMENT SUR EUX.	PHÉNOMÈNES et OBSERVATIONS.
NITRATES. (Suite).	a qui ne peuvent s'y dissoudre qu'avec un excès d'acide. L'oxigène de l'oxide est à l'oxigène de l'acide :: 1 : 5.	*Acide sulfurique.*	Cet acide, versé sur un nitrate, donne lieu à un dégagement de vapeurs blanches. Si le nitrate était mêlé avec de la limaille de cuivre, les vapeurs seraient rouges orangées.
		Acide hydrochlorique et feuilles d'or.	Si on ajoute à la solution d'un nitrate, un peu d'acide hydrochlorique et qu'on y mette ensuite un peu d'or battu, celui-ci se dissoudra, et la liqueur prendra une teinte jaune.
		Sulfate acide d'indigo —	Voyez acide nitrique.
		Amalgame de zinc et protochlorure de fer, neutre.	Si l'on verse sur l'amalgame du zinc, assez d'une solution de protochlorure de fer pour le couvrir, qu'on laisse ensuite tomber sur le mercure une parcelle de nitrate solide, on remarque bientôt une tache noire à l'endroit où aura posé le sel. Ce procédé a été indiqué par Runge.
NITRITES.	Solides; solubles dans l'eau. L'oxigène de l'oxide est à celui de l'acide :: 1 : 3.	*Chaleur.*	L'orsqu'on distille les solutions de nitrite, il se dégage du deutoxide d'azote qui devient rouge par le contact de l'air; la liqueur contient après un nitrate. Chauffés au rouge, quelques nitrites se convertissent en combinaisons de leurs bases avec le deutoxide d'azote: *hypoazotites* de Dumas.
		Acide sulfurique.	Cet acide, versé à froid sur un nitrite, donne lieu à un dégagement de vapeurs rouges d'acide nitreux.
OXICHLORATES.	Solides, plus stables que les chlorates. L'oxigène de la base est à celui de l'acide :: 1 : 7.	*Chaleur.*	— Voyez acide oxichlorique.
		Carbone, Phosphore et Soufre.	Mêlés avec ces corps combustibles, les oxichlorates détonnent et se décomposent, mais sans violence.

NOMS des CORPS.	PROPRIÉTÉS physiques PRINCIPALES.	CORPS QUI EN DÉCÈLENT LA PRÉSENCE OU QUI AGISSENT PARTICULIÈREMENT SUR EUX.	PHÉNOMÈNES et OBSERVATIONS.
CHLORATES.	Solides, solubles dans l'eau à l'exception du chlorate de protoxide de mercure. Ils ne sont pas précipités par le nitrate d'argent. L'oxigène de la base, est à celui de l'acide :: 1 : 5.	*Chaleur.*	Exposés à l'action de la chaleur, les chlorates se décomposent, en dégageant de l'oxigène et en laissant un chlorure métallique.
		Acide sulfurique concentré.	Exposés à l'action de cet acide, les chlorates se décomposent avec un petillement très vif et dégagement d'acide chloreux. Si on agissait sur des proportions un peu fortes, il pourrait se faire une explosion très dangereuse.
		Carbone , Phosphore, Soufre, Potassium, etc.	Mélangés avec ces corps combustibles, les chlorates détonnent violemment par la chaleur ou par leur choc.
CHLORITES.	Très peu stables, décomposables par tous les acides et par un assez grand nombre d'oxides métalliques, qui en dégagent de l'oxigène. L'oxigène de la base est à celui de l'acide :: 1 : 3.	*Chaleur.*	Par la chaleur , à l'état de solution, ils se décomposent en donnant, d'abord, lieu à un faible dégagement de chlore, puis d'oxigène mélangé de chlore; et quand la liqueur est portée à l'ébullition, le dégagement de gaz oxigène devient rapide sans qu'on puisse, toutefois, le dégager en entier. Il reste dans la liqueur un chlorure et un chlorate.
BROMATES.	Presqu'en tout semblables aux chlorates. L'oxigène de la base est à celui de l'acide :: 1 : 5.	*Nitrate d'argent.*	Donne un précipité blanc dans les solutions de bromates. Ce précipité est soluble dans l'ammoniaque, et insoluble dans l'acide nitrique étendu.
		Acide sulfurique.	Cet acide décompose les bromates et dégage un gaz d'une couleur rouge hyacinthe.
		Autres réactifs.	Leur action est la même que pour les chlorates.
IODATES.	En général très peu solubles dans l'eau. L'oxigène de la base est à l'oxigène de l'acide :: 1 : 5.	*Chaleur.*	A la chaleur, les iodates se décomposent en dégageant de l'oxigène et en laissant un iodure métallique. Si c'était un hypériodate, on aurait, en outre, des vapeurs violettes d'iode.

NOMS des CORPS.	PROPRIÉTÉS physiques PRINCIPALES.	CORPS QUI EN DÉCÈLENT LA PRÉSENCE OU QUI AGISSENT PARTICULIÈREMENT SUR EUX.	PHÉNOMÈNES et OBSERVATIONS.
IODATES. (Suite.)	Déjà énoncées.	*Acides sulfurique, nitrique et phosphorique.*	Les convertissent en hypériodates en leur enlevant une partie de leur base.
		Acide hydrochlorique.	Il y a formation d'eau, dégagement de chlore et on a, en outre, du sous-chlorure d'iode et un hydrochlorate.
		Acide sulfureux et hydrogène sulfuré.	S'emparent de l'oxigène et mettent l'iode en liberté.
		Carbone, Soufre, Phosphore, etc.	Ces corps détonnent avec les iodates.
PHOSPHATES.	L'acide phosphorique se combine avec les bases en cinq proportions : phosphates neutres, sesqui-phosphates, bi-phosphates, phosphates sesquibasiques et phosphates bi-basiques. L'oxigène de la base est à celui de l'acide :: 2 : 5, dans les phosphates neutres, bien entendu.	*Chaleur.*	A son action, les phosphates métalliques des quatre premières sections ne se décomposent pas, mais les phosphates des deux dernières se décomsent, et la base perd une partie ou la totalité de son oxigène.
		Charbon.	Ce corps décompose les phosphates. Quand on les calcine ensemble, on obtient du gaz oxide de charbon, du phosphore et un sous-phosphate si la base du sel est irréductible ; dans le cas contraire, on obtiendra de l'oxide de carbone ou de l'acide carbonique et un phosphore métallique.
		Hydrogène.	Ce corps, à une très haute température, décompose les phosphates des deux premières sections; il se forme de l'eau, du phosphore en vapeur et un peu d'hydrogène phosphoré qui se détruit aussitôt. Avec les phosphates des quatre dernières sections, il se forme de l'eau, un phosphure métallique et du phosphore en vapeur.
		Eau.	Les phosphates d'ammoniaque, de soude et de potasse sont les seuls qui soient solubles dans l'eau, mais tous le deviennent à la faveur d'un excés d'acide.
		Acides.	Ces corps décomposent, en partie, les phosphates neutres en les transformant en phosphates acides. L'acide nitrique les dissout tous; quelques surphosphates, après avoir été rougis au feu, sont insolubles.
		Acétate de plomb.	Précipité blanc de phosphate de plomb.

NOMS des CORPS.	PROPRIÉTÉS physiques PRINCIPALES.	CORPS QUI EN DÉCÈLENT LA PRÉSENCE OU QUI AGISSENT PARTICULIÈREMENT SUR EUX.	PHÉNOMÈNES et OBSERVATIONS.
PHOSPHATES (Suite).	Déjà énoncées.	*Sels d'argent solubles.*	Ces sels donnent lieu à un précipité jaune caractéristique, soluble dans les acides et dans l'ammoniaque ; le précipité est blanc lorsque l'acide a été rougi, ou qu'il a été obtenu en faisant bruler du phosphore sous une cloche.
		Potassium.	— Voyez acide phosphorique.
		Chalumeau.	— Id. id.
PHOSPHITES.	Presque tous sont insolubles dans l'eau. L'oxigène de la base est à celui de l'acide : : 2 : 3.	*Chaleur.*	A son action, les phosphites neutres se décomposent et passent à l'état de phosphates ; ils dégagent souvent de l'hydrogène résultant de la décomposition de leur eau de cristallisation.
		Chlorure d'or.	— Voyez acide phosphoreux.
		Deuto chlorure de mercure.	Voyez acide phosphoreux.
		Sels neutres métalliques.	Ces sels versés dans une solution de phosphites alcalins, donnent lieu, pour la plupart, à des précipités peu ou point solubles, sinon dans les acides.
		Acides.	Ces corps dissolvent presque tous les phosphites.
		Chalumeau.	— Voyez acide phosphoreux.
HYPOPHOSPHITES.	Tous solubles dans l'eau; il n'y a que les sels des métaux facilement réductibles, comme l'or, l'argent, le mercure, etc, qui donnent lieu à un précipité dans les solutions d'hypophosphites.	*Chaleur.*	A son action, les hypophosphites se décomposent et donnent, pour la plupart, un gaz qui s'enflamme spontanément au contact de l'air. Ce gaz donne lieu, dans une dissolution d'argent, à un précipité noir ; il n'y a que les hypophosphites de Cobalt et de Nickel qui donnent un gaz qui ne s'enflamme pas d'une manière spontanée.
BORATES.	Solides. L'acide borique se combine avec les bases en quatre proportions : bo-	*Chaleur.*	Lorsque l'oxide n'est pas réductible, les borates n'éprouvent aucune altération chimique, mais ils se vitrifient d'autant plus facilement que l'oxide est plus fusible.

NOMS des CORPS.	PROPRIÉTÉS physiques PRINCIPALES.	CORPS QUI EN DÉCÈLENT LA PRÉSENCE OU QUI AGISSENT PARTICULIÈREMENT SUR EUX.	PHÉNOMÈNES et OBSERVATIONS.
BORATES. (Suite).	rates neutres, bi-borates, borates sesqui-basiques, et borates tri-basiques. Dans les borates neutres, l'oxigène de la base est à celui de l'acide :: 1 : 6.	*Carbone, Hydrogène.*	Ces corps peuvent décomposer les borates, soit en réduisant l'oxide, soit en désoxigénant l'acide.
		Eau.	Les borates sont insolubles dans l'eau à l'exception de ceux de potasse, de soude, d'ammoniaque, et de lithine. Il y en a quelques-uns qui deviennent solubles dans un excès d'acide.
		Acides.	A la chaleur de l'ébullition et même au dessous, les borates sont décomposés par eux, à moins qu'ils ne soient très faibles, comme les acides carbonique, hydrosulfurique etc. A une haute température, il n'y a que l'acide phosphorique qui puisse décomposer les borates.
		Chlorure de barium et chlorure de calcium.	Ces corps donnent, dans les borates solubles, un précipité blanc qui peut se dissoudre dans une grande quantité d'eau ou dans une solution d'hydrochlorate d'ammoniaque.
		Nitrate de plomb. — *Nitrate de protoxide de mercure.*	Précipité blanc. Précipité brun.
		Nitrate d'argent.	Précipité blanc dans les dissolutions concentrées, et brun dans les dissolutions étendues des borates.
		Acide sulfurique et alcool.	Si après avoir humecté les borates avec de l'acide sulfurique, on verse dessus de l'alcool et qu'on allume ensuite ce dernier, on aura une flamme verte.
		Chalumeau.	D'après Turner, on mêle les borates avec un mélange composé d'une partie de fluorure de calcium et de quatre parties et demie de bi-sulfate de potasse; on fait une pâte et on l'expose à la pointe de la flamme intérieure; peu après la fusion, il se forme une couleur verte qui ne tarde pas à disparaître.

NOMS des CORPS.	PROPRIÉTÉS physiques PRINCIPALES.	CORPS QUI EN DÉCÈLENT LA PRÉSENCE OU QUI AGISSENT PARTICULIÈREMENT SUR EUX.	PHÉNOMÈNES et OBSERVATIONS.
CARBONATES.	Solides, blancs ou colorés selon les oxides qui en font la base. L'oxigène de la base est à celui de l'acide :: 1 : 2.	*Chaleur.*	Les carbonates neutres de baryte, de potasse et de soude, sont les seuls qui ne soient pas décomposés par le feu. Les autres abandonnent, en se décomposant, du gaz acide carbonique, excepté les carbonates de protoxide de fer et de manganèse, qui dégagent de l'oxide de carbone et laissent, pour résidu, du deutoxide de ces métaux. Soumis à une forte pression, il y a des carbonates qui fondent sans se décomposer; exemple : le carbonate de chaux. Certains carbonates, indécomposables par la chaleur seule, se décomposent avec le concours de la vapeur d'eau.
		Hydrogène, Bore, Carbone et Phosphore.	Ces corps n'exercent aucune action à froid sur les carbonates, mais à chaud l'action est très variables. Quand le carbonate est décomposable à une faible chaleur rouge, il se dégage de l'acide carbonique; mais lorsqu'il peut supporter une haute température, il se forme, soit de l'oxide de carbone et de l'eau, soit de l'oxide de carbone et du carbone, laissant dans le creuset, soit un oxide pur, soit un hydrate, soit un métal, soit un phosphate ou un borate.
		Chlore.	Réagit, par l'intermédiaire de l'eau, comme sur les bases elles-mêmes : l'acide carbonique se dégage.
		Métaux de la 3me section.	Ces métaux décomposent les carbonates de baryte, de potasse, de soude, et probablement ceux de strontiane et de chaux, faisant passer l'acide carbonique de ces sels à l'état d'oxide de carbone.
		Papier de tournesol.	Les carbonates neutres, solubles dans l'eau, le colorent en bleu quand il a été rouge.
		Eau.	Ce liquide dissout les carbonates de potasse, de soude, d'ammoniaque et de lithine, mais ce dernier est peu soluble. Quelques autres carbonates se

NOMS des CORPS.	PROPRIÉTÉS physiques PRINCIPALES.	CORPS QUI EN DÉCÈLENT LA PRÉSENCE OU QUI AGISSENT PARTICULIÈREMENT SUR EUX.	PHÉNOMÈNES et OBSERVATIONS.
CARBONATES. (Suite).	Déjà énoncées.	(*Voir à la page précédente.*) *Acides.* *Dissolution métallique.*	dissolvent à la faveur d'un excès d'acide, exemple: les carbonates de magnésie et de chaux. Ces corps décomposent les carbonates avec effervescence, et dégagent leur acide carbonique. Il n'y a que quelques carbonates qui, traités en masse par certains acides, ne produisent pas d'effervescense, tels que le carbonate de fer, et la dolomie ou carbonate de chaux et de magnésie. Ils ne se décomposent que pour autant qu'ils soient en poudre ou qu'on fasse bouillir l'acide. Quelquefois le defaut d'effervescence dépend de la trop grande concentration de l'acide, et l'addition d'un peu d'eau la fait à l'instant paraître. On a cru, pendant longtemps, que les carbonates seuls pouvaient donner lieu à une effervescence avec les acides, et que, par conséquent, ce caractère était spécial; mais il est reconnu maintenant que les cyanates de Wohler produisent exactement le même phénomène. Voir les pages où nous traitons des métaux.
OXALATES.	Il y a des oxalates à cinq dégrés de saturation; savoir: 1° les oxalates neutres dans lesquels l'acide renferme trois fois autant d'oxigène que l'oxide; 2° les bioxalates; 3° les quadroxalates; 4° les oxalates bibasiques et 5° les oxalates sesquibasiques.	*Chaleur.*	Les oxalates anhydres sont décomposés par la distillation sans laisser de résidu de charbon; d'où on peut conclure 1° que les bases qui retiennent l'acide carbonique à la chaleur rouge restant combinées à cet acide, il se dégagera de l'oxide de carbone; 2° que les bases qui perdent l'acide carbonique à une haute température, et qui sont, en même temps, d'une réduction difficile, demeureront à l'état d'oxide, et laisseront dégager des volumes égaux d'oxide de carbone et d'acide carbonique; 3° que les bases qui sont aisément réductibles, céderont leur oxigène aux éléments de l'acide oxalique, pour donner lieu à un dégagement

NOMS des CORPS.	PROPRIÉTÉS physiques PRINCIPALES.	CORPS QUI EN DÉCÈLENT LA PRÉSENCE OU QUI AGISSENT PARTICULIÈREMENT SUR EUX.	PHÉNOMÈNES et OBSERVATIONS.
OXALATES. (Suite).	Déjà énoncées.	(Voir à la page précédente).	d'acide carbonique; 4°, enfin, qu'il pourra y avoir des résultats intermédiaires entre les deux précédents, le métal de la base étant partiellement réduit.
		Eau.	Les oxalates neutres de potasse, de soude, de lithine glucine et de chrôme sont très solubles dans ce liquide. Ceux de manganèse et de fer sont un peu solubles dans l'eau, mais leur solubilité augmente par un excés d'acide, tandis que les premiers diminuent au contraire de solubilité par la même cause.
		Eau de chaux. —	Voir l'article chaux.
		Métaux et dissolutions métalliques.	Voir les pages ou nous traitons des métaux et des oxides.
SILICATES.	Solides, blancs ou colorés selon les oxides qui servent de bases. Un très grand nombre existe dans la nature. Le rapport de l'oxigène de la base à celui de l'acide n'est pas encore bien certain.	Chaleur.	A son action, tous les silicates tendent à entrer en fusion et même un bon nombre d'entr'eux fondent complètement. Il en est quelques uns, cependant, qui, au feu de forge, ne font que s'agglutiner; ceux d'alumine et de magnésie, par exemple. Les silicates de potasse et de soude perdent au feu une portion de leur base. En général, les silicates à plusieurs bases sont fusibles.
		Eau.	Les silicates alcalins basiques de potasse et de soude sont solubles dans l'eau. Les silicates alcalins unis aux silicates terreux jouissent, quelquefois, de cette propriété, mais à un bien moindre dégré.
		Acides.	Les silicates solubles dans l'eau sont décomposés par tous les acides, même par l'acide carbonique qui en précipite la silice. Quand les silicates sont insolubles dans l'eau, il n'y a guère que les acides concentrés qui puissent les décomposer. De plus, quand les silicates sont à base insoluble on doit, en général avoir recours à l'application de la chaleur. Parmi les acides, l'acide hydrofluorique

NOMS des CORPS.	PROPRIÉTÉS physiques PRINCIPALES.	CORPS QUI EN DÉCÈLENT LA PRÉSENCE OU QUI AGISSENT PARTICULIÈREMENT SUR EUX.	PHÉNOMÈNES et OBSERVATIONS.
SILICATES. (Suite).	Déjà énoncées.	(Voir à la page précédente).	est le seul qui décompose facilement les silicates, en donnant naissance à un *fluorure de silicium* et à des *fluorures* formés aux dépens de la base du silicate lui même. Il en résulte souvent aussi des fluorures doubles de *silicium*, et des métaux qui entrent dans la composition de la base des silicates.
		Alcalis caustiques et carbonatés.	Les alcalis caustiques ou carbonatés n'exercent qu'une très faible action sur les silicates insolubles, quand on les emploie, en dissolution, mais à la chaleur rouge, ces corps décomposent tous les silicates insolubles en mettant leur base à nu. C'est par ce moyen qu'on procède ordinairement à l'analyse des silicates. Après la calcination, on traite la masse restante par l'acide hydrochlorique qui la dissout entièrement à l'exception de la silice qui n'a pas été attaquée.
		Chalumeau.	— Voyez acide silicique.
TANTALATES.			— Voyez acide tantalique.
TITANATES.	Solides, la plupart blancs, très solubles dans l'acide hydrochlorique, et insolubles dans l'eau. Dans les titanates neutres, l'oxigène de la base est à celui de l'acide : : 1 : 2.	Potasse.	Ce corps versé dans une solution de titanate alcalin dans l'acide hydrochlorique, donne lieu à un précipité d'acide titanique qui se redissout tout à fait dans un excès d'acide hydrochlorique.
		Ammoniaque.	— Mêmes phénomènes.
		Carbonate de potasse.	— Mêmes phénomènes.
		Bicarbonate de potasse	— Mêmes phénomènes.
		Carbonate d'ammoniaque.	Mêmes phénomènes.
		Acide sulfurique.	Cet acide, versé dans une solution de titanate alcalin dans l'acide hydrochlorique, pourvu que ce dernier ne soit pas en excès, donne lieu aux mêmes phènomènes que ci-dessus.

NOMS des CORPS.	PROPRIÉTÉS physiques PRINCIPALES.	CORPS QUI EN DÉCÈLENT LA PRÉSENCE OU QUI AGISSENT PARTICULIÈREMENT SUR EUX.	PHÉNOMÈNES et OBSERVATIONS.
TITANATES. (suite.)	Déjà énoncées.	Acide arsénique.	— Mêmes phénomènes.
		— phosphorique.	— Mêmes phénomènes.
		— tartrique.	— Mêmes phénomènes.
		— oxalique.	— Mêmes phénomènes.
		Teinture de noix de galles.	Cette teinture versée dans la solution ci-dessus indiquée, donne lieu à un précipité rouge orangé.
		Hydrosulfate d'ammoniaque.	Ce sel versé dans la solution ci-dessus indiquée, donne lieu à un précipité blanc d'acide titanique qui devient gris ou noir, pour peu que la solution contienne de l'oxide de fer.
		Zinc.	— Voyez acide titanique.
		Acide hydrochlorique.	Toutes les combinaisons de l'acide titanique avec les bases, paraissent solubles dans cet acide, surtout à l'aide de la chaleur.
		Chalumeau.	— Voyez acide titanique.
		Matières organiques.	Empêchent la précipitation de l'acide titanique.
ANTIMONIATES.	Les antimoniates acides sont insolubles dans l'eau; les antimoniates neutres le sont quelquefois. La couleur des antimoniates est ordinairement blanche; il n'y en a que quelques-uns qui sont colorés, tels que ceux de cobalt, de cuivre, de mercure, etc. Dans les antimoniates neutres, l'oxigène de la base est à celui de l'acide :: 1 : 5.	Chaleur.	Soumis à son action, les antimoniates perdent leur eau d'abord, et présentent, ensuite, un cas d'isomerie des plus remarquables. En effet, chauffés fortement, même à l'abri du contact de l'air, ils entrent tout à coup en ignition et changent de couleur, sans cependant rien gagner ou rien perdre de leurs poids.
		Acides faibles.	Quand ils sont solubles, les antimoniates sont décomposés par les acides les plus faibles, et même par l'acide carbonique.
		Acide hydrochlorique.	Cet acide décompose les antimoniates avant qu'ils ne soient entrés en ignition par l'action de la chaleur, mais celle-ci terminée, les antimoniates se dissolvent sans s'altérer dans cet acide.
		Acide nitrique.	La plupart des antimoniates sont décomposés par cet acide qui s'empare de la base, en abandonnant l'acide antimonique.

NOMS des CORPS.	PROPRIÉTÉS physiques PRINCIPALES.	CORPS QUI EN DÉCÈLENT LA PRÉSENCE OU QUI AGISSENT PARTICULIÈREMENT SUR EUX.	PHÉNOMÈNES et OBSERVATIONS.
ANTIMONIATES. (Suite).	Déjà énoncées.	*Solution d'oxide de plomb dans la potasse.*	Cette dissolution détermine, dans une solution d'antimoniate de potasse, un précipité blanc d'antimoniate de plomb.
		Chalumeau.	A son action, il est des antimoniates qui se réduisent par le contact du charbon, comme ceux de fer, de cuivre, de plomb, etc.; tandis qu'il en est d'autres qui ne se décomposent pas, celui du zinc, par exemple.
ANTIMONITES.			Ont la plus grande analogie avec les antimoniates.
MOLYBDATES.	Dans les molybdates alcalins la couleur est blanche; les sels métalliques peuvent être plus ou moins colorés. Dans les molybdates neutres, l'oxigène de la base est à celui de l'acide :: 1 : 3.	*Chaleur.*	Certains molybdates, tels que ceux de potasse et de soude, entrent en fusion sans se décomposer; d'autres, comme celui d'ammoniaque, se décomposent en laissant dégager leur base; d'autres enfin, se décomposent plus ou moins facilement, selon la réductibilité plus ou moins grande de leur oxide.
		Hydrogène.	A l'action de la chaleur, ce gaz décompose, sans doute, tous les molybdates des quatre dernières sections. Il est sans action sur les molybdates neutres de potasse et de soude, mais il détruit l'excès d'acide des bimolybdates.
		Charbon.	Même phénomènes que l'hydrogène.
		Eau.	Ce liquide ne dissout que les molybdates alcalins.
		Acides.	Ces corps déterminent, pour la plupart, un précipité blanc dans les molybdates alcalins; ce précipité se dissout, en général, dans un excès d'acide.

NOMS des CORPS.	PROPRIÉTÉS physiques PRINCIPALES.	CORPS QUI EN DÉCÈLENT LA PRÉSENCE OU QUI AGISSENT PARTICULIÈREMENT SUR EUX.	PHÉNOMÈNES et OBSERVATIONS.
MOLYBDATES. (Suite).	Déjà énoncées.	*Métaux.*	La plupart de ces corps appartenant à la troisième et la quatrième section peuvent, sous l'influence des acides, transformer l'acide molybdique des molybdates en acide molybdeux.
		Hydrosulfate d'ammoniaque.	Ce sel versé dans les solutions de molybdates donne lieu à une coloration en jaune d'or. Les acides étendus donnent un précipité brun de sulfure de molybdène.
		Protochlorure d'étain.	Ce chlorure donne lieu dans un molybdate alcalin, à un précipité vert-bleu qui se dissout dans l'acide hydrochlorique.
CHROMATES.	Tous colorés. Leur couleur varie du jaune serin au rouge pourpre et au vert.	*Chaleur.*	A son action, les chrômates se décomposent tous, quand elle est très élevée. Il n'y a que les chrômates de la première section qui résistent à la calcination. Dans le premier cas, l'acide chrômiqne des chrômates est ramené par la chaleur à l'état d'oxide de chrôme.
		Eau.	Presque tous les chrômates appartenant aux cinq dernières sections, sont insolubles dans ce liquide, lorsqu'ils sont neutres.
		Acides forts.	La plupart d'entr'eux dissolvent les chrômates.
		Acide hydrochlorique.	Cet acide décompose les solutions des chrômates et donne lieu à un dégagement de chlore.
		Hydrogène sulfuré.	Cet acide décompose aussi les chrômates en donnant lieu à la conversion de l'acide chrômique en oxide, et à un dépôt de soufre.
		Acide sulfureux.	Il réduit aussi, et plus facilement que les précédents, l'acide chrômique en oxide de chrôme.
		Sels métalliques.	— Voyez acide chrômique.
		Chalumeau.	L'acide chrômique contenu dans les chrômates, se comporte au chalumeau comme l'oxide de chrôme.

NOMS des CORPS.	PROPRIÉTÉS physiques PRINCIPALES.	CORPS QUI EN DÉCÈLENT LA PRÉSENCE OU QUI AGISSENT PARTICULIÈREMENT SUR EUX.	PHÉNOMÈNES et OBSERVATIONS.
VANADATES.	Les vanadates d'une même base peuvent être de plusieurs couleurs qui dépendent de leur dégré de saturation. Ordinairement les vanadates acides sont d'un rouge orangé ; quelques-uns sont jaunes, et d'autres rouges selon le volume des cristaux. Les vanadates neutres sont incolores, ou d'un jaune foncé. Les sels jaunes se décolorent ordinairement par la chaleur, même lorsque celle-ci n'atteint pas la température de l'eau bouillante.		— Voyez acide vanadique.
MANGANATES.	Préparés par la voie sèche, les manganates ont une couleur verte foncée et presque noire, mais l'hypermanganate de potasse est d'un beau rouge quand il est cristallisé.	*Eau.* *Acides.*	Les manganates alcalins sont solubles dans ce liquide. Les manganates terreux et métalliques paraissent ne pas pouvoir s'y dissoudre. Les dissolutions des manganates verts sont d'un vert foncé magnifique, mais qui passe au rouge par l'addition d'une grande quantité d'eau, par l'application de la chaleur, ou par l'addition d'un acide. Les acides versés dans une solution verte de manganate alcalin, font passer la liqueur au rouge, et si elle est très étendue, on peut la faire repasser au vert en y ajoutant une solution de potasse en excès.

NOMS des CORPS.	PROPRIÉTÉS physiques PRINCIPALES.	CORPS QUI EN DÉCÈLENT LA PRÉSENCE OU QUI AGISSENT PARTICULIÈREMENT SUR EUX.	PHÉNOMÈNES et OBSERVATIONS.
MANGANATES. (Suite).	Déjà énoncées.	*Sulfites.*	Ces sels versés dans une solution verte de manganate alcalin, la décolorent sur le champ si l'on y ajoute un peu d'acide sulfurique.
		Hydrogène sulfuré.	Décompose les solutions de manganates alcalins.
		Hydrosulfate d'ammoniaque.	Même phénomène.
		Sulfate de fer.	Une solution de ce sel décompose aussi une dissolution de manganate alcalin, et détermine la formation d'un précipité brun d'oxide de manganèse et d'oxide de fer.
		Proto-chlorure d'étain	Ce chlorure détruit sur le champ la couleur verte des dissolutions manganiques, et il se précipite des oxides d'étain et de manganèse.
TUNGSTATES.			— Voyez acide tungstique.
OSMIATES.			— Voyez acide osmique.
ARSÉNIATES.	Solides, d'une couleur variable. Leur composition est identique à celle des phosphates.	*Chaleur.*	A l'action de la chaleur, les arséniates sont fixes quand la base qu'ils renferment l'est elle même. Plusieurs sont fusibles, surtout les arséniates acides ; d'autres, quand on les expose à une forte chaleur, perdent une partie de leur acide arsénique qui se dégage en acide arsénieux et en oxigène.

NOMS des CORPS.	PROPRIÉTÉS physiques PRINCIPALES.	CORPS QUI EN DÉCÈLENT LA PRÉSENCE OU QUI AGISSENT PARTICULIÈREMENT SUR EUX.	PHÉNOMÈNES et OBSERVATIONS.
ARSÉNIATES. (Suite).	Déjà énoncées.	*Eau.*	Les arséniates alcalins sont les seuls qui sont solubles dans ce liquide, soit à l'état de sels neutres, soit à celui de sels acides. Les arséniates terreux et métalliques y sont insolubles, et ne se dissolvent que dans un excès d'acide arsénique ou dans d'autres acides, pourvu qu'ils soient libres.
		Charbon.	Ce corps mélangé aux arséniates, les décompose à l'aide de la chaleur en donnant lieu à de l'arsenic métallique.
		Eau de baryte.	Une solution de cette base détermine un précipité blanc dans les solutions d'arséniates. Ce précipité est soluble dans les acides nitrique et hydrochlorique, ainsi que dans les solutions de sels d'ammoniaque, surtout de l'hydrochlorate.
		Eau de chaux. —	Même phénomène.
		Chlorure de barium. —	Même phénomène.
		Chlorure de calcium. —	Même phénomène.
		Acétate de plomb.	Une solution de ce sel donne lieu à un précipité blanc dans les solutions d'arséniates.
		Nitrate d'argent.	Une solution de ce sel donne lieu à un précipité rouge-brique très soluble dans l'acide nitrique et dans l'ammoniaque.
		Sulfate de cuivre.	Une solution de ce sel donne lieu à un précipité bleu verdâtre pâle.
		Hydrogène sulfuré.	Ce gaz, soit libre, soit dissous dans l'eau, détermine un précipité jaune clair dans les solutions d'arséniates auxquelles on a ajouté un peu d'acide hydrochlorique. Quand la liqueur est étendue, le précipité ne se montre bien qu'en la faisant bouillir. Le précipité jaune est très soluble dans l'hydrosulfate d'ammoniaque, et dans les solutions de potasse, d'ammoniaque, ou de carbonates alcalins.
		Hydrosulfate d'ammoniaque.	Ce sel ne donne pas de précipité dans les solutions d'arséniates, ou, s'il forme un léger trouble, celui-ci est bientôt dissous dans l'excès d'hydrosulfate d'ammoniaque.
		Chalumeau. —	Voyez acide arsénique.

NOMS des CORPS.	PROPRIÉTÉS physiques PRINCIPALES.	CORPS QUI EN DÉCÈLENT LA PRÉSENCE OU QUI AGISSENT PARTICULIÈREMENT SUR EUX.	PHÉNOMÈNES et OBSERVATIONS.
ARSÉNITES.	Solides, blancs ou colorés, selon l'oxide qui en fait la base. En général peu soluble dans l'eau. L'oxigène de la base est à celui de l'acide :: 2 : 3.	Chaleur.	Exposés à l'action de cet agent, les arsénites se comportent différemment. Quelques uns laissent dégager leur acide, d'autres ont leur acide décomposé, ce qui détermine la formation d'un arséniate et d'une certaine quantité d'arsenic métallique.
		Carbone et hydrogène.	Ces corps décomposent les arsénites à une chaleur peu élevée.
		Acides sulfurique, phosphorique, hydrochlorique. etc.	Ces acides versés sur un arsénite le décomposent en mettant en liberté l'acide arsénieux qui, quelquefois, se dissout dans l'acide employé.
		Acide nitrique.	Transforme, quelquefois, l'arsénite en arséniate.
		Acide hydrosulfurique. Solution de nitrate d'argent. Solution de sulfate de cuivre. Solution d'acétate de plomb	Voyez acide arsénieux.
		Chalumeau.	Voyez les différentes manières de constater la présence de l'acide arsénieux.

DE LA MARCHE A SUIVRE

DANS LES

ANALYSES QUALITATIVES.

Nous avons vu que chacune des substances précédemment citées, pouvait, dans quelques circonstances, être employée comme réactif; nous avons vu aussi que dans le grand nombre de réactifs existants, il n'y en a que très peu sur lesquels le choix doive tomber.

Parmi les réactifs les plus employés dans les laboratoires, on distingue deux classes : La première comprend ceux qui sont surtout employés à la recherche proprement dite des substances inconnues, et la seconde renferme ceux auxquels on a recours dans les expériences contradictoires, servant à prouver d'une manière évidente l'existence de la matière soupçonnée.

Les réactifs de la 1.re classe sont :

ACIDES.

1 Acétique.
2 Nitrique.
3 Sulfurique.
4 Hydrosulfurique.
5 Hydrofluosilicique.
6 Chrômique.
7 Hydrochlorique.
8 Oxalique.

BASES.

9 Potasse.
10 Ammoniaque.
11 Baryte.
12 Chaux.

SELS ET COMPOSÉS BINAIRES.

13 Carbonate de potasse.
14 Hydrosulfate d'ammoniaque.

15 Chlorure de barium.
16 Nitrate d'argent.
17 Hydrochlorate d'ammoniaque.
18 Phosphate de soude.
19 Chlorure de platine.
20 Cyanure jaune de potassium et de fer.
21 Cyanure rouge de potassium et de fer.
22 Chlorure de calcium.
23 Acétate de plomb.
24 Sulfate de fer.
25 Chlorure d'étain.
26 Eau.

CORPS ORGANIQUES.

27 Alcool.
28 Teintures végétales.
29 Amidon.

Les réactifs de la deuxième classe sont :

MÉTALLOIDES.

1 Iode.
2 Chlore.
3 Phosphore.
4 Carbone.

MÉTAUX.

5 Cuivre.
6 Zinc.
7 Fer.
8 Argent.
9 Or.

ACIDES.

10 Benzoïque.
11 Tartrique.
12 Sulfureux.
13 Nitropicrique.
14 Succinique.

SELS ET COMPOSÉS BINAIRES.

15 Succinate d'ammoniaque.
16 Benzoate d'ammoniaque,
17 Chrômate de potasse.
18 Iodure de potassium.
19 Sulfate de potasse.
20 Sulfate d'alumine.
21 Sulfate de chaux.
22 Sulfate de cuivre.
23 Arsénite de potasse.
24 Arséniate de potasse.
25 Bicarbonate de potasse.
26 Chlorure d'or.
27 Bichlorure de mercure.
28 Nitrate de protoxide de mercure.
29 Nitrate de potasse.
30 Acétate de baryte.
31 Sous-silicate de potasse.
32 Cyanure de mercure.
33 Sulfocyanure de potassium.
34 Peroxide de plomb.
35 Peroxide de manganèse.

Tels sont les principaux réactifs employés dans les analyses qualitatives par voie humide.

Quant aux réactifs employés dans les essais au chalumeau, ce sont les suivants :

1 Soude.
2 Borax.
3 Sel de phosphore.
4 Nitrate de potasse.
5 Sulfate de potasse.
6 Id.   de chaux.
7 Id.   de Baryte.
8 Spath-fluor.
9 Acide borique vitrifié.

10 Nitrate de cobalt.
11 Etain.
12 Fer.
13 Plomb.
14 Cendres d'os.
15 Silice.
16 Oxide de cuivre.
17 Papier bleu.

Les essais au chalumeau rentrent dans la cathégorie des essais par voie sèche.

Dans les analyses qualitatives, on n'a besoin, pour les cas ordinaires bien entendu, que d'un petit nombre d'appareils très simples; il faut d'abord des verres à réactif qui, autant que possible, ne doivent pas être à fond rond, afin que les plus faibles portions de précipité puissent être facilement appréciées.

Comme on est, dans quelque cas, obligé de chauffer les matières, les verres à réactif ne peuvent pas toujours être employés; aussi préfère -t- on de se servir d'éprouvettes ou tubes de verre fermés par un bout.

Il est certains cas dans lesquels l'évaporation d'un liquide est indispensable ; on fait usage alors de petites capsules de verre, et on se sert même de verres de montre pour de très faibles quantités de matières.

Il arrive souvent qu'avant de procéder à l'analyse par la voie humide, on soit obligé d'avoir recours à une calcination préalable, soit pour dégager de la matière, l'eau, l'acide carbonique, le soufre, l'arsenic, ou toute autre substance volatile, soit pour en connaître le poids par différence. Quelque soit le but, il convient , pour une analyse exacte, de n'opérer cette calcination que dans des vases qui ne peuvent rien perdre ni rien absorber de la matière. Les creusets de grès sont donc rejetés dans la majorité des cas, soit parce qu'ils peuvent donner une différence en moins, en absorbant une partie de la matière, soit parce qu'ils peuvent ajouter à son poids, en lui cédant une partie de leur substance.

Reste donc les creusets et les capsules métalliques qui doivent être bien polis et inattaquables par les matières calcinées. On ne pourrait pas, en conséquence, employer un creuset de platine pour calciner des matières qui contiendraient du soufre, du plomb ou du phosphore libre.

Les filtres dont on doit se servir pour recueillir ou laver les précipités, doivent être assez serrés pour ne laisser passer que le liquide, et en outre être inaltérable par lui. Un filtre de papier ne conviendrait donc pas pour des solutions, même étendues, d'acide nitrique, sulfurique, chrômique etc. Indépendamment des instruments susmentionnés, on peut encore avoir besoin d'une lampe à esprit de vin soit simple, soit à double courant d'air; de quelques creusets en porcelaine, d'un mortier en agathe et de petits tubes de verre.

Quant aux essais au chalumeau, les instruments qu'ils réclament sont assez nombreux et spécialement indiqués par *Berzélius* dans son traité du chalumeau. Les principaux sont: (outre le chalumeau) le charbon, et le fil de platine comme supports, une feuille de platine, une pince dite *bruxelles*, etc.

AUX ANALYSES QUALITATIVES.

Avant de commencer l'analyse d'une substance, il est important de savoir si elle ne contient pas une quantité, même très faible, de matière organique; car nous savons qu'une substance de ce genre exerce souvent une grande influence sur la nature des phénomènes et sur leur valeur relative. Pour s'assurer si une substance minérale contient des matières organiques, on en déposera une petite quantité au fond d'un tube de verre fermé par un bout, long de quelques pouces, et du diamètre de quelques lignes; à l'extrémité fermée, le tube de verre doit être arrondi et peut même être un peu soufflé, pourvu, toutefois, qu'on lui conserve une épaisseur suffisante pour résister à l'action de la chaleur.

Si l'on chauffe fortement la partie du tube où se trouve la matière, les substances organiques qu'elle pourra contenir noirciront, se décomposeront et donneront lieu à un dégagement d'hydrogène carboné et à la formation d'eau, d'huile et de matières empyreumatiques qui se rassembleront, en tout ou en partie, vers l'extrémité supérieure du tube où la condensation aura lieu.

Si la matière organique est azotée, l'eau qui se produira, pourra présenter une réaction alcaline; dans le cas contraire, elle offrira, presque toujours, une réaction acide due à l'acide acétique, et qu'on pourra apprécier au moyen du papier bleu.

La formation de l'eau est loin d'être une preuve certaine de l'existence d'une matière organique ; la formation des huiles empyreumatiques donne presque seule la garantie de leur présence.

Il se pourrait, cependant, que l'on conservât quelques doutes sur l'existence réelle d'une matière organique, et alors, on serait obligé d'avoir recours au procédé suivant qui les levera tous, et qui est basé sur une propriété presqu'exclusive des matières organiques : celle de détoner lorsqu'on les projette dans du nitrate de potasse en fusion. On devra donc fondre une petite quantité de ce sel dans un creuset, et y projeter la matière suspecte par petites portions réduites en poudre fine. La détonation, ou la forte ignition, prouvera l'existence de matières organiques. On devra s'assurer que la matière qui a détoné avec le nitre n'est pas un corps combustible inorganique, tel que le soufre, les sulfures, certains métaux.

Avant de procéder à une analyse qualitative, il faut, d'abord, avoir égard à la quantité de matière dont on peut disposer, mais quelle qu'elle soit d'ailleurs, il est indispensable de ne pas l'employer en entier pour un premier essai, soit afin de pouvoir recommencer si la première expérience ne réussit pas, soit parce que quelques unes des substances qui la composent, ne peuvent être trouvées par une même opération. Ainsi donc, quelque petite que soit la quantité, on doit en réserver une ou plusieurs parties pour des essais ultérieurs.

Afin de procéder d'une manière plus régulière et plus facile, il convient de s'assurer si la matière à essayer, est ou non soluble dans l'eau, et, à cet effet, on en prend une faible quantité (1/2 à 1 gramme), que l'on introduit dans une

éprouvette qu'on agite avec de l'eau. Si la matière ne diminue pas sensiblement de volume, on porte le liquide à l'ébullition, et dans le cas ou la quantité semble rester encore la
même, on répand quelques gouttes du liquide dans une capsule de porcelaine bien vernissée, ou sur une feuille de platine, afin de s'assurer, par l'évaporation, de l'insolubilité absolue ou relative de la matière à essayer; si elle était insoluble
dans l'eau, ou si elle ne s'y dissolvait qu'en quantité très
faible, on serait obligé, dans certains cas, de chercher un
autre dissolvant.

MARCHE DE L'ANALYSE POUR TROUVER LA BASE OU LE MÉTAL.

Marche à suivre pour l'analyse des combinaisons simples, solubles dans l'eau, dans lesquelles les bases ou métaux, indiqués dans ce tableau, sont unis avec les corps simples ou avec les acides mentionnés dans le tableau suivant.

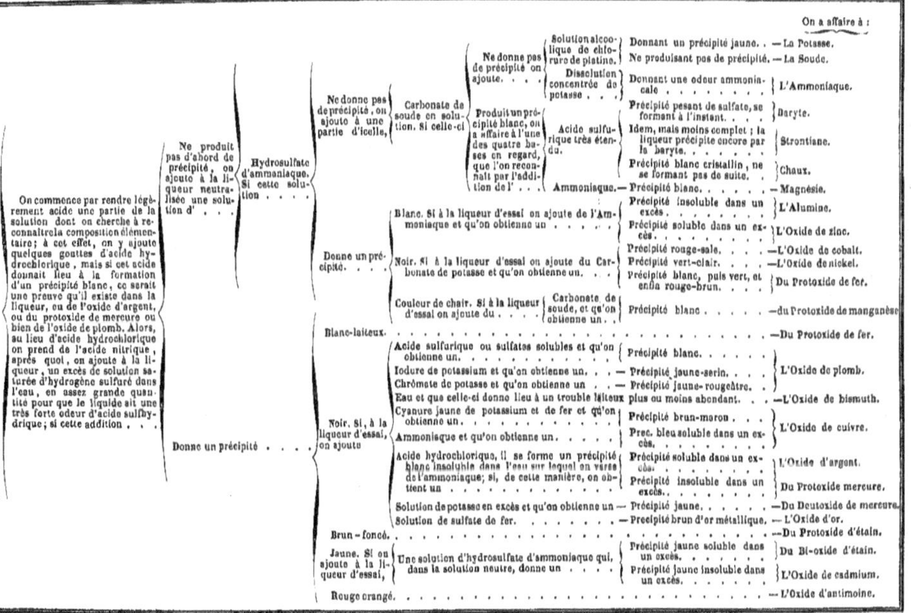

EXEMPLE D'ANALYSE QUALITATIVE.

De la marche à suivre pour l'analyse des combinaisons simples, solubles dans l'eau, dans lesquelles les acides ou les corps simples non métalliques, indiqués dans ce tableau, sont unis avec les bases ou avec les métaux mentionnés dans le tableau précédent.

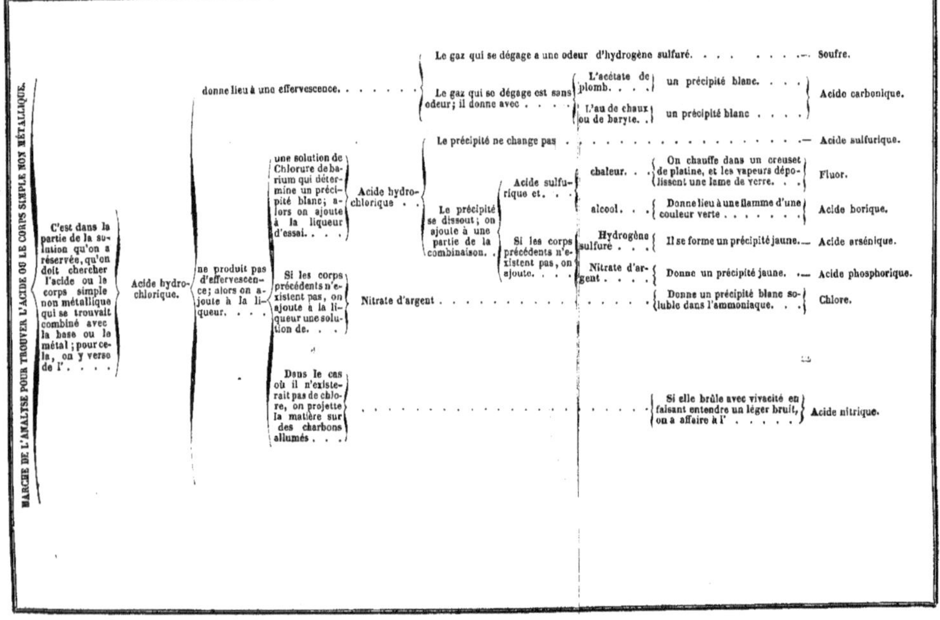

MARCHE A SUIVRE

POUR

L'ANALYSE

des Combinaisons simples insolubles dans l'eau,

ET DONT LES PRINCIPES CONSTITUANTS SE TROUVENT COMPRIS PARMI LES SUBSTANCES ÉNUMERÉES DANS LES DEUX TABLEAUX PRÉCÉDENTS.

Après avoir reconnu que la combinaison est insoluble dans l'eau, à froid et à chaud, on la pulvérise et on la traite par *l'acide hydrochlorique*, qui jouit de la propriété de dissoudre un assez grand nombre de sels et de composés binaires insolubles dans l'eau.

Lorsque le corps que l'on veut analyser, contient du *protoxide de mercure*, de *l'oxide de plomb* ou de *l'oxide d'argent*, on ne peut se servir d'*acide hydrochlorique* qui déterminerait la formation d'un précipité blanc de *protochlorure de mercure*, de *chlorure de plomb* ou de *chlorure d'argent ;* on est alors obligé d'employer un autre acide, et l'on donne la préférence à *l'acide nitrique*, excepté pour quelques corps , le *sulfure* et le *protochlorure de mercure* par exemple , qui ne peuvent se dissoudre que dans l'eau régale.

1° RÈGLES GÉNÉRALES POUR DÉCOUVRIR LA BASE OU L'OXIDE MÉTALLIQUE.

A la solution de la matière dans l'acide *hydrochlorique, nitrique* ou *chloro-nitreux*, on ajoute une solution concentrée d'*hydrogène sulfuré* dans l'eau, dont on verse un assez grand excès pour que la liqueur conserve une forte odeur d'acide hydrosulfurique.

Si l'on obtient un précipité, l'oxide ou le métal sera parmi les suivants:

Peroxide de fer.	Deutoxide de mercure.
Oxide de plomb.	Oxide d'or.
Id. de bismuth.	Protoxide d'étain.
Id. de cuivre.	Deutoxide id.
Id. d'argent.	Oxide de cadmium.
Protoxide de mercure.	Oxide d'antimoine.

On distinguera ces précipités, les uns des autres, par leur couleur ou par les réactifs convenables énumérés pour chacun d'eux dans le tableau (N° 1). Si dans la matière à analyser, il existait de l'*arsenic*, on pourrait craindre que l'*hydrogène sulfuré*, en le précipitant, ne vint altérer la couleur des précipités métalliques dont nous venons de parler; mais cet accident ne peut guère arriver lorsqu'on opère à froid et avec excès d'hydrogène sulfuré, car, alors, le précipité métallique se forme seul, et peut être reçu sur un filtre. Quant au *sulfure d'arsenic* formé, il reste en solution, et ne se dépose que par l'ébullition de la liqueur filtrée.

Si l'*hydrogène sulfuré* versé dans la solution acide, ne donne lieu à aucun précipité, on saturera la liqueur par l'*ammoniaque* et on y ajoutera ensuite de l'*hydrosulfate d'ammoniaque*. Il pourra arriver de deux choses l'une, ou bien la saturation par l'*ammoniaque* donnera lieu à un précipité que l'addition d'*hydrosulfate d'ammoniaque* rendra plus foncé, ou bien ce précipité ne se formera que lors de l'addition de l'*hydrosulfate d'ammoniaque*. Dans ces deux cas, si le précipité est noir, on aura à faire à de l'*oxide de cobalt*, à de l'*oxide de nickel* ou à *du protoxide de fer*.

Pour distinguer ces trois oxides l'un de l'autre, on s'y prendra de la manière suivante :

1° Le *protoxide de cobalt*, exposé à l'action du chalumeau avec du *borax* ou du *sel de phosphore*, les colorera en bleu.

2° L'*oxide de nickel*, chauffé au chalumeau avec le *borax*, lui donnera une couleur rougeâtre à la flamme extérieure.

3° Le *protoxide de fer*, chauffé au chalumeau avec le *borax*, donnera une couleur rougeâtre foncée à la flamme extérieure, et verte à la flamme intérieure. De plus, dissous dans un acide, il donnera un précipité bleu ou verdâtre avec le *cyanure double de potassium et de fer*.

Si la saturation par l'*ammoniaque* ou l'addition du *sulfhydrate d'ammoniaque* donnait lieu à un précipité couleur de chair, on serait assuré de l'existence du *protoxide de manganèse*.

Si la saturation par l'*ammoniaque* déterminait un précipité blanc qui ne changerait pas par l'*hydrosulfate d'ammoniaque*, on aurait affaire à l'*alumine* ou à l'*oxide de zinc*. Pour distinguer ces oxides on procède comme il suit:

1.° L'*alumine*, chauffée au chalumeau avec le *nitrate de cobalt*, donnera une couleur bleue ; de plus, le précipité formé par l'addition de l'*ammoniaque* sera soluble dans une solution concentrée de *potasse*.

2.° L'*oxide de zinc*, chauffé au chalumeau avec le *nitrate de cobalt*, donnera lieu à une belle couleur verte; de plus, le précipité sera soluble dans un excès d'*ammoniaque*, et cette solution traitée par l'*hydrosulfate d'ammoniaque* donnera un précipité blanc de *sulfure de zinc*.

Il pourrait arriver que l'addition de *l'ammoniaque* dans la liqueur acide (saturée d'hydrogène sulfuré) donnât lieu à la précipitation d'une certaine quantité de *baryte*, de *strontiane*, de *chaux* ou de *magnésie ;* ces quatres substances pourront alors se reconnaître par les procédés que nous indiquerons. Si la saturation par *l'ammoniaque* et l'addition *d'hydrosulfate d'ammoniaque* (dans la solution acide saturée d'hydrogène sulfuré), ne déterminaient pas de précipité, on verserait, dans la liqueur, une solution de *carbonate de potasse*, qui donnerait lieu à un précipité blanc pouvant contenir l'une des quatre terres citées. Ces terres pourront se distinguer de la manière suivante :

1.° Si la solution contient de la *baryte*, l'addition *d'acide hydrofluosilicique* donnera lieu à un précipité blanc gélatineux ; de plus, l'addition *d'acide sulfurique* très étendu, déterminera un précipité blanc qui ne se formera ni pour la chaux, ni pour la magnésie.

2.° Quand la liqueur contient de la *strontiane*, *l'acide hydrofluosilicique* ne produira pas de dépôt gélatineux , et *l'acide sulfurique* très étendu ne précipitera pas la base aussi complètement ; de plus, la *strontiane* pourra donner à la flamme du chalumeau , une couleur rouge.

3.° Si la liqueur contient de la *chaux*, outre l'innocuité des moyens ci–dessus indiqués, si l'on ajoute à la liqueur de *l'hydrochlorate d'ammoniaque* et qu'on la sature ensuite par *l'ammoniaque*, on obtiendra un précipité blanc par l'addition *d'acide oxalique*, ou par la solution d'un *oxalate acide*.

4.° L'absence des trois matières précédentes étant bien prouvée, on obtiendra un précipité blanc par l'addition d'un *phosphate soluble*, si la liqueur contient de la *magnésie*, qui de plus , chauffé au chalumeau avec le *nitrate de cobalt*, donnera une frite rose.

Il est inutile de chercher dans les combinaisons insolubles la *potasse*, la *soude* ou *l'ammoniaque*, ces trois corps formant toujours, avec les acides ou les corps simples, des combinaisons solubles.

2.° Règles générales pour découvrir le corps simple
ou l'acide.

1° Il se pourrait que l'*acide hydrochlorique* dans lequel on voudrait dissoudre la matière, donnât lieu à une effervescence plus ou moins vive. Dans cette occurrence, on pourrait avoir affaire à un *carbonate* ou à un *sulfure*. Dans le premier cas, le *carbonate* déterminerait une effervescence vive, et le gaz qui se produirait, n'aurait qu'une odeur aigrelette, et, s'il était recueilli, il précipiterait en blanc par la *chaux* et par la *baryte*.

2.° Le *sulfure* donnerait lieu à une effervescence variable, mais le gaz produit aurait l'odeur caractéristique de l'*hydrogène sulfuré*, et, s'il était recueilli, il précipiterait en noir par les sels de *plomb*.

Si l'on se sert d'*acide nitrique* pour dissoudre la matière, et si c'est à un *carbonate* que l'on a affaire, l'effervescence se produit, mais quand c'est à un *sulfure*, l'effervescence peut avoir lieu avec dégagement de gaz *acide nitreux*. Il peut aussi arriver que le *soufre* se dépose en tout ou en partie, avec ou sans ses propriétés caractéristiques, ou bien que le *soufre* se dissolve sans se déposer ; dans tous les cas l'*acide nitrique* se décompose, et le *soufre* s'acidifie, de sorte que la liqueur donne un précipité blanc avec le *chlorure de barium*.

Il y quelques sulfures qui, comme celui de mercure, ne se dissolvent que dans l'*eau régale*.

Quand la matière solide contient du *chlore*, ou si l'on veut rechercher dans cette matière la présence de ce métalloïde, il ne faut pas la dissoudre dans l'*acide hydrochlorique*, ni dans l'*eau régale*, il faut choisir l'*acide nitrique*. La présence du *chlore* se démontre après par l'addition d'une solution de *nitrate d'argent.* Si la matière contient du *protochlorure de mercure*, ce corps n'étant par soluble dans l'*acide hydrochlorique* faible, ne doit cependant pas être dissous dans l'*eau régale*; par conséquent pour l'analyser on doit s'y prendre de la manière suivante : on fait bouillir la matière avec une solution de *potasse*, bien exempte de *chlorure de potassium;* par l'ébullition, et sous l'influence de l'alcali, le *protochlorure de mercure* se décompose, et il se forme, dans la liqueur, un précipité noirâtre qu'on recueille sur un filtre. Ce précipité est du *protoxide de mercure,* qu'on pourra reconnaître ultérieurement; et dans la liqueur se trouve le *chlore* que l'on précipite, comme toujours, par une solution de *nitrate d'argent.* Si l'on suppose, dans la matière à analyser, l'existence du *fluor,* on la chauffe avec de l'*acide sulfurique* dans un creuset de platine; les vapeurs reçues sur une plaque de verre la dépolissent. Si la partie traitée par l'*acide sulfurique* ne démontre pas l'existence de *fluor,* on y ajoute de l'alcool qui, dès qu'on y met le feu, doit brûler avec une flamme verte quand la matière contient de l'*acide borique.*

Si, par l'addition d'une solution de *baryte,* dans la liqueur, on obtient un précipité blanc, l'existence de l'*acide sulfurique* est démontrée, lorsque le précipité est insoluble dans l'eau et n'éprouve au feu aucune altération.

Pour savoir si la matière contient de l'*acide arsénique,* le meilleur réactif est le *chalumeau* qui donne l'odeur d'ail caractéristique des composés arsénicaux. La présence de l'*acide phosphorique* ne peut être reconnue dans une substance, que quand l'existence des autres acides n'y a pas été prouvée. Si la substance est dissoute dans un acide, les difficultés sont beaucoup plus grandes. Si, au contraire, la matière est solide, l'acide phosphorique peut être reconnu par le potassium, selon la méthode de Thénard et Vauquelin. C'est surtout quand l'acide *phosphorique* se trouve combiné avec l'alumine, qu'il est difficile de le reconnaître, attendu que le phosphate d'alumine se comporte, avec les réactifs, comme l'alumine pure, c'est-à-dire se précipitant et se dissolvant par les mêmes corps.

L'existence de l'*acide nitrique* peut être reconnue dans les matières, en projetant une petite partie de celles-ci sur des charbons allumés, sur lesquels la matière fuse en pétillant.

On peut encore reconnaître l'*acide nitrique* au moyen de l'*acide sulfurique* qui, versé sur la matière, dégage des vapeurs blanches.

[illegible]

MARCHE A SUIVRE

POUR

L'ANALYSE

DES COMBINAISONS SIMPLES INSOLUBLES DANS L'EAU,

ainsi que dans les Acides nitrique, hydrochlorique et dans l'Eau régale,
dont les principes se trouvent compris dans les tableaux précédents.

Parmi les corps composés, résultant de la combinaison des substances énumérées dans ces deux tableaux, il n'en est qu'un petit nombre qui soit tout à fait insoluble dans les acides précités; ces substances sont : les *sulfates de baryte, de strontiane, de chaux* et *de plomb; le chlorure d'argent ,*quelques *arséniates,* et beaucoup de *surphosphates* après qu'ils ont été calcinés.

Quant à ces catégories de sels, nous avons déjà indiqué la manière d'en reconnaître les acides. Pour en découvrir la base, on peut, dans quelques cas, les décomposer par l'*acide sulfurique* bouillant.

Le *chlorure d'argent* peut aisément être distingué du *sulfate de plomb* par deux caractères tranchés; d'abord le *chlorure d'argent,* exposé à la lumière, noircit ou devient violet en peu de temps, tandis que le *sulfate de plomb* n'offre rien de semblable ; en second lieu, le *chlorure d'argent* peut entrer en fusion à une faible chaleur, ce dont le *sulfate de plomb* n'a pas la propriété.

Ces deux corps se distinguent facilement des *sulfates* de *baryte*, de *strontiane* et de *chaux*, par une solution d'*hydrogène sulfuré* qui noircit le *chlorure d'argent* et le *sulfate de plomb*, surtout quand ils sont divisés. Les *sulfates de chaux, de baryte, de strontiane* se distinguent entr'eux en les faisant bouillir dans l'eau, et en partageant la liqueur en deux parties; si l'une précipite en blanc par le *chlorure* de *barium*, et que ce précipité soit insoluble dans les acides, et si l'autre partie précipite également en blanc par la solution d'*un oxalate*, on peut être certain de l'existence du *sulfate de chaux*.

Quand la matière dont on recherche la composition, ne se dissout en rien pendant son ébullition avec l'eau, on remplace celle-ci par une solution de *carbonate de soude ou de potasse;* et, après une ébullition assez prolongée, on sature la liqueur avec l'*acide hydrochlorique,* et l'on y verse une solution concentrée de *chlorure de barium.* Le précipité blanc que l'on obtient, si la substance est formée de *sulfate de baryte ou de strontiane*, est lavé, séché, et mis dans l'*alcool* avec lequel il donne une flamme rouge, si la matière est du *sulfate de strontiane.* Il est encore d'autres moyens que j'indiquerai plus tard pour distinguer la baryte de la strontiane.

Maintenant que nous avons donné la marche à suivre dans quelques cas, nous devrions nous occuper des moyens à employer dans l'analyse de matières existant en abondance, soit dans la nature, soit dans les arts, comme les alliages et les pierres, par exemple; mais, pour ne pas nous répéter, nous en parlerons dans l'analyse quantitative,

DE L'ANALYSE QUALITATIVE PAR LE CHALUMEAU.

Il est, comme nous l'avons déja vu, des circonstances dans lesquelles l'emploi du chalumeau peut être d'un grand secours, soit pour procéder à l'analyse de quantités très faibles de matières, soit pour éviter les reherches toujours longues qu'exige la voie humide. Il est donc important de connaître les caractères propres à chaque substance, au dard du chalumeau, et c'est ce que nous avons fait en traitant des corps en particulier, bien entendu pour ceux qui donnent lieu à des phénomènes tranchés et caractéristiques.

Nous ne nous occuperons pas de la forme, de la construction ni de la manière de se servir du chalumeau, toutes les précautions, nécessaires à son emploi, ayant été spécialement décrites dans le traité de Berzélius.

Quant aux expériences préliminaires auxquelles on doit se livrer avant que de procéder à l'analyse proprement dite par les flux, elles ont pour but de constater, dans la matière à essayer, la présence ou l'absence des substances organiques ou volatiles. Ces dernières, que nous connaissons, sont en assez petit nombre, et sont faciles à reconnaître, car il en est peu qui rendent nécessaires des recherches ultérieures.

Ayant déjà, dans le cours de notre ouvrage, indiqué la manière dont les corps se comportent à l'action du chalumeau, nous n'insisterons pas davantage, et nous nous bornerons à donner le tableau suivant :

TABLEAU

de la Coloration du Borax et du Sel de phosphore par les Oxides et les Acides métalliques (d'après Thénard).

OXIDES ET ACIDES.	COULEUR DU BORAX.		COULEUR DU PHOSPHATE.	
	A LA FLAMME EXTÉRIEURE.	A LA FLAMME INTÉRIEURE.	A LA FLAMME EXTÉRIEURE.	A LA FLAMME INTÉRIEURE.
Oxides alcalins, Magnésie, Yttria, Glucine, Alumine, Acide colombique, Oxide d'étain.	Nulle.	Nulle.	Nulle.	Nulle.
Oxide de zinc.	Id.	Nulle; le métal est réduit et volatilisé.	Id.	Id.
Oxide de tellure.	Id.	Grise, en raison du métal réduit, disséminé dans le sel.	Id.	Id.
Oxide de bismuth	Id.	Id.	Brun jaune, à chaud; et nulle, à froid.	Nulle, à chaud; gris-noir, à froid.
Oxide de cadmium.	Légèrement jaunâtre, au moins à chaud.	Nulle, le métal est réduit et volatilisé.	Nulle.	
Oxide de plomb.	Id.	Grise.	Jaune, à chaud; nulle, à froid.	Jaune, à chaud; nulle a froid.
Oxide d'argent.	Id.	Id.	Nulle, ou légèrement jaunâtre, mais seulement à chaud.	Grise.
Acide antimonieux.	Id.	Id.	Id.	Nulle, à chaud; gris-noir, à froid.
Acide titanique.	Nulle.	D'un violet tirant sur le bleu.	Nulle.	Jaune, à chaud; d'un violet bleuâtre, à froid.
Acide molybdique.	Id.	Jaune ou même brun (brun-sale.)	Légèrement verte, à chaud; nulle à froid.	Bleu-noirâtre, à chaud; verte, à froid.
Acide tungstique	Id.	Jaune ou même rouge sanguin.	Nulle ou jaunâtre.	D'un beau bleu; l'oxide de fer le rend rouge.

OXIDES ET ACIDES.	COULEUR DU BORAX		COULEUR DU PHOSPHATE	
	A LA FLAMME EXTÉRIEURE.	A LA FLAMME INTÉRIEURE.	A LA FLAMME EXTÉRIEURE.	A LA FLAMME INTÉRIEURE.
Oxide d'urane.	Jaune sombre.	Vert sale.	Jaune, s'affaiblissant et tournant un peu au vert par le refroidissement.	Verte.
Oxide de fer.	Rouge qui pâlit ou même disparaît par le refroidissement.	Vert bouteille ou vert bleuâtre.	Rouge, pâlissant ou même disparaissant par le refroidissement.	Verdâtre.
Oxide de nickel.	Id.	Grise.	Rouge ou jaune, à chaud; jaunâtre ou nulle, à froid.	Comme à la flamme extérieure.
Oxide de cérium.	Rouge qui passe au jaune par le refroidissement, et qui devient blanc d'émail en projetant la flamme sur le verre à plusieurs reprises.	Nulle.	Rouge, disparaissant par le refroidissement.	Nulle.
Oxide de manganèse.	Améthyste.	Id.	Améthyste.	Id.
Oxide de cobalt.	Bleue.	Bleue.	Bleue.	Bleue.
Oxide de chrôme.	Brune, à chaud; vert-pâle, à froid.	Verte.	Verte.	Verte.
Oxide de cuivre.	Verte.	Nulle, à chaud; devient rouge en se solidifiant.	Verte.	Nulle, à chaud; devient rouge en se solidifiant.

N. B. Pour le reste nous renvoyons à l'ouvrage de Berzélius.

DE L'ANALYSE QUANTITATIVE.

Cette division de l'analyse chimique est, sans contredit, la plus importante ; c'est aussi celle qui présente le plus de difficultés dans l'application de ses principes ; son utilité est des plus grandes, car elle apprend à connaître la composition intime des corps, et répand un jour nouveau sur les propriétés qui les distinguent. Contrairement à l'analyse qualitative, elle ne doit être effectuée que par la voie humide, la voie sèche n'offrant pas, à beaucoup près, les mêmes garanties de précision. Aussi, n'est-ce que pour certaines analyses dont les résultats quantitatifs ne réclament qu'une exactitude approximative, que l'on peut employer cette dernière ; telles sont, par exemple, celles qui ont pour objet la détermination du rendement en métal des minerais de fer, de cuivre, etc., destinés à l'exploitation en grand.

Les limites de cet ouvrage ne permettant de nous occuper que de l'analyse quantitative des matières qui existent en abondance dans la nature, ou qui sont employées dans les arts, nous passerons sous silence l'analyse des mélanges gazeux, celle des mélanges de métalloïdes, et nous indiquerons seulement les manières d'en déterminer les quantités, quand leur présence aura été reconnue dans une combinaison.

ANALYSE DES ALLIAGES.

On donne le nom d'alliages aux combinaisons de deux ou d'un plus grand nombre de métaux. Nous disons combinaisons, parcequ'il existe, pour beaucoup d'alliages, des limites de quantités en de ça et au de là des quelles ils n'offrent plus leur stabilité primitive.

Les alliages qu'on rencontre dans le commerce ou dans les arts, étant les seuls dont l'analyse puisse être d'une grande utilité, nous ne nous occuperons que de cette espèce.

ANALYSE D'UN ALLIAGE DE MERCURE ET D'ETAIN.

Cette analyse est facile. Pour l'effectuer il suffit d'introduire l'alliage dans une cornue de verre, au col de laquelle se trouve un nouet de linge mouillé, flottant dans l'eau. Par l'application de la chaleur, le mercure se volatilise et s'évapore ; refroidi par le nouet, il vient se condenser dans l'eau ; l'étain reste dans la cornue.

ANALYSE D'UN ALLIAGE DE MERCURE ET D'ARGENT, D'OR OU DE PLOMB.

L'opération s'exécute de même que la précédente.

ANALYSE D'UN ALLIAGE DE PLOMB ET D'ÉTAIN.

Cette analyse est aussi très simple ; on prend environ 10 grammes de l'alliage, et on les introduit dans une capsule de verre contenant 6 à 7 fois leur poids d'acide nitrique à 30° de l'aréomètre de Beaumé ; par l'application de la chaleur, la décomposition de l'acide et l'oxigénation des deux métaux marchent rapidement ; le plomb passe à l'état de nitrate soluble, et l'étain à celui de deutoxide insoluble. On porte la liqueur à l'état d'ébullition que l'on maintient jusqu'à ce qu'aucune vapeur nitrique ne se dégage plus. Alors la liqueur est évaporée presque à siccité, on l'étend d'eau et on la jette sur un filtre ; l'oxide d'étain reste sur le filtre où il est lavé jusqu'à ce que la liqueur qui passe ne rougisse plus le papier de tournesol, ni ne noircisse plus par l'hydrogène sulfuré. Il reste alors sur le filtre du deutoxide d'étain pur, que l'on fait sécher et qu'on chauffe après jusqu'au rouge, afin d'en dégager toute l'eau. C'est du poids du deutoxide d'étain que l'on déduit celui du métal contenu dans l'alliage. Cet oxide contient sur 100 parties, 78, 62 d'étain. La liqueur filtrée est ensuite réunie aux eaux de lavage et traitée par une solution de sulfate de potasse ou de soude. Il se précipite un sulfate de plomb, qu'on lave également et qu'on dessèche ; c'est de son poids que se déduit celui du plomb : 100 parties de ce sulfate représentent 68, 28 de plomb.

ANALYSE DE LA SOUDURE DES PLOMBIERS.

Cet alliage contenant du plomb, de l'étain et une petite quantité de cuivre, doit être traité par l'acide nitrique qui dissoudra le plomb et le cuivre en bioxidant l'étain.

La quantité de ce dernier métal se déduira du poids du deutoxide calciné obtenu ; la liqueur, après avoir été filtrée, sera traitée par le sulfate de soude formant un précipité de sulfate de plomb qui donnera le poids de ce métal ; ce précipité sera recueilli sur un filtre et lavé convenablement, puis les eaux de lavage étant réunies à la liqueur filtrée, on précipitera par l'hydrogène sulfuré qui donnera lieu à un bisulfure de cuivre d'une couleur jaune-brun très foncé. Il serait plus convenable de précipiter le cuivre de la dissolution par une solution d'hydrate de potasse ou de soude qui y formerait un précipité d'hydrate de cuivre

du poids duquel on déduirait celui du métal; il est toujours à craindre que l'hydrate de cuivre ne retienne une
petite quantité de potasse.

ANALYSE D'UN ALLIAGE D'ÉTAIN ET DE CUIVRE.

Cette analyse s'éffectuera comme la précédente; seulement après avoir recueilli et lavé le deutoxide d'étain, on
n'ajoutera pas de sulfate de soude, et on précipitera directement le cuivre par l'hydrate de potasse ou par tout autre
réactif.

ANALYSE DU MÉTAL DES CANONS, TAMTAMS, CYMBALES ETC.

Ces alliages sont ordinairement composés de cuivre et d'é-
tain, dont les proportions, pour le métal des canons, se trouvent être en France de 89 parties du 1er pour 11 du second.
Cependant cet alliage n'est presque jammais exempt d'une
certaine quantité de fer; c'est donc de cet alliage complexe
que nous allons nous occuper.

On le traitera d'abord par l'acide nitrique qui dissoudra le
fer, le cuivre et la petite quantité de plomb que pourrait
contenir l'étain.

Quant à ce dernier métal, il sera, comme nous l'avons
déjà vu, converti en deutoxide. On rapproche la liqueur jusqu'à ce qu'elle soit presque évaporée à siccité; après quoi,
on l'étend avec de l'eau qui dissout les nitrates de fer, de
cuivre et de plomb, en laissant insoluble le deutoxide d'é-
tain qu'il faut recueillir, laver et calciner avant d'en prendre
le poids.

On réunit ensuite les eaux de lavage à la liqueur filtrée,
et on y verse du sulfate de soude qui en précipite le sulfate
de plomb qu'on recueille et qu'on lave.

La liqueur qui reste, et à laquelle on a ajouté les eaux de lavage du sulfate de plomb, est ensuite traversée par un courant d'hydrogène sulfuré qui précipite le cuivre à l'état de bisulfure ; mais il importe ici de prendre des précautions lors de l'appréciation de la quantité de sulfure de cuivre, car, exposé à l'air, il absorbe une certaine proportion d'oxigène et passe, en partie, à l'état de sulfate, ce qui peut donner lieu à une perte qui peut être très forte si on lave le sulfure de cuivre avec de l'eau ; aussi ne doit on employer, pour ce lavage, que de l'eau saturée d'hydrogène sulfuré.

Dans la liqueur résultant de la filtration et du lavage du bi – sulfure de cuivre, il ne reste plus que le fer qui d'abord existait à l'état de peroxide, et qui est passé à celui de protoxide par l'hydrogène sulfuré : on commence par chauffer la liqueur pour dégager l'excès d'acide hydrosulfurique, et on y verse ensuite du chlore liquide qui fait repasser le fer à l'état de sesquioxide (si alors à la liqueur on ajoute de l'ammoniaque, on obtient ce sesquioxide) que l'on lave, que l'on sèche et dont on déduit le poids du métal.

Le colonel Sobrero croit que la méthode précédente est de nature à occasionner des erreurs dans l'analyse du bronze, et, selon lui, l'oxide d'étain qui se forme par l'action de l'acide nitrique, entraîne toujours une certaine quantité de cuivre qu'il est très difficile d'en séparer. Cet officier supérieur au lieu de traiter le bronze par l'acide nitrique, le traite par le chlore sec ; il se forme des chlorures d'étain et de cuivre qu'on sépare par l'action de la chaleur que la réaction détermine. L'appareil employé se compose d'une boule en verre soufflée sur un tube de six millimètres de diamètre ; l'une des extrémités du tube communique avec un tube contenant du chlorure de calcium servant à dessécher le chlore que l'on fait passer dans la boule où se trouve l'alliage à analyser, duquel on prend deux ou trois grammes. L'autre bout du tube est effilé, et se rend dans un petit ballon en verre

servant à recevoir le chlorure d'étain qui se volatilise pendant l'opération. La portion du tube se rendant dans le
petit ballon à tubulure, doit avoir au moins 15 centimètres
de longueur. En commençant l'opération, on ne doit
pas rendre le courant de chlore trop rapide, car alors la
boule s'échauffe trop, et il peut y avoir une ébullition toujours accompagnée de la projection d'un peu de chlorure
de cuivre, ce qui peut faire manquer l'analyse. Pour prévenir cet accident, ont tient la boule entourée d'un linge
mouillé, et ce n'est qu'à la fin, lorsque l'opération languit,
qu'on doit chauffer la boule avec une lampe à esprit de vin ;
l'excès de chlore qui se dégage par la tubulure du ballon,
doit être conduit dans un lait de chaux. L'opération terminée, on isole la boule en coupant les deux tubes avec une
lime, et on la plonge dans l'acide nitrique ; le chlorure de
cuivre se dissout, et on fait évaporer la liqueur presqu'à sec ;
on ajoute de nouveau de l'acide nitrique et on évapore encore. Le but de ces manipulations est de chasser l'acide hydrochlorique et d'oxider le peu d'étain qui reste ordinairement
avec le chlorure de cuivre. Après la filtration et les lavages nécessaires, on concentre la liqueur cuivreuse et on précipite
le métal avec le carbonate de soude, en agissant avec assez
de précaution pour ne pas dépasser le point de saturation.
Le carbonate de cuivre étant bien lavé, on le chauffe au
rouge obscur, afin d'obtenir l'oxide du poids duquel on
déduit celui du métal; quant au poids de l'étain, on le déduit
de celui du chlorure condensé dans le ballon.

Ce procédé d'analyse est applicable aux alliages de cuivre
et d'étain qui contiendraient de l'antimoine, du plomb, du zinc
et même du fer. On soufflerait alors deux boules sur le même
tube, l'une destinée à contenir l'alliage, et l'autre servant à recevoir le chlorure de fer. Quant au chlorure d'antimoine, il
sera entraîné avec le chlorure d'étain ; en délayant le mélange
dans l'eau, l'antimoine se précipiterait en blanc.

Le procédé du colonel Sobrero n'est susceptible, selon moi, que d'un dégré d'exactitude assez contestable, car il ne peut être employé qu'avec des précautions excessives et des manipulations très nombreuses qui le rendent plus compliqué que la méthode ordinaire, sans diminuer les chances d'erreurs.

ANALYSE DU MÉTAL DES CLOCHES.

Cet alliage n'est presque jamais composé que de cuivre et d'étain; quelquefois, cependant, il y a une petite quantité de fer et de zinc ; ce dernier surtout contribue à rendre l'analyse plus compliquée.

Cette analyse s'effectue comme la précédente. Après avoir précipité le plomb et l'étain, on précipite le cuivre par l'hydrogène sulfuré comme ci-dessus, et le fer par l'ammoniaque ; on doit n'ajouter de cet alcali que la quantité strictement nécessaire pour précipiter le fer. A la liqueur restante, on ajoutera un excès d'une solution de carbonate de potasse ou de soude qui produira un précipité blanc de carbonate de zinc.

Le précipité étant recueilli, sera séché et calciné dans un creuset de platine, afin de le faire passer à l'état d'oxide de zinc dont il sera facile de déduire le poids du métal.

ANALYSE D'UN ALLIAGE DE PLOMB ET D'ANTIMOINE.

Le meilleur procédé consiste à le traiter par l'acide nitrique qui dissout le plomb et laisse l'antimoine à l'état d'acide antimonieux.

Quant au plomb, il se précipite par les moyens indiqués.

On pourrait encore, pour séparer le plomb de l'antimoine, faire usage de la propriété qu'à le sulfure de ce dernier métal de se dissoudre entièrement par l'hydrosulfate d'ammoniaque, surtout quand celui-ci contient du soufre en solution. La liqueur qui retient le sulfure d'antimoine en solution est précipitée par l'acide hydrochlorique ou par l'acide acétique, en ayant soin de le rendre légèrement acide. Le sulfure d'antimoine, précipité de cette façon, retient toujours une assez forte proportion de soufre libre. Pour déterminer la proportion d'antimoine contenue dans ce sulfure, on peut introduire celui-ci dans une boule en verre, par laquelle on dirige un courant de gaz hydrogène à une température assez élevée. Il se forme de l'hydrogène sulfuré et il reste de l'antimoine. Cette opération s'effectue ordinairement avec un demi pour cent de perte.

ANALYSE D'UN ALLIAGE D'ÉTAIN ET D'ANTIMOINE.

On pourrait d'abord penser que la méthode la plus sûre pour effectuer cette analyse serait de traiter l'alliage par l'eau régale qui ferait passer les deux métaux à l'état de chlorures; on rapprocherait alors la liqueur et on la précipiterait par l'eau, qui y formerait un dépôt abondant d'oxichlorure d'antimoine (poudre d'algaroth); mais ce procédé est vicieux, parce que l'oxichlorure d'antimoine peut entrainer une forte proportion d'oxide d'étain; ce qui nuirait beaucoup à l'exactitude des résultats.

M. Gay-Lussac sépare ces deux métaux de la manière suivante : il les fait dissoudre dans l'acide hydrochlorique, (ce qui est très peu aisé pour l'antimoine) ajoute à la liqueur un excès d'acide hydrochlorique et y plonge une lame d'étain pur qui précipite l'antimoine à l'état métallique sous forme d'une poudre noire. Pour que la précipitation soit complète, il faut chauffer la liqueur sur un bain de sable en la maintenant acide ; on recueille ensuite le métal sur un filtre, on le sèche et on le pèse ; on a le poids de l'étain par différence.

M. Chaudet analyse exactement un alliage d'étain et d'antimoine, en le fondant préalablement dans un creuset avec une quantité d'étain telle, que dans la masse totale, la quantité d'étain soit à celle de l'antimoine comme 20 : 1. Alors au moyen d'un laminoir à main, il réduit l'alliage en une feuille très mince qu'il courbe en cornet et qu'il fait bouillir avec de l'acide hydrochlorique.

L'ébullition doit être au moins de deux heures pour que tout l'étain puisse se dissoudre. Quant à l'antimoine, il reste dans la liqueur sous forme de poudre brillante qui, quelquefois, surnage. On doit alors, par différence, connaître ce poids de l'étain ou bien décomposer le chlorure par un réactif approprié.

ANALYSE D'UN ALLIAGE D'ÉTAIN ET DE BISMUTH.

Cette analyse s'effectue comme celle d'un alliage de plomb et d'étain. Seulement après avoir reçu sur un filtre, le deutoxide d'étain, on le lave, non avec de l'eau, mais avec de l'acide nitrique, afin de lui enlever les petites quantités de nitrate de bismuth qu'il pourrait conserver. Souvent même l'opération se fait de la manière suivante : après avoir traité l'alliage par l'acide nitrique, on rapproche la liqueur sans la séparer du deutoxide d'étain, et on y ajoute un excès d'eau qui décompose le nitrate de bismuth et produit un précipité blanc de sous-nitrate ; on jette le tout sur un filtre, et on lave avec de l'acide nitrique étendu qui redissout le sous-nitrate. La liqueur est alors évaporée à siccité, et le résidu, qui n'est que du nitrate de bismuth, est calciné dans

un creuset de platine; il se décompose et passe à l'état d'o-
xide, d'où l'on déduit le poids du métal.

ANALYSE DES CARACTÈRES D'IMPRIMERIE.

Cette analyse s'opère comme celle d'un alliage de plomb
et d'antimoine. Quelquefois cet alliage contient un peu de bismuth dont la présence ne complique guère l'analyse.

ANALYSE D'UN ALLIAGE DE ZINC ET DE CUIVRE.

Pour l'effectuer, on traite l'alliage par l'acide nitrique
qui dissout les deux métaux. Afin de les séparer, on précipite
la liqueur par un excès d'hydrogène sulfuré qui donne lieu
à la formation d'un bi-sulfure de cuivre; quant au zinc, il
peut se précipiter ensuite par une solution de carbonate de
potasse ou de soude. Plutôt que de déduire le poids du cuivre de celui du bi-sulfure obtenu, il serait plus convenable
de dissoudre ce bi-sulfure dans l'acide nitrique d'où le métal
serait alors précipité à l'état d'oxide par une solution d'hydrate de potasse ou de soude, ou par une lame de fer.

ANALYSE D'UN ALLIAGE DE CUIVRE, DE ZINC ET DE PLOMB.

Il arrive souvent, dans le commerce, qu'on ajoute une
certaine quantité de plomb au laiton que l'on ne veut pas
employer pour le tour. Pour analyser ce laiton plom-
beux, on le dissout dans l'acide nitrique et l'on précipite les

métaux de la dissolution par les réactifs convenables, en ayant soin de précipiter d'abord le plomb, puis le cuivre et en dernier lieu le zinc.

ANALYSE D'UN ALLIAGE D'ARGENT ET D'OR.

L'analyse d'un alliage semblable est facile quand la quantité d'argent n'est pas très petite. On réduit alors l'alliage en une feuille, à laquelle on donne la forme d'un cornet et que l'on fait ensuite bouillir dans l'acide nitrique, qui transforme l'argent en nitrate, sans toucher à l'or qu'il laisse sous forme de poudre ou de pellicules minces.

Mais si la quantité d'argent contenu dans l'alliage était très faible, on pourrait être presque sûr que l'acide nitrique ne dissoudrait pas en entier ce métal; alors on serait obligé de faire fondre l'alliage avec assez d'argent pour que la proportion de ce métal soit à celle de l'or au moins comme $3:1$. Le reste de l'opération se fait comme ci-dessus.

ANALYSE D'UN ALLIAGE D'ARGENT ET DE CUIVRE.

Cette analyse s'effectue comme suit:

On dissout l'alliage dans l'acide nitrique d'où l'on précipite l'argent par l'acide hydrochlorique, ou comme on fait dans les établissements de monnaies, par une solution titrée de chlorure de sodium.

Le précipité blanc de chlorure d'argent que l'on obtient peut, ou être réduit en métal, ou servir directement à calculer le poids de ce dernier.

Le cuivre que contient encore la liqueur sera précipité par une solution de potasse qui donnera lieu à la formation d'un oxide.

ANALYSE D'UN ALLIAGE D'ARGENT, DE CUIVRE ET D'OR.

Cette analyse s'effectue en réduisant l'alliage en feuilles et en le traitant à chaud par l'acide nitrique en excès, jusqu'à ce qu'il ne se produise plus de vapeurs rutilantes d'acide nitreux.

L'argent et le cuivre passent à l'état de nitrates et sont précipités de leur dissolution comme nous venons de l'indiquer dans l'analyse précédente. Quant à l'or, il reste sous forme de poudre insoluble dans l'acide.

ANALYSE D'UN ALLIAGE DE BISMUTH, D'ÉTAIN ET DE PLOMB.

On traite cet alliage par l'acide nitrique qui laisse l'étain insoluble à l'état de deutoxide et dissout le bismuth et le plomb.

On évapore la liqueur presque à siccité et on y ajoute de l'eau qui ne dissout que le nitrate de plomb en laissant intact le deutoxide d'étain et en précipitant le bismuth à l'état de sous-nitrate ; on jette le liquide sur un filtre et on lave bien, afin d'enlever le nitrate de plomb.

Lorsque l'eau de lavage ne contient plus de sel de plomb, on la réunit à la liqueur filtrée et l'on précipite le plomb par le sulfate de soude.

Quant au deutoxide d'étain et au sous-nitrate de bismuth qui sont restés sur le filtre, on les sépare en les lavant avec de l'acide nitrique étendu qui redissout le précipité de bismuth et laisse insoluble le deutoxide d'étain ; la solution de nitrate de bismuth est évaporée et décomposée par le feu dans un creuset de platine.

Du poids de l'oxide du bismuth, on déduit la quantité de métal.

ANALYSE D'UN ALLIAGE D'ÉTAIN, DE PLOMB, DE CUIVRE ET D'ARGENT.

L'alliage est traité par l'acide nitrique qui dissout les trois derniers métaux. Après avoir évaporé et chassé l'excès d'acide on ajoute de l'eau, on filtre la liqueur et on y verse une solution de sulfate de soude qui précipite le plomb; on filtre derechef, on lave et l'on verse une solution de chlorure de sodium qui précipite l'argent ; on filtre encore, on lave de nouveau, et si l'on est certain que la liqueur ne contienne plus que du cuivre, on le précipite au moyen d'une lame de fer.

On peut aussi employer l'hydrate de potasse, ou l'hydrogène sulfuré.

ANALYSE D'UN ALLIAGE D'ÉTAIN, DE PLOMB, D'ARGENT, DE CUIVRE ET DE ZINC.

Cet alliage est traité comme le précédent : on recueille le deutoxide d'étain, on précipite le plomb et l'argent, de sorte que, dans la liqueur, il ne reste plus que du cuivre et du zinc ; on fait passer dans cette liqueur un courant d'hydrogène sulfuré, qui donne un bi-sulfure de cuivre qu'on lave avec les précautions nécessaires ; puis, dans la liqueur filtrée, et qui ne contient plus que le zinc, on verse une solution de carbonate de soude ou de potasse, qui précipite le métal à l'état de carbonate insoluble que l'on sèche, que l'on calcine et dont on pèse exactement l'oxide.

ANALYSE D'UN ALLIAGE D'ÉTAIN, DE PLOMB, D'ARGENT, DE CUIVRE ET DE MANGANÈSE.

Cet alliage doit être analysé comme le précédent, et l'on suit, pour obtenir le manganèse, la même marche que pour le zinc.

ANALYSE D'UN ALLIAGE D'ÉTAIN, DE PLOMB, D'ARGENT, DE CUIVRE, DE ZINC ET D'OR.

L'alliage est traité par l'acide nitrique en excès, jusqu'à ce qu'il ne se dégage plus de vapeurs nitreuses; l'acide dissout le plomb, l'argent, le cuivre et le zinc; on rapproche la liqueur, on l'évapore jusqu'à siccité et on la traite ensuite par l'eau ; on jette sur un filtre, on lave, et, dans les liqueurs filtrées, on verse d'abord du sulfate de soude pour précipiter le plomb , puis du chlorure de sodium pour précipiter l'argent ; quant au cuivre et au zinc on les sépare comme ci-dessus.

Dans le précipité resté sur le filtre, se trouvent le deutoxide d'étain et l'or ; le mélange, étant bien lavé, est mis en digestion, avec une solution concentrée de potasse, qui dissout le deutoxide d'étain et abandonne l'or à l'état métallique.

ANALYSE D'UN ALLIAGE D'ÉTAIN, DE PLOMB, D'ARGENT, DE CUIVRE, DE MANGANÈSE , D'OR ET DE FER.

Cet alliage est traité par l'acide nitrique qui laisse, sans les dissoudre , l'étain à l'état de deutoxide , et l'or à l'état métallique.

Quant aux autres métaux, ils se dissolvent en formant des nitrates ; on évapore la liqueur, afin de dégager l'excès d'acide, et on ajoute ensuite de l'eau qui dissout tous ces nitrates. Le plomb, l'argent et le cuivre se précipitent par les méthodes déjà indiquées, et il ne reste plus, dans la solution, que les nitrates de fer et de manganèse. Pour séparer ces deux métaux, on fait usage de plusieurs procédés.

Le premier fut publié par Herschell ; il est très simple et offre l'avantage de permettre de séparer le fer, non seulement du Manganèse, mais encore du Cérium, du Nickel et du Cobalt. Ce procédé consiste à tenir le fer dans la liqueur à son dégré d'oxidation le plus élevé ; pour cela, il ne s'agit que de faire bouillir la liqueur avec un peu d'acide nitrique.

Mais on doit empêcher que le manganèse ne soit aussi à un degré d'oxidation supérieur, et si l'on présume qu'il y soit parvenu, on fait bouillir la liqueur avec une petite quantité de sucre qui ramène le manganèse au premier degré d'oxidation. La liqueur étant dans cet état, on y verse une solution de carbonate d'ammoniaque qui précipite le fer. On doit avoir soin d'agiter pendant tout le temps de la réaction, et quand on la suppose presque terminée, on ne doit plus ajouter le carbonate d'ammoniaque que délayé et peu à la fois. Si cependant on dépassait un peu les limites de la neutralité, le mal ne serait pas grand, car le carbonate de manganèse est assez soluble dans les dissolutions où il a été nouvellement précipité.

On pourrait être certain d'avoir précipité tout le fer si, en versant quelques gouttes de carbonate d'ammoniaque dans la liqueur filtrée, on obtenait un précipité nuageux se dissolvant à l'instant.

On peut encore séparer le fer du manganèse, au moyen du Succinate de soude ou d'ammoniaque qui précipite le fer sans toucher au manganèse.

On pourrait aussi se servir des Benzoates alcalins pour le

même effet. Lorsque le fer est séparé, il ne reste plus dans la liqueur que le sel de manganèse ; on la sature, s'il est nécessaire, avec un peu d'acide hydrochlorique et on y verse un carbonate alcalin qui précipite un proto-carbonate de manganèse.

Quant au précipité resté en premier lieu sur le filtre , il contient le deutoxide d'étain et l'or qu'on sépare par la solution de potasse, comme cela a été dit plus haut.

ANALYSE DES ALLIAGES D'ARGENT AU MOYEN DE LIQUEURS TITRÉES.

ANALYSE D'UN ALLIAGE DE PLOMB ET D'ARGENT.

Ce serait ici le lieu de parler de l'analyse des alliages d'argent par la coupellation , mais ces épreuves rentrent dans la catégorie des essais par la voie sèche.

L'alliage de plomb et d'argent sera analysé par l'acide nitrique en suivant la méthode énoncée. Il est très difficile d'employer, pour cet alliage, des liqueurs titrées qui servent presqu'exclusivement à l'analyse de l'alliage suivant.

ANALYSE D'UN ALLIAGE DE CUIVRE ET D'ARGENT.

Le temps exigé pour l'analyse exacte d'un alliage de ce genre par les méthodes précédentes, et les erreurs qui accompagnent presque toujours une coupellation, ont déterminé le gouvernement français, en 1829, à nommer une commission chargée d'examiner les procédés suivis dans les laboratoires des hôtels des monnaies. Cette commission adopta le procédé d'analyse de Gay-Lussac, qui est susceptible d'une exactitude presque mathématique, en même temps qu'il est beaucoup plus rapide que les analyses ordinaires. Ce procédé consiste à apprécier le titre d'un alliage dans lequel entre l'argent, par la quantité d'une dissolution titrée de chlorure de sodium nécessaire pour précipiter un poids donné de cet alliage. Cette analyse est basée sur l'insolubilité absolue du chlorure d'argent dans l'eau et même dans la plupart des acides ; elle est rendue plus aisée par la facilité avec laquelle le chlorure d'argent se dépose au fond du vase dans lequel il se forme, en laissant la liqueur qui surnage incolore et limpide.

L'appréciation du titre de l'argent ne se tire donc pas du poids du chlorure, mais bien de la quantité de solution saline nécessaire pour précipiter tout l'argent de l'alliage à l'état de chlorure. Il est rare qu'on filtre la liqueur, l'agitation étant presque toujours suffisante pour la rendre limpide.

La solution de sel marin, principalement employée, a reçu le nom de *dissolution normale*. Elle peut se mesurer au poids ou au volume ; dans le premier cas elle doit être telle que 100 grammes renferment la quantité de sel exactement nécessaire pour précipiter à l'état de chlorure, un gramme d'argent pur dissous dans l'acide nitrique, et on a calculé que cette quantité de sel était égale à 0 gramme 005427.

Quand on mesure la dissolution normale au volume, celui-ci doit être tel qu'un litre contienne la quantité de sel nécessaire à la précipitation d'un gramme d'argent pur ; les quantités de dissolutions normales sont divisées en millièmes qui représentent chacun un milligramme d'argent.

Il est, en général, préférable de mesurer la dissolution normale au poids, ce qui donne toujours une exactitude absolue, tandis qu'en la prenant au volume, celui-ci peut être notablement modifié par les variations de température dépendant des milieux, de l'action des liquides sur les vases, etc.

Outre la dissolution normale, on doit encore avoir une autre solution de sel marin contenant 10 fois moins de sel que la première, d'où lui vient son nom de *dissolution décime*. Chaque centilitre de cette dissolution doit pouvoir précipiter un milligramme d'argent pur à l'état de chlorure.

Pour faire un essai de ces deux solutions, on met un gramme d'argent pur dans un flacon pouvant contenir 200 grammes, et on y verse de l'acide nitrique à 32° de l'aréomètre de Baumé ; on chauffe doucement le flacon, afin de faciliter la réaction, et lorsque la dissolution est achevée, on chasse, au moyen d'un soufflet, les vapeurs nitreuses qui restent dans le flacon.

D'un autre côté, on mesure 100 grammes de dissolution normale dans une burette graduée, et l'on verse cette solution saline dans une dissolution d'argent en quantité à peu près suffisante pour précipiter tout le métal ; alors on agite le flacon pendant une ou deux minutes et on l'abandonne à lui-même ; le chlorure d'argent gagne le fond et la liqueur devient limpide. Comme tout l'argent n'est pas précipité, on verse dans la liqueur un centilitre, bien mesuré, de dissolution décime ; après l'agitation et le repos, on en verse un second et ainsi de suite jusqu'à ce que l'addition d'un nouveau centilitre, ne détermine plus aucun trouble. Alors il est facile de déduire la quantité d'argent de la quantité de dissolution tant normale que décime employée; seulement, on ne comptera pas le dernier centilitre de dissolution décime.

Quant à l'avant dernier centilitre, comme il serait possible que la moitié seule eut agi, ou n'en compte que cette moitié ; ainsi, en admettant qu'il eût agi intégralement, il n'y aurait erreur tout au plus que d'un demi-millième d'argent.

Il se pourrait qu'on eût ajouté dans la dissolution d'argent une plus grande quantité de dissolution décime qu'il n'en faut pour précipiter tout le métal; ce cas réclame l'usage d'une dissolution décime d'argent contenant un gramme de ce métal par litre.

Alors on versera un centilitre de cette dissolution décime d'argent dans la liqueur qui, contenant un excès de dissolution normale, n'a plus donné de précipité avec le premier centilitre de dissolution décime de sel marin; or, le premier centilitre de dissolution décime d'argent neutralise le centilitre de dissolution décime de sel qu'on avait employé, et on continue à ajouter successivement des centilitres de dissolution décime d'argent, tant qu'il se manifeste un précipité blanc.

Pour connaître maintenant la quantité d'argent, on la déduit de la quantité totale de dissolution normale employée, en la diminuant d'autant de millièmes que l'on ajoute de centilitres de dissolution décime d'argent; on retranche, toutefois, de ce nombre de centilitres, le premier qui a neutralisé le centilitre de dissolution décime de sel, le dernier qui n'a plus produit de précipité, et la moitié de l'avant dernier que l'on suppose n'avoir agi qu'à moitié.

Gay-Lussac a dressé des tables qui sont d'un grand secours dans les établissements des monnaies, en ce qu'elles épargnent les calculs, et indiquent de suite la quantité de métal d'après celle de la dissolution saline employée.

Lorsqu'on prend la dissolution normale au volume, l'opération est moins exacte; dans ce cas, dans les établissements des monnaies, l'eau contient à la températnre 15°,169 grammes 83 de sel pour 105 litres d'eau.

Or et argent. La séparation de ces deux métaux prend un nom particulier et s'appelle *départ.* Il peut se faire par la *voie humide* et par la *voie sèche;* mais nous n'allons nous occuper que de la première méthode, l'autre trouvant sa place dans les essais par la voie sèche. Pour que *le départ* soit exact, il faut que l'alliage contienne au moins 2 $\frac{1}{2}$ p. % d'argent sur 1 p. % d'or. S'il en contenait moins, l'argent pourrait être enveloppé par l'or et dans ce cas ne saurait être enlevé par l'acide. Si la quantité de l'argent dépassait 3 p. % sur 1 d'or, celui-ci, après la dissolution du premier, serait en feuilles si minces qu'on en perdrait presque certainement une partie.

Pour donner à l'alliage la composition voulue, on le fond dans une coupelle et l'on y ajoute ensuite la quantité de métal précieux nécessaire.

Le bouton d'alliage que l'on obtient est martelé, chauffé au rouge laminé, recuit de nouveau et roulé ensuite en forme de cornet ou en spirale; l'épaisseur de la feuille est ordinairement d'un peu moins qu'un tiers de millimètre, et sa longueur varie selon le poids de la prise d'essai.

Le cornet d'essai est ensuite traité par l'acide nitrique à l'aide de la chaleur, en ayant soin de renouveler l'acide fur et à mesure qu'il s'évapore.

Lorsque l'argent est totalement dissous, on lave la feuille d'or qui reste avec de l'eau et on l'introduit ensuite dans un creuset où on la chauffe.

Par ce recuit, le cornet d'or qui était très fragile, prend plus de consistance et acquièrt l'éclat métallique. On donne au cornet d'or que l'on obtient le nom de *cornet de retour.*

Quand l'or est le métal dominant dans l'alliage, on emploie l'eau régale au lieu de se servir d'acide nitrique ; l'or et l'argent sont transformés en *chlorures ;* le premier se dissout, tandis que le second se précipite ; on décante, on lave le chlorure d'argent, on réunit les eaux de lavage à la solution de chlorure d'or et on précipite ensuite ce dernier à l'état métallique au moyen du sulfate de protoxide de fer. L'or qu'on obtient ainsi est en poudre, et doit être fondu ou passé à la coupelle.

Le *départ* se fait aussi au moyen de l'acide sulfurique. Ce procédé est surtout employé en grand et dans les établissements des monnaies en raison de la cherté excessive de l'acide nitrique.

La précipitation de l'or au moyen du sulfate de fer, est complète, même quand la dissolution ne contient que $1/450$. Mais pour réussir à l'opérer, il est convenable de chauffer la liqueur, et d'y ajouter une quantité notable d'acide hydrochlorique.

On a également proposé d'employer l'acide formique, mais lorsque la dissolution est étendue, il faut la concentrer de manière à ce qu'elle contienne au moins $1/225$ d'or. Mr Morin a prouvé, par des expériences nombreuses, que le formiate de potasse précipite mieux l'or que l'acide formique ; seulement ce sel ne donne que les deux tiers environ du métal que la dissolution renferme.

ANALYSE DES PIERRES.

Le plus grand nombre des pierres qui se rencontrent à la surface du globe, sont des Silicates de chaux, de magnésie d'oxide de fer, d'alumine, ou d'oxide de manganèse, soit seuls, soit combinés entr'eux, soit unis encore à un ou à plusieurs oxides métalliques. Ces derniers, cependant, n'entrent que rarement dans la composition des pierres, et la Silice et l'Alumine sont les matières dont l'existence est la plus commune et dont, souvent aussi, la quantité est la plus abondante.

Avant que de procéder à l'analyse des pierres, qui ordinairement s'effectue par le moyen de leur dissolution, dans les acides, on est souvent obligé, afin qu'ils aient prise sur la pierre, de commencer par détruire l'agrégation de celle-ci par l'*étonnement*, avant de la réduire en poudre impalpable. La pulvérisation ne pourra se faire que dans un mortier formé d'une substance très dure, telle que le Silex ou mieux encore l'Agathe, et devra être continuée jusqu'à ce que la matière ne paraisse plus du tout rugueuse.

Dans le cas où la pierre ne serait pas attaquée par les acides, la pulvérisation achevée, on prendra 2 à 5 grammes de la poudre, selon la quantité de matière dont on pourra disposer, on les pèsera avec la plus grande attention dans une balance de précision, et on les mêlera avec trois fois leur poids de Potasse ou de Soude caustiques à l'alcool. Ce mélange rendu aussi intime que possible, sera introduit ensuite dans un creuset d'argent qu'on fermera et qu'on portera peu à peu jusqu'au rouge. La matière, sous l'influence de la chaleur, deviendra pâteuse et entrera peut-être en fusion, après quoi on retirera le creuset du feu pour le laisser refroidir.

Afin de pouvoir facilement détacher la matière du creuset, sans en perdre la plus légère partie, on introduira de petites quantités d'eau à la fois dans le creuset, en ayant soin de les recueillir dans une capsule pour mieux tenir compte de la portion qu'elles auront dissoute.

La matière étant bien détachée, sera mise en contact avec de l'acide hydrochlorique qui en opérera la dissolution, soit à la température ordinaire, soit à l'aide de l'ébullition. La dissolution sera ensuite évaporée jusqu'à consistance pâteuse, ce qui volatilisera l'acide hydrochlorique en excès et précipitera la Silice en gelée. Pour la séparer des chlorures avec lesquels elle se trouve mêlée, on délayera la matière évaporée dans une assez grande quantité d'eau, et on fera bouillir la liqueur qui dissoudra les chlorures en abandonnant la Silice qu'on pourra recueillir sur un filtre. Quant à la séparation des autres bases, on doit s'y prendre comme nous le verrons tout à l'heure.

Si l'on ne possédait pas de Potasse ou de Soude caustiques de la pureté desquelles on fût certain, on pourrait employer, pour les remplacer, les sous-carbonates de soude ou de potasse qui, vu l'influence de la silice aidée par la chaleur, auraient bientôt perdu l'acide carbonique qu'ils contiennent.

On opérera alors dans un creuset de platine et à une haute température que l'on maintiendra assez longtemps pour que la décomposition soit complète et la fusion tranquille.

On devra néanmoins éviter d'élever la chaleur trop brusquement afin de laisser à l'acide carbonique le temps de se dégager sans causer de boursoufflement assez fort pour faire jaillir la matière hors du creuset.

Ce moyen d'analyser des Silicates ne peut amener à des résultat s exacts que pour autant que la pierre ne contienne pas de Potasse dans sa composition, car alors sa proportion serait confondue avec celle employée pour l'expérience et l'on aurait une perte. Dans ce cas, on pourrait analyser la pierre au moyen de l'acide hydrofluorique par le procédé de Mr Laurent, (Voyez annale de chimie et de physiques, tome LVIII, page 428) que les bornes de cet ouvrage ne nous permettent pas d'indiquer avec détail.

Séparation de la Silice. En faisant évaporer, comme nous venons de le dire, la solution de la matière dans l'acide hydrochlorique, on a pour but, outre la volatilisation de l'excès d'acide hydrochlorique, la séparation de la Silice qui s'y trouve dissoute.

En traitant ensuite le résidu de l'évaporation par l'eau, on dissout les chlorures métalliques, et la Silice seule reste insoluble ; on filtre, on lave, on sèche, on calcine et on pèse.

Baryte et Strontiane. On fait passer dans la liqueur un courant d'acide hydrofluosilicique qui donne lieu, avec la baryte, à un précipité blanc cristallin. On filtre, et la liqueur filtrée réunie aux eaux de lavage, contient la Strontiane, et le peu de Baryte que l'acide n'a pas précipité. Pour séparer ces terres, on verse dans le liquide une solution d'acide sulfurique assez étendue pour ne pas précipiter les sels de Strontiane, et l'on obtient la Baryte. On filtre et on ajoute de l'acide sulfurique concentré qui précipite la Strontiane; on sèche, on calcine, et on pèse.

M^r II. Rose indique la méthode suivante : il traite la liqueur qui contient la Baryte et la Strontiane par une solution de Cyanure double de potassium et de fer qui précipite la Baryte sans agir sur la Strontiane.

Mr Marchand a reproduit le procédé indiqué par Mr Smith, procédé qui consiste à verser dans le liquide qui contient les deux terres, une solution de Chrômate neutre de potasse. Il se précipite des Chrômates de baryte et de strontiane que l'on sépare par des lavages nombreux et abondants. Le Chrômate de strontiane est soluble sous une grande quantité d'eau, tandis que le Chrômate de baryte est complètement insoluble. Le seul reproche que l'on puisse adresser à cette méthode, c'est que l'énorme quantité d'eau dont elle exige l'emploi, la rend très longue et très gênante.

Baryte et Chaux. On verse dans la liqueur plus d'acide sulfurique qu'il n'en faut pour précipiter les deux bases. La Baryte donne un sulfate insoluble et la Chaux un sulfate soluble dans l'eau par l'excès d'acide. Le sel de baryte reçu sur le filtre est lavé et pesé. Le Sulfate de chaux s'obtient par l'évaporation. On le calcine, et on pèse le sulfate neutre.

Strontiane et Chaux. Elles sont amenées à l'état de Nitrates, puis on évapore afin d'obtenir le mélange solide de ces deux sels. Pour les séparer, on les traite par l'alcool très concentré ou absolu; le Nitrate de chaux se dissout très bien.

Magnésie et Chaux. On les dissout dans l'acide hydrochlorique, on ajoute ensuite de l'Hydrochlorate d'ammoniaque et on traite la liqueur par l'Oxalate d'ammoniaque; on obtient de l'Oxalate de chaux exempt de magnésie; la Chaux étant bien séparée, on verse dans la liqueur filtrée une solution de Phosphate d'ammoniaque qui précipite la Magnésie à l'état de Phosphate ammoniaco-magnésien.

Autre moyen : on verse dans la liqueur qui contient les deux bases assez d'acide sulfurique pour en faire des Sulfates. Le liquide est alors évaporé et les deux sels sont amenés à l'état solide ; on les met ensuite sur un filtre et on les lave avec de l'eau saturée de sulfate de chaux. De cette manière le Sulfate de chaux est insoluble tandis que le Sulfate de magnésie se dissout très bien dans la liqueur. Ce procédé permet une séparation très exacte.

3me moyen. M. Dobeireiner a indiqué le procédé suivant: on dissout les deux terres dans l'acide hydrochlorique, on évapore la dissolution jusqu'à siccité, et l'on chauffe la masse saline dans une capsule de platine, tant qu'il ne s'en dégage plus d'acide hydrochlorique. On chauffe de nouveau jusqu'au rouge naissant, et on y ajoute, peu à peu, du Chlorate de potasse, tant qu'il se dégage du Chlore ; après quoi il ne reste plus qu'un mélange de Magnésie, de Chlorure de calcium et de Chlorure de potassium, d'où l'on sépare la Magnésie au moyen de l'eau.

4me moyen. Il consiste à dissoudre le mélange dans l'acide hydrochlorique et à verser ensuite dans la liqueur de l'acide sulfurique, puis de l'alcool en quantité suffisante pour que le liquide ait le degré d'un esprit faible. Le Sulfate de chaux qui s'est produit étant insoluble dans l'alcool, se précipite tandis que le Sulfate de magnésie reste dissous. On jette alors le tout sur un filtre et on sépare le Sulfate de chaux. La liqueur qui est passée au travers du filtre est chauffée doucement afin de volatiliser l'alcool, après quoi on précipite la magnésie par un réactif convenable.

Alumine et Glucine. On verse dans la liqueur une solution de Carbonate d'ammoniaque en excès qui précipite l'Alumine en retenant le Carbonate de glucine.

Le Carbonate d'alumine sera lavé et calciné. Quant à la liqueur contenant le Carbonate de glucine, on la portera à l'ébullition qui, en faisant volatiliser le Carbonate d'ammoniaque en excès, fera déposer celui de glucine, que l'on filtrera, séchera, et calcinera.

Magnésie et Alumine. Plusieurs procédés s'offrent :

1° On dissoudra le mélange dans l'acide acétique et on chauffera ensuite. L'Acétate d'alumine se décomposera entièrement, et la masse sera alors traitée par l'eau qui dissoudra l'Acétate de magnésie en laissant l'Alumine insoluble.

2° On traitera la dissolution par l'Hydrogène sulfuré qui précipitera l'Alumine.

On pourrait encore faire usage des solutions de potasse, de soude, mais l'affinité de l'Alumine pour la Magnésie exclurait la possibilité d'une séparation complète.

On peut aussi séparer l'Alumine de la Magnésie d'une autre manière, lorsqu'elles sont dissoutes dans l'acide hydrochlorique. Pour cela, on verse dans la liqueur assez d'Hydrochlorate d'ammoniaque pour que la Magnésie ne puisse être précipitée par l'Ammoniaque pure; puis on précipite l'Alumine par cet alcali.

Si le liquide était acide, il serait inutile d'ajouter de l'hydrochlorate d'ammoniaque, car, dans ce cas, l'addition de l'ammoniaque pure, en saturant l'acide, produirait une quantité suffisante d'hydrochlorate pour maintenir la magnésie dissoute. L'alumine qui se précipite, est jetée sur un filtre et lavée, mais elle retient toujours un peu de magnésie dont on peut la séparer en la traitant par une solution de potasse pure.

Pour effectuer cette séparation, on met dans un verre le filtre sur lequel se trouve l'alumine précipitée, et on le traite par l'acide hydrochlorique, en ayant soin de ne pas ajouter un grand excès de ce dernier; on mêle alors à la solution hydrochlorique une solution de potasse dont on laisse un assez grand excès. En chauffant dans une capsule de platine, l'alumine se dissout dans la solution de potasse, et la magnésie reste insoluble; on décante la liqueur, on jette la magnésie sur un filtre, on la lave, puis on la traite par l'acide hydrochlorique qui la dissout. On ajoute cette solution au liquide primitif qui contient le reste de la magnésie, et on précipite celle-ci par le Carbonate de potasse qui donne lieu à la formation d'un Carbonate de magnésie.

Comme ce sel est excessivement peu soluble dans l'eau chaude, on le lave avec celle-ci, puis on le sèche, et enfin on le calcine; on obtient de la magnésie dont on prend le poids.

Potasse et Soude. Il y a deux moyens :

1° On emploie le Chlorure de platine, qui précipite la potasse à l'état de chlorure double.

2° On traite le mélange par l'acide oxichlorique et ensuite par l'alcool, qui ne dissout que l'oxichlorate de soude.

Lorsque les deux alcalis se trouvent contenus dans un liquide à l'état de chlorures, on les sépare au moyen de l'Oxichlorate d'argent. Il se forme un précipité de Chlorure d'argent et des Oxichlorates de potasse et de soude. Le Chlorure d'argent se précipite et entraîne avec lui une assez forte proportion de l'Oxichlorate de potasse. Ce Chlorure d'argent est jeté sur un filtre et lavé avec de l'eau chaude pour dissoudre l'Oxichlorate de potasse. Si l'on voulait connaître la quantité de chlore avec laquelle les deux alcalis se trouvaient combinés, on la déduirait du poids du chlorure d'argent lavé. Le liquide est ensuite évaporé jusqu'à siccité, et la masse saline sèche est mise en contact avec de l'alcool concentré qui dissout l'Oxichlorate de soude et l'excès d'Oxichlorate d'argent primitivement ajouté. L'oxichlorate de potasse resté sans se dissoudre, est calciné et converti en Chlorure de potassium, duquel on déduit le poids de la Potasse existant dans la combinaison. Quant au mélange d'Oxichlorates d'argent et de soude, on évapore à siccité la liqueur qui les contient, et l'on traite ensuite la masse par l'eau après l'avoir fait rougir. L'eau ne dissoudra que le Chlorure de sodium, et laissera le Chlorure d'argent insoluble.

Si la Potasse et la Soude se trouvent à l'état de sulfate, on verse dans le liquide qui les contient, une solution d'Oxichlorate de baryte.

Il se forme du Sulfate de baryte et des Oxichlorates de potasse et de soude. On filtre pour séparer le Sulfate de baryte, qu'on lave à l'eau chaude, et on évapore la liqueur filtrée à siccité ; on obtient une masse saline d'oxichlorates de potasse et de soude retenant un excès d'oxichlorate de baryte. On traite cette masse par l'alcool, qui dissout les oxichlorates de soude et de baryte, et laisse sur le filtre l'oxichlorate de potasse insoluble dont on prend le poids de la potasse après l'avoir converti en Chlorure de potassium. La dissolution alcoolique des oxichlorates de baryte et de soude est évaporée à siccité, traitée par l'eau et ensuite par l'acide sulfurique.

Le sulfate de baryte est insoluble, et le sulfate de soude donne le poids de l'alcali.

On pourrait aussi faire usage de la différence de solubilité dans l'eau de certains sels de ces bases.

Fer et Manganèse. Ce moyen a été indiqué plus haut.

Baryte, Strontiane, Chaux et Magnésie. La baryte et la strontiane se sépareront absolument comme si elles seules constituaient le mélange. Quant à la chaux et à la magnésie qui resteront dans la liqueur, on pourra les séparer par les méthodes connues, ou bien par la méthode suivante :

On dissoudra le mélange des deux bases dans l'acide sulfurique et on ajoutera ensuite à la liqueur la quantité d'alcool nécessaire pour que cette liqueur ait la force de la bonne eau-de-vie ; le sulfate de chaux se déposera. La magnésie se précipitera par le phosphate d'ammoniaque.

ANALYSE DES ARGILES.

Ces matières ne contenant, dans la plupart des cas, que de l'Alumine, de la Silice, du Carbonate de chaux, de l'Oxide de fer et de l'eau, on conçoit qu'elles doivent être soumises à des moyens d'analyse analogues à ceux employés pour l'analyse des silicates et des pierres.

La silice se précipitera comme nous l'avons déjà vu, et, dans la dissolution acide, on versera de l'ammoniaque caustique qui donnera lieu à un précipité d'alumine et d'oxide de fer mélangés qu'on séparera ensuite de la manière suivante :

On prendra le mélange des deux oxides et on le traitera dans une capsule, par une solution chaude de potasse caustique en excès qui dissoudra l'alumine et laissera l'oxide de fer insoluble. Après quelques minutes d'ébullition, on retirera la capsule du feu, et quand la liqueur aura atteint uue chaleur de 30 à 40 degrés, on la filtrera et l'oxide de fer sera lavé jusqu'à ce qu'il ne donne plus aucun signe d'alcalinité ; alors il sera séché, calciné et pesé.

Quant à l'alumine dissoute par la potasse, on la précipitera de la solution alcaline en la saturant par un acide et en y ajoutant un excès de carbonate d'ammoniaque : l'alumine sera lavée, séchée et calcinée.

L'alumine et l'oxide de fer étant séparés, on versera dans la première liqueur une solution d'oxalate de potasse donnant lieu à un précipité blanc d'oxalate calcaire qui sera calciné pour reconnaître la quantité de chaux.

Pour reconnaître la quantité d'eau contenue dans une argile, on calcine celle-ci fortement et on note la perte en poids qu'elle éprouve. Pour ce qui est de l'acide carbonique qui se dégage aussi, on le calcule d'après la quantité de chaux contenue et on en déduit le poids de la perte totale produite par la calcination.

Cette marche, pour l'analyse des argiles, devrait être modifiée si l'argile contenait de la magnésie. Dans ce cas, on n'ajouterait à la liqueur primitive que la quantité d'ammoniaque nécessaire pour saturer le grand excès d'acide, et l'on précipiterait ensuite l'alumine et l'oxide de fer par l'hydrosulfate d'ammoniaque. De cette manière, il ne resterait dans la liqueur que la magnésie et la chaux, qu'on séparerait comme nous l'avons dit dans l'analyse des pierres.

ANALYSE DES COMBUSTIBLES EN GÉNÉRAL.

Nous n'entrerons dans aucun détail relativement à la nature géologique des houilles, non plus qu'aux diverses phases de leur formation; ce sont des considérations très importantes, sans doute, mais que le but et les bornes de cet ouvrage ne nous permettent pas d'aborder. Nous admettrons seulement, avec Berthier, les houilles divisées en trois catégories qui sont: 1° les *lignites* ou les houilles des terrains tertiaires; 2° les *houilles proprement dites*, appartenant aux terrains secondaires, arénacés ou calcaires; 3° l'*anthracite*, propre aux terrains de transition. De même ne dirons-nous rien en particulier du bois, du charbon de bois, de la tourbe, de l'anthracite, etc.

Depuis quelques années on commence à apprécier jusqu'à quel point il peut être utile de procéder à l'analyse des combustibles; aussi, bon nombre de chimistes distingués s'en sont-ils occupés d'une manière sérieuse. Parmi eux, on doit placer au premier rang M. Berthier, à l'excellent ouvrage duquel nous emprunterons en grande partie ce qui suit.

L'analyse des combustibles peut s'effectuer par deux méthodes essentiellement différentes, tant par la façon d'opérer que par les résultats que l'on cherche à obtenir. L'une a pour but de déterminer les proportions relatives des éléments qui les composent, tandis que l'autre se borne à rechercher la nature des produits qui résultent de leur distillation ou de leur carbonisation. Il est facile de voir, d'après cela, que la seconde méthode, l'analyse immédiate, est infiniment plus propre que la première à fournir aux industriels des données susceptibles de les guider.

En effet, l'analyse médiate indiquerait souvent, dans la composition élémentaire des combustibles, des différences trop peu sensibles pour rendre suffisamment compte des manières opposées dont ils se comporteraient dans la pratique ; aussi cette méthode est-elle presque totalement abandonnée par les docimasistes.

Avant de se livrer à l'analyse immédiate proprement dite d'un combustible, il est nécessaire de constater préalablement quelques unes de ses propriétés. D'abord, on doit apprécier la proportion d'eau hygrométrique qu'il contient, ce qui s'effectue en faisant dessécher un poids donné du combustible dans une étuve chauffée à 90 ou 100 degrés ; on pèse de temps en temps le combustible jusqu'à ce qu'après un séjour assez long dans l'étuve, il ne perde plus de son poids. La différence indique très approximativement la quantité d'eau contenue. Cette première note étant prise, on distille un petit fragment du combustible à analyser, afin de pouvoir être à peu près certain des produits que l'on obtiendra lors de l'analyse définitive. On brûle ensuite un fragment de la matière au contact de l'air, en notant avec soin les phénomènes qu'offre sa combustion ; enfin, Berthier conseille d'en traiter une petite portion en poudre très fine, par une solution bouillante de potasse caustique, pour savoir si celle-ci en peut dissoudre quelque chose. Ce dernier essai préliminaire est d'une importance fort médiocre, en raison des différences que peuvent occasionner le temps de l'ébullition, et la concentration de la solution alcaline.

L'appareil nécessaire à l'analyse immédiate proprement dite, est très simple et très facile à monter. Il se compose d'une petite cornue en verre dont le col est incliné et recourbé de telle façon que les matières volatiles puissent, en se condensant, se réunir sans perte. A l'extrémité du col de la cornue on adapte, au moyen d'un bouchon de liége, ou mieux d'un tuyau en caoutchou, un tube de verre de faible diamètre. Ce tube doit se rendre dans une éprouvette pleine de mercure et placée sur une cuvette.

Les différentes pièces composant l'appareil étant prêtes, on introduit dans la panse de la cornue, un poids donné du combustible, que l'on réduit en petits morceaux, en prenant bien garde, toutefois, qu'il n'en demeure pas une certaine quantité adhérente au parois du col ; dans ce cas, on les fait tomber dans la cornue au moyen d'une barbe de plume bien sèche, afin de ne pas en perdre la plus petite portion. Il est essentiel de noter qu'il ne faut introduire dans la cornue qu'une quantité de combustible telle qu'elle ne remplisse pas la cornue en augmentant de volume par l'action de la chaleur. L'appareil étant suffisamment maintenu, on chauffe peu à peu la panse de la cornue, et on la porte au rouge au moyen d'une lampe à alcool à double courant d'air. L'emploi d'une lampe est préférable à celui d'un feu de charbon, à cause de la facilité avec laquelle on peut graduer le feu, en évitant les abaissements de température qui résultent de l'addition du charbon froid, et qui peuvent entraîner la rupture de la cornue.

Après avoir poussé la chaleur jusqu'au point de ramollir le verre, on laisse refroidir complètement l'appareil, puis l'on mesure le volume des gaz contenus dans l'éprouvette après avoir nivelé le mercure. D'un autre côté, on coupe, au moyen d'une lime, la panse de la cornue, et l'on en retire le charbon qui constitue le résidu fixe de la distillation. Ce charbon doit être aussitôt pesé, afin d'éviter à la fois qu'il n'en perde, ou qu'il n'augmente de poids par l'absorption d'une certaine quantité d'eau.

Quant aux produits liquides, il est facile d'apprécier le

poids de ceux qui se sont rassemblés dans la courbure du col ;
et pour ceux qui sont restés adhérents aux parois, il n'est
possible de les doser qu'en prenant le poids total du tube qui
les contient ; puis en chauffant celui-ci au rouge jusqu'à ce
qu'il soit bien net, on a le poids des liquides par différence.

Si l'on voulait étudier séparément les différents liquides
qui se produisent pendant la distillation des combustibles
qu'on analyse, il faudrait les recueillir à part en employant,
comme récipients, de petits ballons en verre, et en fraction-
nant les produits. Dans tous les cas, il faut bien faire attention de n'introduire dans la cornue qu'une quantité de combustible telle que, la distillation faite, le charbon restant ne
remplisse pas entièrement le vase distillatoire. Cette considération, qui peut être inutile pour l'analyse du bois ou du
charbon, devient importante pour l'analyse des houilles qui,
pour la plupart, augmentent beaucoup de volume.

On pourrait croire, au premier abord, que le mode d'analyse que je viens d'indiquer est propre à donner exactement
la proportion de charbon que renferme le combustible,
mais il sera facile de concevoir que le chiffre ne pourra jamais être qu'approximatif, attendu la fusibilité du verre
qui ne permet pas de chauffer suffisamment la cornue. De
cette façon, une certaine quantité de matière volatile reste
unie au charbon et en augmente le poids. Il est donc préférable de faire un essai particulier pour déterminer le charbon.
Berthier conseille de calciner le combustible dans un creuset de platine revêtu de son couvercle et placé dans un autre
creuset un peu plus grand et également bouché, « *et, pour plus*
« *de précautions encore, on met quelques morceaux de char-*
« *bon autour du creuset intérieur, par dessus son couvercle.*
« *De cette manière, l'air extérieur qui parvient à s'introduire*
« *dans le grand creuset, se convertit en Acide Carbonique et*
« *ne peut, par conséquent, exercer aucune action sur le com-*
« *bustible soumis à la distillation.* » Je ne puis, à cet égard,

partager l'avis de M. Berthier, car, si, comme il l'admet, l'air peut pénétrer jusque dans le creuset intérieur, sa transformation préalable en acide carbonique ne l'empêchera nullement d'enlever une partie du Carbone ou charbon d'essai. Qui ne sait, en effet, que l'Acide carbonique est facilement décomposé par le charbon à la chaleur rouge, et que le résultat de cette décomposition est du gaz acide de carbone? Dès lors, au lieu de n'*exercer aucune action sur le combustible soumis à la distillation*, l'Acide carbonique lui enlevera encore la moitié du Carbone que lui aurait pris l'air atmosphérique.

Il serait préférable, selon moi, de remplir le second creuset, c'est-à-dire le creuset extérieur, de poussier de charbon. De cette façon, en admettant même que l'Acide carbonique formé par le contact de l'air avec la couche superficielle de charbon, puisse pénétrer plus profondément, il se décomposera en passant par les couches inférieures, et sera complètement décomposé avant d'être parvenu jusqu'au combustible placé dans le creuset inférieur. Pour ce qui est de calciner le combustible au milieu du sable, ou du poussier de charbon, ce conseil ne peut être suivi que dans un très petit nombre de cas, et n'est jamais propre à donner à l'analyse toute l'exactitude qu'elle réclame.

Je ne ferai qu'énoncer le procédé de Kirwan qui déterminait la proportion de Carbone contenue dans un combustible, d'après la quantité dece dernier, nécessaire pour décomposer 50 grammes de Nitrate de potasse en fusion. Kirman se basait sur l'observation qu'il avait faite que le charbon de bois décomposait dix fois son poids de Nitrate de potasse.

Il est quelquefois nécessaire de connaître la proportion des cendres contenues dans un combustible. Cette opération s'effectue aisément en brûlant à l'air un poids donné du combustible dans une capsule en platine, ou même dans un têt en terre bien vernissé. Il faut prendre garde de ne pas agiter les cendres pour ne pas en perdre ; cependant on doit en renouveller les surfaces au moyen d'une spatule, afin de brûler les dernières portions de carbone.

Tels sont les préceptes généraux que l'on doit observer dans l'analyse des combustibles. Ils sont particulièrement applicables à l'analyse immédiate des houilles. Les bornes de cet ouvrage ne nous permettent pas d'entrer dans des détails relatifs à chaque espèce de combustible.

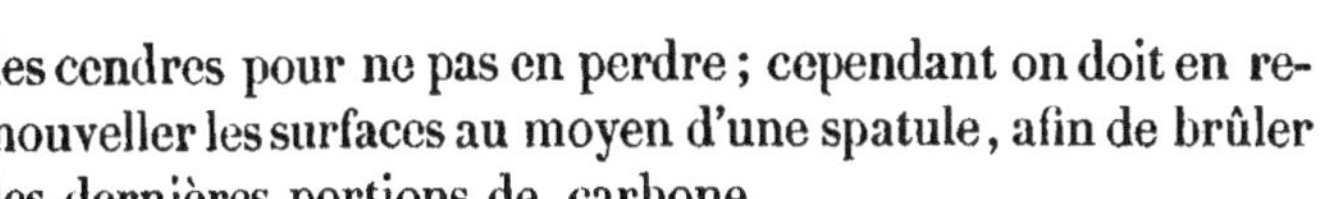

ANALYSE DES MATIÈRES

FERRIFÈRES.

1.° ANALYSE DES COMPOSÉS BINAIRES ET DES SELS.

Les matières ferrifères étant, pour notre pays, celles qu'on est le plus souvent dans le cas de devoir analyser, et dont il est toujours le plus essentiel de pouvoir déterminer exactement la composition, nous donnerons à cette partie plus d'extension qu'aux autres.

Quand les matières qu'on doit analyser sont des Oxides purs, il est extrêmement facile d'en connaître la composition et l'on peut, pour cela, avoir recours à leur réduction par le gaz hydrogène. Si, au contraire, la matière se trouvait être un mélange de Protoxide et de Peroxide de fer, et que l'on voulût connaître la quantité pour laquelle chacun de ces Oxides entre dans la combinaison, il faudrait suivre une marche particulière.

Jadis, et même encore de nos jours, les métallurgistes, après avoir pris le poids du mélange des deux oxides, le traitent par l'Acide chloro-nitreux afin de faire passer le protoxide de fer à l'état de peroxide. Ils précipitent ensuite ce dernier au moyen de l'Ammoniaque caustique et après avoir séché le précipité, ils jugent, par l'augmentation du poids, de la quantité de protoxide, car cette augmentation représente la proportion d'Oxigène absorbée. Cette méthode, au premier abord, paraît bonne, mais elle est vicieuse en ce sens qu'une erreur très légère dans l'augmentation de poids (supposons-la de 2 unités), en entraînera une de 18 unités dans l'appréciation de la quantité de protoxide de fer contenue dans le mélange.

La méthode la plus exacte, peut-être, est celle de M. Henri Rose. Il pulvérise la matière à moins qu'elle ne soit très facilement attaquable par les acides, dans lequel cas, il ne fait que le réduire en petits morceaux. Il l'introduit ensuite dans un flacon de forte dimension, bouché à l'émeri, dans lequel il a remplacé l'air par de l'Acide carbonique. Lorsque le flacon est rempli de cet acide, il y introduit le plus vite possible de l'Acide hydrochlorique en quantité suffisante pour opérer la dissolution de la matière ; le bouche, le renverse, et en plonge le goulot dans l'eau afin d'empêcher l'entrée de l'air extérieur. Pendant que la dissolution s'opère, on sature une certaine quantité d'eau d'Acide hydrosulfurique et l'on verse rapidement cette eau sulfureuse qui doit être parfaitement claire, dans le flacon que l'on bouche ensuite hermétiquement. Après quelques jours de contact, le liquide, qui était devenu laiteux, dépose du Soufre si la matière analysée contenait du Peroxide de fer ; dans le cas contraire le dépôt de soufre n'aurait pas lieu. On décante rapidement le Soufre et on le rassemble sur un petit filtre dont on a d'abord pris exactement le poids ; on lave, on sèche, on pèse, puis on brûle le dépôt, afin d'apprécier la petite quantité de matières fixes qui pourraient être mêlées au Soufre. Le poids de ces matières doit être soustrait de celui du Soufre qui permet facilement de connaître la proportion d'Oxigène du Peroxide de fer qui s'est unie avec l'Hydrogène de l'Acide hydro-sulfurique pour former de l'eau et du Protoxide de fer. On établit alors la proportion suivante : *la quantité de Peroxide de fer existant dans la combinaison, est à celle du Soufre que l'on obtient, comme le poids atomique du premier est au poids atomique du second.*

Berzélius emploie une autre méthode également très exacte : il introduit la matière à analyser dans un flacon contenant une quantité d'Acide hydrochlorique suffisante pour la dissoudre, et dans lequel on a préalablement remplacé l'air par une atmosphère d'acide carbonique. Il met ensuite dans le flacon une quantité d'argent métallique en poudre dont le poids est bien connu, et il achève de le remplir avec de l'eau distillée ou récemment bouillie, puis il le ferme hermétiquement et en porte la température à une chaleur voisine de 100 ·C., tout en le remuant souvent. Le Bi-chlorure de fer se trouve réduit par le contact de l'Argent en Protochlorure, et ce métal passe ainsi, en partie, à l'état de Chlorure d'argent. Après vingt-quatre heures environ de contact, on décante, on filtre, on lave, on fait sécher et l'augmentation de poids acquise par l'Argent représente la quantité de Chlore qu'il a dû absorber pour opérer la transformation du bi-chlorure de fer en protochlorure. *Cette quantité de Chlore est à celle du Peroxide de fer existant dans la combinaison, comme le poids d'un double atome de chlore est au poids d'un simple atome de peroxide de fer.*

Quant à la manière de déterminer la quantité de protoxide de fer, on doit opérer comme on vient de le dire. Seulement, une fois la dissolution dans l'Acide hydrochlorique terminée, et le flacon rempli d'Acide carbonique, on y introduit une solution de Chlorure double d'or et de potassium. Si la matière contient du Protoxide de fer, celui-ci décomposera le Chlorure double dont il précipitera l'Or réduit à l'état métallique, et absorbera de l'Oxigène pour passer à l'état de peroxide de fer. Lorsque toute action sera terminée, on décantera la liqueur et on recevra sur un filtre tout l'or métallique dont on prendra exactement le poids. On dissoudra ensuite cet or dans l'eau régale afin de le séparer d'une petite quantité de matières étrangères insolubles qui pourraient s'y trouver mêlées : *La quantité de Protoxide de fer existant dans la substance à analyser est à la quantité de l'Or obtenu, comme le poids atomique du protoxide de fer est à celui de l'or.*

M. Fuchs a indiqué une méthode pour déterminer le rapport de l'Oxide de fer à l'Oxidule, lorsqu'ils existent tous deux dans le même composé. Pour cela, il y a deux expériences à faire : elles sont basées sur la propriété qu'a le Cuivre d'être inattaquable par l'Acide hydrochlorique à l'abri du contact de l'air, tandis qu'il se dissout dans cet acide en présence de l'Oxide de fer, faisant passer celui-ci à l'état d'oxidule en s'oxidulant lui-même.

Pour déterminer d'abord la proportion de l'oxide de fer, on dissout la substance dans l'Acide hydrochlorique, et quand la dissolution est complète, on y met une certaine quantité de Cuivre pur ; pesé exatement on fait bouillir la liqueur jusqu'à ce qu'il ne se dissolve plus de cuivre et ensuite on la décante. On lave bien à l'eau distillée le cuivre qui ne s'est pas dissous, puis on le sèche et on en prend le poids. Il sera facile de calculer la quantité d'oxide de fer d'après le poids du cuivre dissous.

Pour déterminer la proportion de l'Oxidule de fer, on dissout aussi le composé dans l'Acide hydrochlorique et on fait ensuite passer tout l'oxidule à l'état d'oxide au moyen du Chlore avec du Chlorate de potasse cristallisé. On opère comme nous venons de l'indiquer, et l'on dose ainsi la totalité de l'oxide. On retranche du poids que l'on obtient, le poids de l'oxide réel obtenu dans la première expérience, et il reste le poids de l'oxide provenant de l'oxigénation de l'oxidule.

Le Cuivre qu'on emploie doit être bien pur, et pour cela on le prépare en précipitant le Sulfate de cuivre par une lame de fer. On fond le cuivre ainsi obtenu, on le lamine, et on le fait bouillir avec de l'Acide hydrochlorique, afin d'enlever le peu d'oxide qui peut exister à sa surface.

L'Acide hydrochlorique doit être parfaitement pur et employé en excès. Pour éviter l'action de l'air, on doit opérer dans un ballon à long col. La fin de l'opération est indiquée par la couleur vert-jaunâtre pâle que prend la liqueur.

La présence de l'Acide arsénique peut seule s'opposer à l'emploi de ce procédé, en formant sur le cuivre de petites écailles d'arséniure de cuivre.

Quand les substances dans lesquelles on soupçonne l'existance de protoxide et de peroxide de fer mélangés ne sont pas solubles dans l'Acide hydrochlorique, les méthodes ci-dessus indiquées ne peuvent pas être employées et l'on conserve un doute que nulle expérience concluante ne peut lever.

Dans les cas ou l'on veut simplement connaître la quantité de Fer que pourrait rendre une matière quelconque, une marche aussi minutieuse que celle qui précède est inutile, car, à part les cas prérappelés, le fer, dans toutes les analyses, *se dose à l'état de peroxide calciné*, seule combinaison de ce métal assez fixe pour qu'on puisse être certain de sa composition et assez facile à obtenir et à séparer pour qu'on puisse ne pas craindre d'en perdre. On doit veiller à ce que, pendant la calcination indispensable pour faire perdre son eau au peroxide de fer, il ne se trouve pas en contact avec une matière réductive susceptible de le faire passer à l'état de protoxide. Il serait au reste facile de s'en apercevoir à la couleur noirâtre qu'il acquerrait, ainsi qu'à la propriété qu'il aurait d'être attirable à l'aimant. Si semblable chose arrive, on humecte l'oxide avec quelques gouttes d'Acide nitrique et l'on chauffe au rouge jusqu'à ce qu'il ne se dégage plus de vapeurs et que la matière ait repris sa couleur rouge.

Lorsque le peroxide de fer se trouve dissous dans un acide, on peut l'en séparer en le précipitant au moyen d'un Carbonate alcalin ou d'un Alcali, surtout de l'Ammoniaque ou de son Carbonate : l'Hydrate de peroxide de fer que l'on obtient est séché et puis calciné dans un creuset de platine ou de porcélaine.

Le peroxide anhydre est composé de : Fer   69 34.

Oxigène   30 66.

———

100 00.

Supposons que l'on doive faire l'analyse du *bi-chlorure de fer* ; on commence par ajouter à la solution de ce corps un excès d'Ammoniaque, et la quantité de Fer étant connue par la méthode précédente, on sature la liqueur et les eaux de lavage par l'Acide nitrique qui neutralise l'excès d'ammoniaque, et l'on y verse une solution de Nitrate d'argent en excès qui donne lieu à un précipité de Chlorure d'argent du poids duquel on déduit facilement celui du Chlore existant en combinaison avec le fer puisqu'on sait que le Chlorure d'argent est composé de :   Argent   75 33

Chlore   24 67

———

100 00

Si l'on devait analyser le *protochlorure de fer* on pourrait, ou bien précipiter le Fer à l'état de Protosulfure par l'hy-

drosulfate d'ammoniaque et transformer ensuite ce proto-
sulfure en peroxide par l'Acide nitrique et la calcination, ou
bien changer d'abord le Protochlorure de fer en Bi-chlorure
par l'Acide nitrique, et précipiter le métal par l'Ammoniaque
à l'état de Peroxide. Le poids du Chlore se prendrait comme
précédemment.

On devra se comporter de même pour toutes les combinaisons solubles du Fer avec les métalloïdes.

L'analyse des *Sulfures de fer* à l'état de pureté ne s'effectue
jamais, puisque leur composition exacte est connue *(voir les
tables de formules placées à la fin de l'ouvrage)*; mais quand
une matière ferrugineuse contient une quantité de Soufre
qui n'est pas définie, ou bien quand le Sulfure se trouve enveloppé dans des substances étrangères dont on ne peut apprécier la quantité relative, on est forcé d'avoir recours
à l'analyse. Pour cela, on traite ordinairement la combinaison par l'Acide nitrique ou par l'Eau régale étendue; le Soufre
et le métal avec lequel il est uni s'oxident, et le premier passe
à l'état d'Acide sulfurique qui reste dans la dissolution.

Il faut en général une proportion considérable d'Acide nitrique ou d'Eau régale, et surtout l'exposition à la chaleur
longtemps continuée, pour que tout le Soufre soit acidifié.
Souvent même ces deux conditions sont insuffisantes, et l'on
trouve au fond du vase un dépôt de Soufre pulvérulent ou
grumeleux. En opérant avec précaution, l'analyse ne sera
pas moins exacte. On étend la liqueur d'une certaine quantité d'eau afin de faciliter la précipitation du Soufre, que
l'on recueille sur un filtre, qu'on lave avec soin, que l'on
sèche jusqu'a ce qu'il ne perde plus rien de son poids, et
qu'on brûle ensuite afin de savoir s'il ne retenait pas une
certaine quantité de matières fixes dont le poids sera soustrait du sien. Alors il existe encore une partie du Soufre dans
la liqueur à l'état d'Acide sulfurique; on l'en sépare au moyen
d'une solution concentrée de Chlorure de barium; il se

forme du Sulfate de baryte qu'il faut recueillir, laver, sécher, peser et par lequel on connaît le poids du Soufre qui a été acidifié, puisque le Sulfate de baryte est composé de :

$$\begin{array}{lr} \text{Baryte} & 65\ 63 \\ \text{Acide sulfurique} & 34\ 37 \\ \hline & 100\ 00 \end{array}$$

Il peut arriver que la matière à analyser ne soit que très peu attaquable par les acides, et, dans ce cas, on le concevra sans peine, elle ne se dissoudra qu'en partie et pourra donner lieu à de graves erreurs. Il faut alors avoir recours à l'Acide nitrique fumant ou bien à de l'Eau régale concentrée et très chaude; car il pourrait s'opérer, si l'on employait un acide étendu et si l'on travaillait à froid, un dégagement d'Acide hydrosulfurique résultant de la décomposition de l'eau, et quelque faible qu'il fût, il donnerait lieu à une perte assez notable de Soufre.

Dans les premiers moments de sa précipitation, le Soufre est d'une couleur grise, mais au bout d'un certain temps, cette teinte disparaît et fait place à une couleur jaune pure. C'est seulement alors qu'il faut filtrer la liqueur pour recueillir le Soufre et en prendre le poids. Ce Soufre est presque toujours mélangé d'une petite quantité de Sulfure qui s'est précipité avec lui et qui, lorsqu'on le chauffe au contact de l'air, absorbe un peu d'oxigène et passe à l'état de Sous-sulfate. Lorsque la température s'élève, ce sous-sel se décompose, perd son Acide sulfurique qui se dégage en même temps que le Soufre libre et laisse pour résidu fixe, une certaine quantité d'oxide. Connaissant la composition des Oxides de fer, il est facile d'apprécier la quantité de métal que ce résidu d'Oxide représente, et par conséquent de connaître (voir les tables de formules) le poids du Soufre qui était combiné avec lui pour constituer le Sulfure. En ajoutant ce poids à celui du Soufre qui s'est brûlé et à celui qui représente le Sulfate de baryte qui se forme dans la liqueur filtrée , on a le poids total du Soufre contenu dans la matière analysée.

On pourrait encore analyser certains Sulfures de fer en les traitant, comme nous le verrons à l'analyse des fontes, par l'Acide sulfurique faible ou par l'Acide hydrochlorique, et donner lieu ainsi à un dégagement d'Hydrogène sulfuré que l'on recevrait dans des flacons contenant une solution aqueuse d'Acétate de plomb un peu acide ; on calculerait le poids du Soufre d'après celui du Sulfure de plomb (voir les tables de formules). Cette méthode qui appartient à Karsten, peut donner lieu à des erreurs graves dans plusieurs cas.

L'analyse d'un *Sulfate de fer* se fait très facilement. Si c'est un sulfate de protoxide on le fait passer à l'état de sulfate de peroxide au moyen de l'Acide nitrique et l'on agit ensuite comme nous l'avons vu précédemment.

Si l'on devait analyser un sous-sulfate insoluble de peroxide de fer il suffirait de le faire bouillir avec une solution de Carbonate de soude qui le transformerait en carbonate de fer insoluble ; on laverait et on calcinerait celui-ci pour le faire passer à l'état de Peroxide de fer pur qui donnerait le poids du métal. Quant à l'Acide sulfurique , on le trouverait combiné avec la Soude dans la liqueur.

On sera rarement dans le cas de devoir analyser des *Sulfites* ou des *Hyposulfites de fer*. Si cependant cela se présentait , on effectuerait cette opération d'une manière très simple. En effet, il suffirait de faire passer dans la solution du sel un courant de Chlore gazeux qui transformerait l'Oxide de fer en Peroxide et les Acides sulfureux et hyposulfureux en Acide sulfurique ; on agirait après comme nous l'avons déjà dit.

L'analyse du Phosphate et de l'Arséniate de protoxide de fer ne peut s'effectuer d'après la méthode précédente, attendu que ces sels solubles sans altération dans les acides , en sont

précipités de même par les Alcalis. Il faut donc suivre une
autre marche. On pulvérise la matière et on la met en digestion avec une solution concentrée d'Hydrosulfate d'ammoniaque. Lorsque le contact a duré pendant un jour, tout
le Fer se trouve transformé en Sulfure que l'on reçoit sur un
filtre, qu'on lave avec de l'eau tenant en solution un peu
d'Hydrosulfate d'ammoniaque et que l'on convertit ensuite
en Sulfate par l'Acide chloro–nitreux (eau régale) pour l'a-
nalyser comme nous l'avons dit.

Si c'est un *Phosphate* qui a été soumis à l'analyse, l'Acide
phosphorique est mis à nu et reste dans la liqueur filtrée;
mais comme celle-ci retient un excès d'Hydrosulfate d'ammoniaque, on y ajoute de l'Acide nitrique pour dégager
l'Hydrogène sulfuré. La liqueur étant saturée, on précipite
l'Acide phosphorique par une solution d'Acétate de plomb
qui donne lieu à un dépôt de Phosphate de plomb. Ce dernier sel donne le poids de l'Acide phosphorique (voir les
tables de formules).

Si c'est un *Arséniate* qu'on analyse, l'Acide arsénique passe
par le contact de l'Hydrosulfate d'ammoniaque, à l'état de
Sulfure d'arsenic qui reste dissous dans l'excès d'hydrosulfate.
La liqueur étant filtrée, on précipite le Sulfure d'arsenic par
l'Acide hydrochlorique, on l'acidifie par l'Acide nitrique, et
l'on précipite l'Acide arsénique qui se forme par un sel de
plomb.

L'Arséniate de plomb donne le poids de l'acide (voir les
tables de formules).

Quant aux *Phosphures et Arséniures de fer*, on les convertit
en Phosphates et en Arséniates de fer, au moyen de l'Acide
nitrique ou de l'eau régale et l'on procède ensuite comme
nous venons de le dire.

2.° Analyse de la fonte, du fer et de l'acier.

Les usages nombreux que ces trois espèces de fer ont dans le commerce, et l'importance de leurs propriétés, que tant de circonstances peuvent faire varier, rendent souvent indispensable la connaissance de leur composition exacte. Pour parvenir à connaître cette dernière, il faut ordinairement, vu la faible quantité de matières que l'on cherche, faire autant d'essais particuliers qu'il y a de substances à doser.

Pour déterminer le *Silicium*, on dissout le Fer, la Fonte ou l'Acier dans l'Eau régale et l'on évapore la liqueur jusqu'à siccité. Le résidu est mêlé avec quatre fois son poids de Carbonate de potasse ou de soude et chauffé au rouge dans un creuset de platine. La masse calcinée est dissoute dans l'Acide hydrochlorique, de nouveau évaporée à siccité, puis encore humectée avec de l'Acide hydrochlorique et traitée par l'eau qui dissout tout excepté la Silice que l'on reçoit sur un filtre, qu'on lave, que l'on calcine, que l'on pèse et par le poids de laquelle on connaît celui du *Silicium* (voir la table des formules).

Pour déterminer le *Soufre*, on ne pourrait pas faire usage de la méthode que nous avons indiquée dans l'analyse des Sulfures de fer, à cause de la petite quantité de Soufre qu'il serait très difficile de reconnaître avec les sels de baryte. On commence par réduire le métal en grains de la grosseur du millet et on en introduit un poids bien connu dans une petite cornue tubulée au bec de laquelle est adapté un tube de verre qui conduit dans un petite appareil de Woulf. Celui-ci est composé de deux ou trois flacons contenant une solution acide d'Acétate de plomb. L'appareil étant bien luté, on verse dans la cornue par la tubulure, la quantité d'Acide hydrochlorique pur que l'on suppose nécessaire pour dissoudre complètement le métal sur lequel on opère à froid ; on ferme hermétiquement la cornue et on abandonne l'opération à elle-même. La fonte exige dix à quinze jours pour se dissoudre; l'acier huit à dix, et le fer forgé trois à quatre seulement. Il se forme par la décomposition de l'Acide hydrochlorique une quantité d'Hydrogène sulfuré correspondant à la proportion de soufre qui existe dans le métal. Cet hydrogène, sulfuré en passant dans les flacons qui contiennent la solution d'Acétate de plomb, donne lieu à la production d'un précipité de Sulfure de plomb d'après lequel on juge du poids du Soufre combiné après l'avoir lavé successivement dans l'Acide acétique et dans l'eau pure.

Voyons maintenant si ce procédé est exempt d'erreur. Par cela même qu'il opère à froid, Karsten perd déjà une grande partie de la force d'action de l'Acide hydrochlorique; mais comme l'exactitude d'une analyse ne doit jamais faire l'objet d'une question de temps, cette circonstance ne serait pas un inconvénient s'il n'en existait pas d'autres. D'abord, ne serait-il pas possible qu'une certaine quantité du Soufre combiné au Fer échappât, à la faveur de son affinité pour ce métal, à l'action de l'Acide hydrochlorique dont une température élevée ne vient pas seconder l'influence? Si, maintenant, pour avoir la certitude d'une décomposition complète, nous employons la chaleur, quelque légère qu'elle soit, nous volatiserons nécessairement une partie d'acide hydrochlorique qui, en passant dans la solution acide d'Acétate de plomb, donnera lieu à un précipité de Chlorure de plomb qui se mélangera au Sulfure produit. J'ai même observé que la faible élévation de température occasionnée par le contact et l'action de l'acide sur le métal, suffit pour amener ce résultat. Voilà donc encore une cause d'erreur qui peut devenir très grave, si l'on ne tient pas un compte exact de la proportion de Chlorure de plomb mélangée.

Pour séparer le Chlorure du Sulfure de plomb, je ne connais que deux moyens, et encore me paraissent-ils chanceux. Le premier est basé sur la solubilité du Chlorure de plomb dans l'Acide hydrochlorique, solubilité qui n'est complète que pour autant que l'acide soit chaud ou concentré. Or, l'acide, dans l'un ou l'autre de ces deux états, se bornera-t-il à dissoudre le Chlorure de plomb sans exercer d'action sur le Sulfure ?

Évidemment non. Il y aura donc une certaine quantité de ce dernier qui se décomposera ; de là, perte dans le poids du Soufre. Si, au contraire, nous employons l'Acide hydrochlorique faible et froid, nous courons le risque de laisser subsister un peu de Chlorure, d'où il résultera un excès dans le poids du Sulfure.

Le second moyen est basé sur la solubilité du Chlorure de plomb dans l'Acide nitrique, en même temps que sur l'action de cet acide à l'égard du Sulfure qu'il transforme en Sulfate insoluble.

Cette méthode me parut, au premier abord, la plus propre à remplacer la précédente sans offrir les causes d'erreurs qui me font considérer cette dernière comme peu convenable à employer pour des analyses exactes, mais je ne tardai pas à m'apercevoir que l'Acide nitrique que l'on est toujours obligé d'ajouter en excès, dissolvait une petite quantité de Sulfate de plomb, et, en précipitant ce dernier par l'eau, je pouvais précipiter aussi une partie du Chlorure dissous.

Placé entre les écueils dont me menaçaient ces diverses méthodes, je me posai le problème suivant : *choisir une substance très sensible à l'action de l'Hydrogène sulfuré et qui permette de chauffer la cornue dans laquelle s'effectue l'opération, ou en d'autres termes, une matière dont le Chlorure et le Sulfure, quoique mélangés, soient exactement séparables.*

Le Nitrate d'argent me parut satisfaire à toute les conditions. Voici la manière dont je dispose l'appareil (planche

2, fig 2) : **A**, support maintenant trois éprouvettes A', A",
A'", aux-deux tiers remplies d'une solution de Nitrate un peu
acide d'argent. Ces éprouvettes communiquent entre elles
par les tubes recourbés B, B. Le tube B, est effilé à son extrémité afin qu'il existe continuellement une assez forte pression dans l'appareil qu'il termine. C, cornue dans laquelle
on introduit le fer que l'on veut analyser et d'où les gaz vont
se rendre dans les éprouvettes par le moyen du tube D,
renflé à son milieu en une boule qui sert à condenser une
partie de l'Acide hydrochlorique qui s'est vaporisée. E, tube
de sûreté servant à verser l'Acide hydrochlorique dans la
cornue. F, lampe de laboratoire servant à chauffer la cornue
C, et dont une des parties porte le flacon G qui communique
avec la cornue C par un tube H muni d'un robinet. J, ballon contenant de l'eau, de l'Acide sulfurique et du Zinc pour
dégager de l'Hydrogène qui passe par le tube L plein de Chlorure de calcium qui le dessèche, et ensuite dans le flacon G
qui contient de l'alcool, afin de dissoudre le Carbure odo-
rant qu'entraîne toujours l'Hydrogène. K, support à pied
sur le plateau duquel repose le ballon J.

Après avoir bien luté les diverses parties et avant d'introduire l'Acide hydrochlorique dans la cornue par le tube
de sûreté E, j'ouvre le robinet du tube H et je fais passer
dans tout l'appareil un courant de gaz hydrogène qui se
forme dans le ballon J, et qui ne doit arriver dans la cornue
qu'après avoir été bien desséché dans la tube L, et lavé dans
le flacon G. Il importe de ne choisir, pour obtenir cet Hydrogène, que du Zinc purifié et ne contenant pas la moindre
trace de Soufre ni d'Arsenic.

Quand l'Hydrogène a balayé tout l'appareil de l'air qu'il
renfermait, je ferme le robinet du tube H et j'introduis
l'Acide hydrochlorique par le tube E. J'abandonne, pendant
quelque temps, l'opération à elle-même, et, lorsque la première effervescence est terminée, lorsque l'action s'est ra-

lentic par la saturation partielle de l'acide, j'allume la lampe F et j'élève peu à peu la température de la cornue. Une partie de l'Acide hydrochlorique se vaporise et se rend avec l'Hydrogène sulfuré qui s'est formé dans les éprouvettes A', A'', A''', dans lesquelles il se précipite un mélange de Sulfure et de Chlorure d'argent.

Lorsque le métal est dissous et qu'il ne se manifeste plus aucun phénomène avec l'Acide hydrochlorique, on juge l'opération terminée; mais il reste encore dans l'appareil une certaine quantité de gaz dont la pression s'équilibre bientôt avec celle de l'atmosphère, et comme ce gaz pourrait être mélangé d'un peu d'Acide hydrosulfurique qui ne serait pas passé à travers la solution de Nitrate d'argent, j'ouvre de nouveau le robinet du tube H et je fais passer derechef un courant de gaz hydrogène, que je continue jusqu'à ce qu'il sorte par le tube effilé B'; de cette manière, je crois qu'il est impossible que la plus petite portion d'Hydrogène sulfuré puisse être perdue.

L'appareil étant déluté, je laisse déposer le mélange de Chlorure et de Sulfure d'argent, et je décante la solution surnageante. J'ajoute ensuite de l'eau récemment distillée, je laisse de nouveau se déposer le précipité, je décante, et ainsi de suite, jusqu'à ce que la liqueur n'ait plus la moindre saveur qui rappelle celles des dissolutions d'argent.

Alors je verse de l'Ammoniaque caustique sur le mélange de Chlorure et de Sulfure, et je l'abondonne à une digestion plus ou moins longue en ayant soin d'agiter de temps en temps, afin de favoriser la solution du Chlorure. D'un autre côté, je prends avec une balance de précision très sensible, le poids d'un filtre de papier joseph, et lorsque je suppose tout le Chlorure d'argent dissous, je verse le tout sur le filtre qui ne retient que le Sulfure d'argent que je lave de nouveau avec de l'Ammoniaque et que je pèse ensuite exactement. Le poids du Sulfure me donnera celui du Soufre contenu dans la variété de Fer analysée.

Le Sulfure d'argent est composé: Argent, 87 04.
Soufre, 12 96.

Pour déterminer le *Phosphore*, on traite le Fer par l'eau régale, qui fait passer le phosphore à l'état d'Acide phosphorique. La dissolution étant complète, on l'évapore avec précaution dans une capsule en porcelaine et l'on chauffe peu à peu jusqu'au rouge. Un peu de Chlorure de fer se volatilise et il reste dans la capsule un résidu brun rougeâtre. On prend exactement le poids de ce résidu, on le pulvérise et on le fond ensuite avec trois fois son poids de Carbonate de potasse dans un creuset de platine. La masse refroidie est dissoute dans l'eau bouillante, mais pour que cette solution soit complète, il faut que la fusion avec le Carbonate de potasse ait été parfaite, afin que la Potasse ait pu remplacer le Fer dans sa combinaison acide et en précipiter l'oxide totalement. Cet oxide étant très tenu, doit se déposer lentement et être reçu sur un filtre. La liqueur alcaline étant filtrée et bien claire, est saturée d'Acide hydrochlorique et évaporée ensuite à siccité.

On humecte la poudre qui en résulte avec un peu d'Acide hydrochlorique, afin que le Phosphate d'alumine puisse se dissoudre. L'on ajoute ensuite de l'eau, l'on filtre afin de séparer la Silice et l'on verse dans la liqueur de l'Ammoniaque caustique en excès qui détermine la précipitation du Sousphosphate d'alumine, si le Fer analysé contient de l'Aluminium. La liqueur ammoniacale saturée par l'Acide acétique qu'on ajoute en excès, est ensuite traitée par l'Acétate de plomb qui donne lieu à la formation d'un précipité de Phosphate de plomb dont la quantité donne le poids du Phosphore. (voir les tables de formules.)

Si l'on voulait déterminer le *Chrôme*, on se comporterait absolument de la même manière que pour le Phosphore, et l'on obtiendrait ce métal à l'état de Chrômate mélangé au Phosphate de plomb. Le précipité serait dissous dans l'Acide hydrochlorique concentré auquel on ajouterait, à peu après, trois fois son volume d'alcool. Il se formerait un Chlorure de plomb qu'on recueillerait sur un filtre et l'on ferait passer à travers la liqueur, un courant d'Hydrogène sulfuré qui achèverait de précipiter le plomb ; on filtrerait, on chaufferait pour dégager l'excès d'Acide hydrosulfurique, et on traiterait la liqueur refroidie par l'Ammoniaque qui précipiterait l'oxide vert de chrôme auquel l'alcool avait donné naissance ; la quantité de cet oxide donnerait la quantité de métal.

S'il existait de l'*Arsenic* dans le fer, il se précipiterait avec le plomb à l'état d'Arséniate qu'on séparerait du Phosphate de la manière suivante : on dissoudrait le précipité formé par l'addition de l'Acétate de plomb, dans l'Acide hydrochlorique et l'on ajouterait ensuite de l'Hydrosulfate d'ammoniaque qui précipiterait le plomb à l'état de Sulfure insoluble, tandis que le Sulfure d'arsenic resterait dissous dans l'excès d'Hydrosulfate d'ammoniaque dont on le précipiterait par un acide.

Le poids du Sulfure donnerait le poids de l'Arsenic métallique (voir les tables de formules).

Pour déterminer les *Terres* et l'*Oxide de titane*, on dissout le métal dans l'eau régale et, après avoir séparé le fer, on évapore la liqueur à siccité.

Le résidu charbonneux est brûlé sous le moufle d'un fourneau de coupelle et les cendres sont recueillies, mélangées avec du Carbonate de potasse, et ensuite mises en fusion dans un creuset de platine.

La masse qui reste après la calcination est traitée par l'eau bouillante, puis par l'Acide hydrochlorique, et la liqueur est ensuite évaporée et traitée de nouveau par l'eau qui ne laisse insoluble que la Silice. Après avoir filtré, on verse dans la solution de l'Ammoniaque caustique qui précipite l'Alumine et l'Oxide de titane. Pour séparer ces deux oxides, on les fait bouillir longtemps dans de l'eau fortement aiguisée d'Acide sulfurique qui précipite l'Acide titanique. L'Alumine se sépare ensuite par l'Ammoniaque. La Chaux s'obtiendrait en ajoutant à la liqueur de l'Oxalate d'ammoniaque en solution. Quant à la Baryte, on la séparerait par un Sulfate ou par du Carbonate de potasse à la température de l'ébullition.

Pour déterminer le *Manganèse*, on traite le métal à analyser par l'eau régale en élevant la chaleur jusqu'à 100°. Puis, Karsten prescrit de précipiter la liqueur très acide et ammenée à une très basse température, par de petites doses successives de Carbonate d'ammoniaque dissous dans l'eau. Ce procédé, quoiqu'on en dise, est sujet à erreur, et il me paraîtrait plus sûr de verser dans la liqueur portée à l'ébullition, de petites quantités d'Acide nitrique qui maintiendraient le fer au maximum d'oxidation, et de n'ajouter le Carbonate d'ammoniaque que pendant l'ébullition de la liqueur. On pourrait aussi employer le Succinate d'ammoniaque en dissolvant le métal dans l'Acide sulfurique et en maintenant le Fer à l'état de peroxide, faisant en sorte que la dissolution soit le moins acide que possible. On obtiendra un précipité de Succinate de fer, et on précipitera le Manganèse qui reste dans la liqueur par la Potasse caustique.

Pour déterminer le *Carbone*, différents moyens se présentent. Gay-Lussac, après avoir pulvérisé la Fonte, la mêle avec neuf ou dix fois son poids d'Oxide rouge de mercure. Le mélange est introduit dans un tube de porcelaine, placé dans un fourneau. A l'une des extrémités de ce tube, se trouve une petite cornue contenant du Chlorate de potasse et à l'autre un tube de verre qui conduit les gaz sous une chloche placée sur le Mercure et remplie de ce métal. Si l'on chauffe au rouge, l'Oxide de mercure se décomposera et enlevera, par son oxigène, le carbone de la fonte, et quand cette action est terminée, on chauffe la cornue contenant le Chlorate de potasse dont l'oxigène achève la décarburation de la Fonte. Les gaz contenus sous la chloche sont formés d'Oxigène en excès et d'Acide carbonique; on fixe ce dernier par la Baryte, la Chaux ou la Potasse, et l'on en déduit le poids du Carbone existant dans la fonte.

La méthode précédente, très exacte quant à la quantité absolue de Carbone, ne donne aucun renseignement sur la manière dont il est combiné, mais comme une analyse est rarement faite dans ce dernier but, nous n'entrerons pas dans des détails à ce sujet. Nous dirons seulement qu'en opérant avec beaucoup de précaution, on peut, au moyen des acides, séparer le Carbone sous différents états. Le Chlorure d'argent fondu, mis en contact avec les fers et l'eau, donne aussi lieu à un dégagement d'Hydrogène, à la réduction de l'Argent et à la précipitation du Carbone sous divers états, mais ce moyen ne paraît pas aussi exact qu'on l'aurait cru d'abord.

Il me reste à exposer une autre méthode indiquée par M. Regnault, et qui est susceptible de beaucoup d'exactitude. On effectue l'analyse sur 5 grammes de Fonte réduits en limaille ou pulvérisés, qu'on mélange le plus exactement possible avec 60 ou 80 grammes de Chrômate de plomb fondu.

Le tiers ou le quart de ce mélange est mis à part. On ajoute ensuite au reste 5 grammes de Chlorate de potasse de manière à ce que le mélange contienne assez d'Oxigène pour changer le Fer en peroxide. La matière est après introduite dans le tube de verre d'un appareil servant à l'analyse des matières organiques, dans lequel on met, en second lieu, la portion du mélange de Fonte et de Chrômate de plomb mise à part; on adapte au tube tout ce qui complète l'appareil de Liebig pour les analyses organiques.

Tout étant disposé, on chauffe d'abord la partie du tube renfermant le mélange sans Chlorate, on la porte au rouge et, peu à peu, on avance le feu en le poussant davantage, jusqu'à ce qu'il parvienne à la partie du tube contenant le

Chlorate de potasse. La Fonte, sous l'influence de la chaleur, est presque complètement oxidée par l'oxigène du Chlorate, et lorsque la température est plus élevée, le Chrômate de plomb, en se fondant, achève la combustion de la Fonte et du Carbone qu'elle contient.

Le gaz recueilli contient l'Acide carbonique qu'il est facile de fixer au moyen de la Potasse ou de la Baryte, afin d'obtenir un Carbonate insoluble dont la composition est connue, et du poids duquel on déduit celui du Carbone.

Cette méthode est applicable même pour les Fontes sulfureuses; tout le Soufre reste dans le tube à l'état de Sulfate de plomb.

Quant au contenu de *Plomb*, d'*Etain*, d'*Antimoine*, de *Cuivre*, d'*Argent*, etc., on peut les déterminer en suivant les règles que nous avons indiquées lors de l'analyse des alliages.

3° ANALYSES DES MINERAIS.

Les matières les plus diverses entrant dans la composition des minerais de fer, l'analyse de ceux-ci ne peut pas être indiquée d'une manière générale; l'on doit souvent faire plusieurs essais d'un même minerai avant de pouvoir déterminer les corps qui le constituent. Pour procéder avec le plus de méthode, nous supposerons d'avance que l'on connaît la composition du minerai, et nous le choisirons de la nature la plus ordinaire, c'est-à-dire formé de Silice, d'Alumine de Chaux, de Magnésie et d'Oxide de fer. Il peut arriver que le minerai soit attaquable par les acides et, dans ce cas, l'analyse devient plus facile.

On pulvérise le minerai, on pèse exactement la partie qu'on en veut analyser et on la fait bouillir dans l'Acide acétique qui dissout les différentes bases en formant des Acétates; on fait évaporer la liqueur jusqu'à siccité et cette évaporation suffit pour décomposer les Acétates d'alumine et de fer. Il ne reste donc que ceux de chaux et de magnésie que l'on dissout ensuite par l'eau et dont on précipite la Chaux par l'Oxalate d'ammoniaque et la Magnésie par l'Hydrate de potasse.

Le résidu de cette première opération est donc formé d'Oxide de fer, d'Alumine et de Silice qui n'a pas été dissoute. On traite le tout par l'Eau régale qui transforme en Chlorure le Fer et l'Aluminium et laisse la Silice insoluble. La dissolution des deux Chlorures étant filtrée, est traitée par un excès d'Ammoniaque caustique qui précipite le Peroxide de fer et l'Alumine; ces deux oxides étant bien lavés, sont bouillis avec une solution de Potasse caustique qui dissout l'Alumine, sans exercer d'action sur le Peroxide de fer. On décante plusieurs fois en ajoutant de l'eau, et l'on recueille l'Oxide de fer sur un filtre. Quant à l'Alumine qui est tenue en solution par la Potasse, on la précipite au moyen de l'Ammoniaque après avoir saturé la liqueur par l'Acide hydrochlorique. On reçoit l'Alumine sur un filtre, on la lave très longtemps, afin qu'elle soit bien pure, et on brûle ensuite le filtre pour peser l'Alumine calcinée.

Le résidu de silice est formé de Silice en gelée et de Silice sablonneuse; la première était en combinaison dans le minerai tandis que la seconde n'était que melangée. On peut les séparer facilement en les traitant par la Potasse qui ne dissout que la première.

La méthode que nous venons d'indiquer est sans contredit très bonne dans le cas que nous avons choisi, mais il en est une foule d'autres auxquels elle ne serait pas applicable; c'est pourquoi nous conseillons d'en restreindre l'emploi et de préférer une marche qui convienne au plus grand nombre de minerais.

Cette méthode est là suivante : On commence par réduire le minerai en poudre et on le mélange ensuite avec cinq ou six fois son poids de Carbonate de soude bien pur. Le mélange est introduit dans un creuset de platine et chauffé pendant une heure et plus à une température susceptible d'amener sa fusion entière. La masse étant refroidie, on met, afin de ne rien perdre, le creuset dans une capsule et l'on verse dessus de l'eau fortement aiguisée d'Acide hydrochlorique distillé. Qnand la dissolution est complète, et que le creuset est bien nettoyé, on évapore la liqueur jusqu'à siccité, en ayant soin qu'aucune partie de la matière ne soit lancée au dehors. L'évaporation terminée, on arrose le résidu refroidi d'Acide hydrochlorique et on laisse le tout en repos quelque temps.

On ajoute ensuite de l'eau qui dissout le Chlorure et ne laisse insoluble que la Silice que l'on reçoit sur un filtre et qu'on lave. Le filtre est ensuite brûlé dans une petite capsule en platine, et l'on connaît la quantité de Silice en pesant le résidu et en défalquant de son poids celui des cendres produites par le filtre, poids qu'on a déterminé d'avance au moyen d'un filtre de même nature et de même pesanteur.

La liqueur filtrée est sur-saturée par une solution de Bi-carbonate d'ammoniaque qui précipite l'Alumine et le Peroxide de fer, qu'on reçoit sur un filtre et qu'on sépare après par la Potasse comme dans la méthode précédente. L'Oxide de manganèse qui pourrait exister dans le minerai se trouverait avec celui de fer dont il est possible de le séparer par plusieurs méthodes. La première consiste à dissoudre le précipité que l'on suppose contenir de l'Oxide de manganèse dans l'Acide hydrochlorique en maintenant le Fer dans la liqueur à l'état de peroxide au moyen de quelques gouttes d'Acide nitrique, et si l'on avait lieu de croire que le Manganèse fût aussi passé au maximum d'oxidation, on ajouterait un peu de sucre qui le ramenerait à l'état de protoxide.

On verse alors dans la liqueur, après l'avoir étendue de beaucoup d'eau, et en l'agitant constamment, du Carbonate d'ammoniaque jusqu'à ce que la saturation soit complète. Bientôt la liqueur se trouble et laisse déposer tout le Peroxide de fer hydraté qu'on recueille sur un filtre, qu'ensuite on doit laver, calciner et peser. Quant au Manganèse, on le précipite après par l'Hydrosulfate d'ammoniaque; il se forme du Sulfure hydraté qu'il faut laver et griller avec soin pour le transformer en Deutoxide dont on prend ensuite le poids.

Au lieu de ce procédé qui est très exact, on peut employer le suivant, qui est usité surtout en Allemagne. Il consiste à précipiter le Fer au moyen du Benzoate ou mieux du Succinate d'ammoniaque; mais pour que cette méthode réussisse bien, il importe que la liqueur soit dans un état de parfaite neutralité, condition sans laquelle on aurait une perte dépendante de la solubilité du Benzoate ou du Succinate de fer dans les acides.

Pour avoir la certitude de cette neutralité si essentielle, on commence par ajouter goutte à goutte et en agitant bien, de l'Ammoniaque caustique. D'abord l'excès d'acide qui peut exister sera saturé, et le Peroxide de fer étant une base plus faible que l'Oxide de manganèse, se précipitera le premier. On a soin de s'arrêter assez à temps pour ne pas précipiter les dernières portions de Peroxide de fer, car alors on entraînerait avec lui une certaine partie de l'Oxide de manganèse. La plus grande partie du Fer étant séparée, on filtre et on achève la précipitation au moyen du Benzoate, ou du Succinate d'ammoniaque en les ajoutant lentement et surtout sans excès.

Le Benzoate ou le Succinate de fer étant bien lavé, est introduit dans un creuset de platine et calciné. Le résidu arrosé d'Acide nitrique, est calciné de nouveau et ne laisse que du Peroxide de fer qui donne le doids du métal; le Manganèse se précipite comme dans la méthode précédente.

On peut encore faire usage d'un autre procédé pour séparer le Fer du Manganèse, mais cette méthode, qui est due à Tassaërt, n'est pas susceptible d'une aussi grande exactitude que la précédente. Elle consiste à dissoudre le précipité qui contient ces deux métaux, dans l'Acide hydrochlorique, puis à faire bouillir cette dissolution avec quelques gouttes d'Acide nitrique, et à précipiter ensuite les deux oxides à la fois au moyen du Carbonate de soude en excès. Le dépôt étant bien lavé, est dissous dans l'Acide acétique et ensuite évaporé à siccité. Par la chaleur et l'évaporation, l'Acétate de peroxide de fer se décompose, et, quand on traite le résidu par l'eau, celle-ci ne dissout que l'Acétate de manganèse et laisse insoluble le Peroxide de fer qu'il faut calciner et peser. Quant au Manganèse, on le précipite comme nous l'avons vu plus haut. Revenons maintenant à l'analyse du minerai.

Après qu'on a séparé la Silice, l'Alumine, le Fer et le Manganèse du mélange des substances qui constituent le minerai, par le Bi-carbonate d'ammoniaque en excès, on neutralise la liqueur par quelques gouttes d'Acide nitrique et on y verse ensuite une certaine quantité d'Oxalate d'ammoniaque qui en précipite la Chaux à l'état d'Oxalate insoluble qu'on calcine très fortement afin d'obtenir la Chaux bien isolée.

Enfin la liqueur est rendue alcaline par un peu d'Ammoniaque, et on y ajoute une solution de Phosphate de soude qui précipite la Magnésie à l'état de Phosphate ammoniaco-magnésien dont on volatilise l'Ammoniaque par la calcination.

Le procédé d'analyse que nous venons d'exposer est le plus généralement suivi, et suffit dans la grande majorité des cas. Si on soupçonnait dans le minerai l'existence d'une matière autre que celle dont nous nous sommes occupés, il serait facile, à l'aide des tableaux qui précèdent, de trouver les réactifs propres à en constater la présence et à en apprécier le poids.

ANALYSE

DES MATIÈRES CUPRIFÈRES.

L'analyse de ces matières offrant pour nous moins d'importance que celle des autres, nous n'entrerons pas dans de grands détails à ce sujet.

Le Cuivre se sépare, en général, assez facilement des métaux avec lesquels il se trouve uni. Cette séparation peut s'effectuer soit par l'Hydrogène sulfuré, soit par un métal, soit par l'Ammoniaque, soit enfin par des sels ou des alcalis.

Le premier procédé est un des plus efficaces, car l'Acide Hydrosulfurique précipite le Cuivre à l'état de Bi-sulfure sans toucher aux métaux des trois premières sections ni à la plupart de ceux de la quatrième.

La seconde méthode réussit aussi très bien. Les métaux que l'on peut employer pour préciter le Cuivre à l'état métallique sont : le Fer, le Zinc, et le Plomb. Le premier ne rend pas toujours la précipitation complète à moins que les dissolutions n'aient été faites par les Acides sulfurique ou hydrochlorique et qu'elles ne contiennent un excès d'acides. On accélère de beaucoup l'opération en agissant à chaud. Il est nécessaire de peser bien exactement le barreau de fer employé pour la précipitation, afin de pouvoir toujours contrôler l'opération. C'est surtout dans le cas où l'on doit séparer le Cuivre allié au Fer, qu'il importe de connaître rigoureusement la quantité de ce dernier métal que le barreau fait entrer dans la liqueur en remplacement du Cuivre qu'il précipite. (Voyez plus loin la description de cette méthode dans l'analyse par la voie sèche des minerais de Cuivre.)

Le Zinc est plus exact et précipite le Cuivre de toutes ses dissolutions. Quant au Plomb, c'est celui qui convient le moins; d'ailleurs il ne peut être employé avec les dissolutions sulfurique et hydrochlorique, le Sulfate et le Chlorure de plomb étant insolubles.

Le troisième agent, c'est-à-dire l'Ammoniaque, a été employé jadis pour séparer l'Oxide de cuivre de l'Oxide de fer. On se fondait sur ce que cet alcali dissolvait l'Oxide de cuivre sans toucher à celui de fer ; mais il est prouvé maintenant que ce dernier retient de l'Oxide de cuivre en dépit de l'Ammoniaque.

La quatrième méthode est très bonne à employer dans certains cas. Les Alcalis dont on se sert pour précipiter le Cuivre sont la Potasse et la Soude caustiques qui donnent lieu à un Hydrate que l'on calcine pour l'amener à l'état de Deutoxide anhydre, état sous lequel le Cuivre est ordinairement dosé. On n'emploie jamais l'Ammoniaque parce que cette base dissout l'Oxide en se colorant en bleu.

Les sels mis en usage pour précipiter le Cuivre sont surtout les Carbonates alcalins formant, dans les dissolutions, un Carbonate insoluble qu'on doit calciner après l'avoir lavé. On se sert encore d'un autre sel qui permet de reconnaître de très petites quantités de Cuivre, c'est le Cyanure double de potassium et de fer.

Quelle que soit la nature du précipité cuivreux obtenu, il convient, ainsi que nous l'avons dit plus haut, de le transformer en Deutoxide.

Quand le précipité est un Carbonate ou un Oxide hydraté,

l'opération est simple et se borne à le calciner dans un creuset de platine; mais lorsque ce précipité est un Bi-sulfure formé par l'action de l'Acide hydrosulfurique, il ne faut opérer qu'avec les plus grandes précautions. On commence par griller le Bi-sulfure à une température assez peu élevée pour ne pas déterminer sa fusion. Au fur et à mesure qu'il perd son Soufre, on peut élever la chaleur de quelques degrés, et vers la fin du grillage, dans le but d'enlever tout le Soufre qui pourrait rester combiné avec le Cuivre, on ajoute à la matière une certaine quantité d'Oxide rouge de mercure (précipité *per se*) qui, en se décomposant, transforme le Soufre en Acide sulfureux en même temps que l'excès de son Oxigène accélère la formation du Deutoxide de cuivre.

Quand le précipité est du Cuivre métallique, le dernier moyen de la méthode précédente est aussi employé, afin de faire passer le Cuivre à l'état de Deutoxide. Ce dernier obtenu, il est facile de connaître le poids du Cuivre contenu dans la combinaison analysée. (Voir les tables de formules.)

ANALYSE

DES MATIÈRES STANNIFÈRES.

Pendant longtemps la voie sèche était la seule méthode connue et suivie pour l'analyse des minerais d'Étain. Klaproth, le premier, est parvenu à en faire une analyse exacte et facile en employant la voie humide.

D'après son procédé, on mêle le minerai pulvérisé et passé au tamis de soie, ou mieux encore, porphyrisé avec six fois son poids de potasse caustique bien pure, et on introduit le mélange dans un creuset d'argent pour le calciner. La masse qui reste est traitée par l'eau et l'Acide hydroclorique en excès, et si une partie ne se dissolvait pas, on la traiterait de nouveau par la Potasse et ensuite par l'eau et l'Acide jusqu'à ce que la solution soit complète. Celle-ci effectuée, on évaporerait la liqueur tant qu'elle fût parvenue à la consistance gélatineuse, on l'étendrait d'eau et on la jetterait sur un filtre sur lequel se déposerait la Silice. Dans la liqueur qui passe, on plongerait un barreau de Zinc qui précipiterait à l'état métallique, l'Étain, le Plomb et le Cuivre.

Pour séparer ces trois métaux, on traiterait leur mélange par l'Acide nitrique, qui ferait passer tout l'Étain à l'état d'Acide stannique. On filtrerait la liqueur qui ne contiendrait plus que le Plomb et le Cuivre, et on y verserait une solution de Sulfate de soude qui précipiterait le Plomb en Sulfate insoluble; on filtrerait de nouveau et l'on n'aurait plus qu'à précipiter le Cuivre, soit par une lame de fer, soit par la Potasse. Les quantités d'Acide stannique, de Sulfate de plomb et d'Oxide de cuivre donneraient les quantités proportionnelles des métaux contenus dans le minerai.

La première liqueur débarrassée des trois métaux précédents, ne contient ordinairement plus que du Fer que l'on fait passer à l'état de Peroxide, et qu'on précipite par l'Ammoniaque ou son Bi-carbonate en excès. Quelquefois la mine contient aussi une certaine quantité d'Alumine qui se précipite avec l'Oxide de fer dont on la sépare au moyen d'une solution de Potasse qui ne dissout que l'Alumine.

Il est quelquefois nécessaire d'analyser l'Étain du commerce afin de connaître la proportion de métaux étrangers qu'il contient presque toujours. Cette analyse s'effectue comme celle du précipité renfermant l'Étain, le Plomb et le

Cuivre (voyez plus haut), puis, ces trois métaux séparés, on procède à la précipitation du Fer. Mais si l'Étain contient du Zinc, on doit modifier un peu la manière d'opérer vers la fin. En effet, après avoir débarrassé la liqueur du Fer qu'elle contenait, on la rend légèrement acide au moyen de l'Acide sulfurique et l'on précipite seulement alors le Cuivre par une lame de fer. Le Cuivre recueilli, on fait bouillir la liqueur avec un peu d'Acide nitrique afin de peroxider le fer provenant de la lame, et on le précipite ensuite par l'Ammoniaque. Quant au Zinc, après avoir saturé la liqueur par l'Acide hydrochlorique, on l'obtient à l'état de Carbonate insoluble au moyen d'une solution de Carbonate de Soude.

L'Étain contenant souvent de l'Arsenic, on peut doser celui-ci par la dissolution de l'Étain dans l'Acide chloro-nitreux; en saturant la dissolution par le Carbonate de soude, en filtrant la liqueur et en y versant une solution d'Acétate de plomb, on obtiendrait un précipité blanc d'Arséniate de plomb.

ANALYSE

DES MATIÈRES ZINCIFÈRES.

La manière dont il faut effectuer l'analyse d'un minerai de Zinc varie selon sa nature. Si l'on doit procéder à l'analyse d'une *Calamine*, il est indispensable de débuter par une espèce d'essai au moyen de la voie sèche, afin de connaître le poids de l'Acide carbonique et de l'eau que ce minerai contient. Pour cela, on en pulvérise une partie dont on prend le poids. et qu'on introduit dans une petite cornue en porcelaine au bec de laquelle on adapte un tube contenant du Chlorure de calcium bien sec. On doit, pour opérer avec toutes les chances de succès possibles, peser séparément la cornue et le tube avant de les exposer à l'action de la chaleur. On chauffe ensuite au rouge et le tout refroidi est pesé de nouveau ; la quantité d'Acide carbonique est connue par la diminution dans le poids de la cornue, diminution du chiffre de laquelle on doit soustraire celui d'augmentation du tube contenant le Chlorure de calcium et qui représente la quantité d'eau.

Le résidu de cette calcination doit être analysé par la voie humide. On le dissout dans l'Acide hydroclorique en excès, on évapore ensuite la liqueur jusqu'à siccité et l'on reprend par l'eau, qui ne laisse insoluble que la Silice que l'on recueille et que l'on pèse. La liqueur filtrée et réunie aux eaux de lavage de la Silice, est traitée par l'Ammoniaque qui précipite l'Alumine et les Oxides de plomb, de fer, d'étain et de manganèse, en ne laissant en solution que les Oxides de zinc et de cuivre. Pour séparer ces derniers, on fait passer dans la liqueur un courant d'Acide hydrosulfurique qui précipite le Cuivre à l'état de Bi-sulfure qu'on recueille et que l'on transforme en oxide, comme nous l'avons déjà vu ; ensuite on expose la matière filtrée à l'action du calorique qui en dégage l'excès d'Hydrogène sulfuré, s'il s'en trouve, et on y verse une solution de Carbonate de soude donnant lieu à la formation d'un Carbonate de zinc insoluble ; celui-ci, calciné, donnera de l'Oxide du poids duquel on déduira celui du métal (voir les tables de formules).

Quant aux autres métaux existant dans le premier précipité, on les traite par l'Acide nitrique qui laisse l'Étain à l'état de deutoxide sans le dissoudre; on verse dans la dissolution filtrée, du Sulfate de soude qui précipite le Plomb; il ne reste donc plus que l'Alumine, et les Oxides de fer et de manganèse, du mode de séparation desquels nous nous sommes occupés avec détails dans l'analyse des minerais de fer.

Si c'est une *Blende* qu'on doit soumettre à l'analyse, on la pulvérise et on la traite par l'Acide nitrique que l'on chauffe doucement; on décante la liqueur au bout de quelque temps et on fait bouillir le résidu avec une certaine quantité d'Acide chloro-nitreux, puis on filtre de nouveau et on lave. Le résidu qui se dépose sur le filtre est presque toujours composé d'un mélange de Soufre précipité, de Sulfate de plomb et de Silice. En calcinant ce résidu bien sec, il est évident que la diminution de poids qu'il subira représentera celui du Soufre. Quant au Sulfate de plomb et à la Silice, on peut les séparer, soit par le Carbonate de soude, soit en traitant ce mélange par le charbon à une température suffisante pour décomposer le Sulfate, et en mettant ensuite ce résidu en contact avec l'Acide nitrique qui dissoudra le Plomb et laissera la Silice.

La liqueur résultant de la dissolution dans l'acide contient de l'Acide sulfurique que l'on précipite par la Baryte. Pour les Oxides de fer, d'étain, de cuivre, de manganèse et de zinc, on les sépare comme nous l'avons vu plus haut.

ANALYSE

DES MATIÈRES PLOMBIFÈRES.

L'analyse des matières plombifères est en général très facile, attendu les réactions tranchées du Plomb et la manière complète dont il est précipité par un assez grand nombre de réactifs. En effet, nous avons vu qu'on peut se servir d'Hydrogène sulfuré, d'Acide sulfurique ou d'un Sulfate, de Chlore, de Zinc, etc., mais le premier de ces réactifs ne peut être employé que lorsque le Plomb ne se trouve mélangé qu'avec les métaux des trois premières sections, car, dans tout autre cas, le métal allié serait précipité avec le Plomb en tout ou en partie.

Le second de ces agents est très souvent employé et mérite la préférence qu'on lui accorde, en raison de l'exactitude avec laquelle il sépare le Plomb des métaux dont les Sulfates sont solubles, car il est évident qu'on ne pourrait pas l'employer pour séparer le Plomb existant dans une dissolution de Baryte.

Le troisième agent, le Chlore, peut quelquefois être employé avec avantage, le Chlorure qu'il produit, étant presque insoluble dans l'eau et tout à fait insoluble dans l'alcool.

Le quatrième des réactifs précédent, le Zinc, précipite encore facilement le Plomb à l'état métallique et cristallin.

Le minerai de Plomb que l'on exploite ordinairement

est la *Galène ;* c'est donc cette matière dont il importe surtout de savoir faire une analyse exacte. Pour l'éffectuer on pulvérise la *Galène* et on la traite par l'Acide nitrique très affaibli, en élevant un peu la température.

Le but dans lequel on se sert d'Acide nitrique si faible, est d'empêcher que le Sulfure ne s'acidifie et ne donne ainsi lieu à du Sulfate ; sous l'influence de l'acide étendu, le Soufre dégagé de sa combinaison, se précipite en poudre tandis que le Plomb se dissout. On obtient donc un résidu que l'on brûle ; le Soufre se volatilise et il reste un peu de Sulfate de plomb qu'on peut décomposer par le charbon, ou dont on peut se contenter de prendre le poids.

Quant au Plomb dissous par l'acide étendu, on le précipitera au moyen du Sulfate de soude, et on recueillera le Sulfate de plomb, qui donnera le poids en métal (voir les tables de formules).

On rencontre quelquefois dans la nature le Phosphate et l'Arséniate de plomb mélangés. Pour analyser ce mélange, on doit faire deux opérations. Une partie du minéral est dissoute dans l'Acide nitrique et son arsenic précipité au moyen d'un réactif approprié. Une autre portion de minéral est encore dissoute dans l'Acide nitrique et on verse dans la liqueur de l'Ammoniaque. Le précipité qui se forme, est mis en contact avec l'Hydrosulfate de cette base qui transforme le Plomb et l'Arsenic en Sulfures ; le Sulfure de plomb est insoluble tandis que celui d'arsenic reste dans la liquenr avec l'Acide phosphorique. On recueille le premier sur un filtre et on précipite le second de la liqueur au moyen de l'Acide hydrochlorique en excès ; la perte en poids de toutes ces matières ramenées à leur état de combinaison, représente l'Acide phosphorique.

ESSAIS

PAR LA VOIE SÈCHE.

On donne ce nom à la méthode qui n'emploie pour des analyses exactes ou approximatives que la chaleur et les *flux*. Nous avons vu déjà dans quels cas les essais par la voie sèche pouvaient surpasser, sous le rapport de l'utilité, les analyses par la voie humide. Cette utilité est souvent assez grande pour compenser amplement ce que cette méthode peut laisser à désirer sous le rapport de l'exactitude. En effet, il n'est qu'un très petit nombre d'analyses par cette voie qui soient d'une précision rigoureuse. Parmi elles on peut compter, surtout, les analyses d'alliages de métaux vils et des métaux précieux, par la coupellation. Dans quelques cas, certains essais de Fer peuvent donner des quantités de métal aussi exactes que par la voie humide, mais le concours des circonstances nécessaires pour amener ce résultat, est très difficile à ménager. Quant aux essais de Plomb, de Cuivre, de Mercure, etc., leur utilité n'est réelle que sous le rapport des indications métallurgiques qu'ils fournissent.

Avant de nous occuper de ces opérations, nous étudierons les fourneaux dans lesquels elles s'effectuent.

Des fourneaux. Les fourneaux nécessaires aux opérations par la voie sèche, se divisent en deux catégories : la 1re comprend les fourneaux aspirateurs ou à courant d'air naturel, la seconde comprend les fourneaux à courant d'air forcé, c'est-à-dire ceux dans lesquels la combustion est alimentée par des soufflets.

Parmi les fourneaux à courant d'air naturel, on distingue les fourneaux d'évaporation et de calcination, les fourneaux à réverbères, les fourneaux de coupelle, et les fourneaux à vent. Tous sont essentiellement composés d'un foyer dans lequel la combustion s'opère, d'une grille sur laquelle le combustible se place, et d'un cendrier placé sous la grille et servant à l'entrée de l'air. Quant au tirage qui ne dépend que de la quantité d'air qui passe dans le fourneau, il est déterminé par une cheminée ou conduit plus ou moins large qui surmonte le fourneau et dont le diamètre doit être dans un certain rapport avec celui du foyer. La hauteur loin d'être fixe, même pour chaque espèce de fourneau, doit être élevée à mesure que l'on veut obtenir plus de chaleur, en se renfermant toutefois dans certaines limites.

Fourneaux d'évaporation ou de calcination. Ces fourneaux (PL. 1, FIG. 7 et 8) sont très simples et sont employés dans les laboratoires. Ils doivent être disposés de manière que l'on puisse, à volonté, augmenter la chaleur qu'ils sont susceptibles de produire, et cela, en y ajoutant une partie appelée laboratoire. Ils doivent même pouvoir se transformer en fourneaux à reverbère par l'addition d'un dôme. (PL. 1, FIG 9).

Le vide intérieur du foyer est ordinairement circulaire. Cette forme est préférable quand on ne doit chauffer qu'un creuset. La forme carrée est bien plus convenable dans les autres cas.

Dans les fourneaux de calcination, le tirage étant, en général, faible, doit être activé dans certains cas au moyen d'un tuyau de tôle. On doit aussi dégager souvent la grille et vider le cendrier, afin que l'air puisse parvenir au combustible.

Fourneaux à réverbère. Ces fourneaux ne diffèrent des précédents que par l'addition de laboratoire et de dôme surmontés d'une cheminée plus ou moins haute. Les indications données pour les fourneaux précédents doivent être mieux observées, s'il est possible, pour les fourneaux à réverbère ; à ces précautions on doit ajouter celle de placer les creusets sur un support particulier posé sur la grille, auquel on donne le nom de fromage.

Les fourneaux à réverbère exigent ordinairement plusieurs ouvertures, savoir : une porte au cendrier, une deuxième au niveau de la grille, une troisième au dôme. Quand, dans le fourneau, on doit chauffer une cornue, deux ouvertures demi-circulaires sont pratiquées au laboratoire et au dôme (Pl. 1, Fig. 10). La porte du cendrier doit toujours rester ouverte pour permettre l'entrée de l'air; celle du foyer ne doit l'être que pour redresser le creuset s'il venait à se renverser; celle du dôme sert à introduire le combustible qui doit toujours remplir le fourneau, en ayant soin de ne laisser aucun charbon froid toucher le creuset ou la cornue, ce qui en causerait la rupture. Pour éteindre le feu dans un fourneau à réverbère, on doit fermer la porte du cendrier ; de cette manière on évite la rupture du creuset par le contact de l'air froid.

Fourneaux de Coupelle. On donne ce nom à une variété de fourneaux à réverbère qui ne diffèrent de ceux proprement dits que par une porte de plus, percée dans le laboratoire et par laquelle on introduit la moufle, espèce de petit berceau dans lequel la coupellation s'opère (Pl. 2, Fig. 2 et 3).

Les fourneaux de coupelle sont de dimension très variable; leur vide intérieur est ordinairement élipsoïdal. Ils peuvent être ou très grands, pour les usines, ou très petits, puisque le plus grand diamètre de ces derniers peut n'avoir que 15 à 18 centimètres. Ces fourneaux de coupelle doivent toujours être munis d'un cendrier dans lequel l'air puisse facilement arriver; le foyer a deux portes, l'une assez grande pour le passage de la moufle, l'autre plus petite, placée sous la précédente et servant à l'entrée de l'air. Le foyer est encore percé de trois autres ouvertures: deux latérales qui, pour les très petits fourneaux, ont la forme d'un cône tronqué dont la grande base est en dehors, et pour les grands fourneaux, sont des portes assez larges que l'on ouvre quelquefois pour activer le tirage. Dans les très petits fourneaux, ces ouvertures latérales servent à faire entrer la tuyère d'une lampe d'émailleur. La troisième ouverture a la forme d'un carré long dont le grand diamètre est ordinairement vertical; par cette ouverture, qui est percée à la paroi postérieure du foyer, on fait passer une brique en argile dont le bord supérieur doit se trouver au niveau du bord inférieur de la porte par laquelle on introduit la moufle; cette brique ne sert donc qu'à supporter celle-ci. Le dôme du fourneau de coupelle doit avoir une porte pour introduire le combustible. Au dessus du dôme, on place ordinairement une petite cheminée en argile; la porte du dôme et celle du foyer par laquelle passe la moufle, doivent être munies, la dernière surtout, d'un mentonnet sur lequel on peut, ou attirer la coupelle, ou placer des charbons, ou poser la porte de manière que la moufle ne soit pas tout à fait fermée.

Les moufles doivent être faites en argile très réfractaire. Elle sont destinées à permettre l'échauffement des matières à la température du fourneau sans qu'elles soient exposées à l'action immédiate des combustibles et des gaz; on peut donc, dans un fourneau de coupelle, opérer des grillages, des calcinations, des scorifications, etc.

La coupellation, qui est l'opération principale, exigeant le contact de l'air et son renouvellement dans l'intérieur de la moufle, on a soin de ménager dans les parois de celle-ci des ouvertures par lesquelles cet air puisse s'écouler. Ces ouvertures sont des fentes transversales faites avec un couteau lorsque la pâte de la moufle est encore molle; mais, afin que ces fentes ne permettent pas l'entrée du charbon, on a soin de ne les percer que de l'intérieur à l'extérieur, pour que les barrures soient en dehors. Les moufles se détériorent très promptement quand on n'a pas la précaution de mettre sur leur fond une couche plus ou moins épaisse de poudre de cendre d'os ou de marne. C'est pourquoi les anciens faisaient des moufles dont le fond ou plancher pouvait se renouveler.

Les coupelles sont de petits vases dont la cavité est hémisphérique. Elles sont formées de cendres d'os, de marne ou de cendre de bois, et doivent présenter plusieurs qualités. D'abord elles doivent être assez poreuses pour permettre l'absorption facile des Oxides de plomb, de bismuth, ou de cuivre, en même temps qu'elles doivent être assez compactes pour ne pas permettre l'absorption des plus petites globules d'or et d'argent. Mais le juste milieu est difficile à prendre, attendu que les conditions précédentes dépendent de la ténuité plus ou moins grande de la matière et de la compression qu'on lui fait éprouver. Si la matière est en poudre trop tenue, la coupelle sera trop compacte; une poudre trop grosse rend la coupelle trop fragile.

Pour préparer les coupelles, on a un anneau en fonte qu'on appelle *nonne* (Pl. 2, Fig. 4) dans lequel entre un pilon en fer qu'on appelle *moine*. C'est dans cet anneau que se place la pâte, et le pilon pénètre au moyen d'un balancier. Pour qu'il ne soit pas trop difficile de retirer la coupelle de son moule, on doit humecter les parois de l'anneau avec de l'huile. Le diamètre varie de 0$^{\text{mètr.}}$, 005 à 0$^{\text{mètr.}}$, 05.

Le combustible employé dans les fourneaux de ce genre, est ordinairement un mélange de charbon de bois et de coke. Cependant dans les plus petits fourneaux l'on ne doit employer que le premier de ces combustibles, et en morceaux assez petits pour qu'ils puissent descendre facilement. En général, l'emploi de ces petits fourneaux qui ont été imaginés par MM. Prye et D'Ariet, ne produisent pas assez de chaleur et l'essai court souvent risque de se noyer.

Fourneaux à vent. Ils ne diffèrent surtout des précédents qu'en raison de la grande hauteur de la cheminée qui en détermine le tirage. Ces fourneaux, auxquels on donne généralement le nom de fourneaux d'essais, sont composés d'abord d'une grille placée à la base de la cuve ; dans cette dernière se trouve le combustible qui sert à chauffer le creuset placé sur un *fromage*. La cuve a deux ouvertures à sa partie supérieure (PL. 2, FIG. 5, 6, et 7), l'une est fermée au moyen d'une plaque de fonte glissant dans une coulisse ou pouvant se lever au moyen d'un contre poids, (cette ouverture sert à placer le creuset et à introduire le combustible), l'autre communique avec la cheminée par un canal auquel on a donné le nom de *rampant*, canal qui ordinairement est très court. Quant à la cheminée, elle doit ordinairement avoir une hauteur de 10 à 15 mètres ; sous la grille se trouve le cendrier qui doit être bien spacieux.

Dans les fourneaux à vent de laboratoire, le cendrier se trouve souvent au niveau du sol, mais dans les fonderies où une trop grande hauteur du fourneau gênerait la manœuvre, on ne parvient au cendrier qu'en descendant deux ou trois marches. L'importance du cendrier sur la marche du fourneau est très grande. Il doit, autant que possible, avoir son ouverture dirigée du côté où se trouve le plus souvent le vent, et quand les localités rendent cette disposition impossible, on doit lui fournir un courant d'air au moyen d'une ventouse ou conduit placé sous le sol, et qui va s'ouvrir en dehors du bâtiment où se trouve placé le fourneau.

Lorsqu'un fourneau marche, on doit avoir soin de retirer souvent du cendrier les cendres chaudes afin que l'air qui arrive, n'ait pas le temps de s'y échauffer, ce qui entraînerait deux désavantages : d'abord, le courant d'air étant chaud, il arriverait moins d'oxigène dans le même temps, en outre, l'air chaud aurait bientôt fait rougir la grille, ce qui occasionnerait la prompte oxidation de celle-ci.

Grille. La grille doit être composée d'un cadre de fer auquel sont soudés les barreaux, ou bien de barreaux séparés dont les extrémités sont supportées par deux barres de fonte. Cette dernière disposition est la meilleure parce qu'alors les barreaux de la grille peuvent être rapprochés ou écartés selon les circonstances et très facilement renouvelés. Les intervalles entre les barreaux ne doivent être ni trop grands ni trop petits; dans le premier cas, ils donnent trop facilement passage au combustible, dans le deuxième, ils livrent trop difficilement accès à l'air; en outre, quand les barreaux sont trop rapprochés, les cendres du combustible s'y amassent et ralentissent beaucoup le tirage.

Cuve. La cuve est la partie du fourneau dans laquelle se produit la haute température; aussi doit elle être construite en briques réfractaires. Les opinions sont partagées quant à la forme de la cuve; si on la fait carrée, la construction est plus facile; si on la fait ronde ou elliptique, la construction est plus coûteuse, mais aussi les rayons calorifiques réfléchis par les surfaces courbes, portent au centre le maximum d'effet; puis dans une cuve ronde le combustible descend plus uniformément. Quand la section horizontale de la cuve est carrée, quelquefois, au lieu de lui laisser dans toute sa hauteur la forme prismatique, on lui donne une forme légèrement pyramidale. Souvent la petite base de la pyramide est inférieure, mais on prétend que le charbon descend plus irrégulièrement : c'est pour cela que d'autres conseillent la forme opposée qui n'a pas, jusqu'à présent, paru présenter d'avantages. La hauteur de la cuve varie avec son diamètre et surtout avec l'usage auquel est destiné le fourneau.

Le Rampant. Ce conduit, qui lie la cheminée à le cuve, doit être carré et construit en briques réfractaires ; il doit être d'un diamètre presque égal à celui de la cuve.

La Cheminée. Cette partie est sans contredit la plus im-

portante d'un fourneau, car c'est presqu'elle seule qui décide
du degré de température, produit. Elle doit être, autant que
possible, sans courbures, plus large à sa base qu'à son som-
met et surtout ne servant de cheminée à aucun autre fourneau à quelque niveau qu'il soit placé. Cette cheminée
doit être à sa base en briques réfractaires. Elle doit être
munie d'un registre à sa partie supérieure ; ce registre est
en fonte et peut fermer en entier le fourneau. Il est mû par
une chaîne qui descend près du fourneau à portée du chauf-
feur.

Le plan incliné constituant le devant de certains fourneaux, doit être recouvert de plaques en fonte qui empêchent
sa dégradation.

Pour conduire un fourneau à vent, il faut d'abord placer
sur la grille un fromage en terre réfractaire sur lequel se
pose le creuset qui lui est ordinairement uni au moyen d'un
lut argileux. Le creuset, dans tous les cas, doit être garni
de son couvercle.

On dispose sur la grille et autour du creuset, des couches
alternatives de charbon de bois et de coke jusqu'au milieu
de la cuve; le reste de celle-ci est rempli de coke seul.

Pour mettre le feu, on jette quelques charbons allumés
à la partie supérieure de la cuve; on ferme la plaque de fonte
qui sert de porte, on ouvre le registre et on laisse ainsi le feu
se propager de haut en bas. De cette manière, le creuset
n'est échauffé que très lentement et n'est pas exposé à se
briser. Il faut ordinairement une heure avant que le feu
se soit uniformément répandu. Pour un essai de minerai de
fer, il faut en outre $^3/_4$ à $^5/_4$ d'heure d'une température très
haute pour que l'opération soit terminée.

DES FOURNEAUX DE FORGE.

On donne ce nom, en Docimasie, aux fourneaux dans lesquels la haute température produite est déterminée par un courant d'air artificiel. Ces fourneaux n'ont donc pas besoin de cheminée, ce qui diminue beaucoup les frais de construction.

Quand les foyers de forge s'établissent dans des usines pour le service desquelles une machine soufflante est nécessaire, on profite de cette dernière pour leur alimentation, et la faible soustration d'air qu'ils exigent, n'influe aucunement sur les résultats en grand ; sinon, pour desservir ces foyers, on se sert de soufflets à deux âmes en bois ou en cuir ; ces derniers sont toujours les meilleurs.

Différents foyers de forge peuvent être employés ; la forge de maréchal est la plus ordinaire. Elle se compose d'un foyer peu profond pratiqué dans un massif de maçonnerie. Le vent arrive au moyen d'une tuyère percée dans une des parois et au niveau du fond du foyer. Lorsqu'on veut donner à la forge plus de puissance, on élève d'avantage ses parois, soit au moyen de briques réfractaires, soit au moyen de manchons en terre plus ou moins hauts. Quant au diamètre que l'on laissera au foyer, il variera selon le nombre et la forme des creusets ; mais pour un soufflet d'une force donnée, on le rétrécira d'autant plus que l'on voudra donner une température plus haute. Dans les forges marechales, le vent n'arrive que par une seule tuyère, mais dans celles spécialement établies

pour des essais, il est convenable d'en employer plusieurs
(Pl. 2, Fig. 8, et 9), ce qui offre deux avantages : le premier
de répandre l'air d'une manière plus uniforme, ce qui donne
une combustion et une température plus égales, et le deuxième, de ne pas frapper du courant d'air le creuset par un
seul de ces côtés, ce qui en entraîne toujours la rupture
quand il n'est pas de très bonne qualité.

Pour ce qui est de la quantité d'air que l'on chasse dans
le fourneau, elle doit être introduite progressivement, sans
cela, la température s'élevant d'une manière trop brusque,
pourrait ramollir le creuset avant d'avoir suffisamment
échauffé les matières qu'il contient. On doit donc modérer
le courant d'air, soit en diminuant le poids dont est chargé
le soufflet, soit en se servant d'un robinet limitant la quantité d'air qui doit être lancée dans un temps donné.

Dans un fourneau de forge, le creuset se place sur un fromage posé lui même sur le fond du fourneau. Lorsque l'opération est terminée, on ne doit pas retirer le creuset du foyer,
afin que le refroidissement ne soit pas trop subit; ou bien,
si l'on agit ainsi, on doit le plonger dans un bain de sable.
Dans tous les cas, on doit avoir soin, lorsqu'on cesse le vent,
d'enlever les tuyères ou de fermer les robinets, car sans
cette précaution, l'air chaud, en pénétrant dans le soufflet, le
détériorerait rapidement.

Quand on n'a qu'un seul essai à faire à la fois, on peut se
servir de la forge d'Aikin (Pl. 2, Fig. 10), très facile à élever et qui n'exige qu'un soufflet de médiocre dimension.
Elle consiste en un grand creuset en plombagine qui sert de
cuve et qui est percée à son fond de sept ouvertures, dont
six disposées symétriquement autour du centre. Ce creuset
repose sur le fond d'un autre creuset coupé de manière que
la cavité soit de 0$^{\text{mèt.}}$,025 à 0$^{\text{mèt.}}$,030 de profondeur. C'est
cette partie qui sert de réservoir à l'air qu'on y introduit par
un trou cylindrique percé à une des parois. Quelquefois

on place au-dessus de la cuve un autre creuset renversé qui sert de dôme et qui est loin d'être indispensable.

ESSAIS PROPREMENT DITS.

Nous ne traiterons, dans cette partie de notre ouvrage, que de l'essai des minerais appartenant aux métaux dont l'importance industrielle vient accroître l'intérêt chimique, et nous passerons sous silence les essais de tous les autres. Nous n'avons donc à étudier que ce qui est relatif aux suivants :

Fer.	Antimoine	Plomb.
Cuivre.	Mercure.	Argent.
Étain.	Zinc.	Or.

ESSAIS DES MINERAIS DE FER.

Pour faire les essais du fer de manière à obtenir des résultats assez exacts afin qu'ils puissent être utiles, diverses circonstances sont indispensables, et ce sont elles que nous devons d'abord étudier.

C'est toujours par le contact du charbon que les minerais de Fer se réduisent, mais on peut employer le charbon de différentes manières. Mélangé au minerai, il peut, s'il est en excès, empêcher la réunion de la Fonte en culot, et ainsi faire manquer l'essai ; de plus, il s'en combine avec le Fer une quantité trop grande qui peut induire en erreur sur la richesse de la matière analysée. Il est donc préférable, sous tous les rapports, d'employer le charbon sous forme de brasque qui, non seulement, n'agit que par cémentation, mais encore soutient les parois du creuset que la haute température ramollit et empêche l'adhérence des scories au creuset dont il est presqu'impossible de les détacher.

Les creusets que l'on doit préférer sont ceux qui sont les plus réfractaires et qui sont le moins sujets à se casser par une forte chaleur, ou par des alternatives brusques de température. Les creusets en plombagine sont les meilleurs sous ces deux rapports et ne contractent pas d'adhérence avec les scories. Malheureusement ces dernières dissolvent toujours, en partie, la matière argileuse du creuset, ce qui rend inutile la détermination de leur poids. Quand on se sert de creusets non brasqués, les creusets de terre ne doivent être employés que lorsqu'on ne peut s'en procurer d'autres.

La matière ferrugineuse dont on veut apprécier la richesse, étant réduite en poudre fine et passée au tamis de soie, on en pèse une certaine quantité qu'on mélange avec le fondant que l'on a choisi et dont on connaît aussi exactement la quantité ajoutée. Le mélange doit, autant que possible, être bien intime, afin que la réduction soit complète ; puis on l'introduit dans le creuset brasqué assez doucement pour qu'aucune poussière ne s'en élève ; on l'y comprime un peu, et l'on achève de remplir le creuset avec de la nouvelle brasque que l'on y met par couches ; enfin, on place le creuset, fermé par son couvercle, sur un fromage, et l'on assujettit le tout sur la grille du fourneau d'essai (voyez *Fourneau à vent*, page 267).

Lorsque l'opération est terminée, et que les creusets sont tout à fait refroidis, on les brise, afin de pouvoir, sans peine et surtout sans perte, en retirer le culot. Celui-ci se compose de deux parties, la supérieure qui est constituée par les scories, et l'inférieure qui n'est formée que de fonte. Lorsque l'essai a bien réussi, il suffit d'un coup léger pour séparer le laitier du culot de fonte, mais si la température n'a pas été assez haute, ou si la nature des fondants n'a pas été convenable, la scorie et la fonte ne sont pas bien séparées, et celle-ci se trouve disséminée dans la première à l'état de grenailles. Dans ce cas, les conséquences que l'on peut tirer de l'essai n'étant pas rigoureuses, on doit en général le recommencer.

Il arrive souvent que lors même que la scorie et la fonte sont bien séparées, la première contient encore une certaine quantité de grenailles dont il importe d'apprécier le poids. Pour cela, on brise la scorie dans un mortier, on trie les morceaux qui ne sont que du laitier pur, et le reste, étant pulvérisé aussi finement que possible est soumis à l'action du barreau aimanté qui attire à lui toutes les particules libres de fonte qui se trouvaient dans le laitier et dont le poids est ensuite réuni à celui du culot de fonte principal. Quant au poids de la scorie, il se déduit par différence en soustrayant du poids total des matières fondues, celui de la fonte et des grenailles. Il est presque toujours indispensable de constater, par une calcination préalable, ce que le minerai peut perdre en acide carbonique et en eau.

Le poids relatif de chacune de ces matières étant connu, on s'occupe de leurs propriétés, et cela en raison des données métallurgiques qu'elles sont susceptibles de fournir.

La quantité de minerai de fer sur laquelle on opère le plus ordinairement, est de 20 grammes. Cependant on peut employer des quantités beaucoup plus fortes ou plus faibles.

Le fondant le plus facile à employer est, sans contredit, le Borax dont on ajoute 0,20, à 0,30 au minerai dont on veut apprécier la richesse ; le seul, mais grand inconvénient attaché à l'emploi de ce corps, est sa volatilisation qui ne permet aucun moyen exact de vérification. D'ailleurs les propriétés de la fonte obtenue par son contact, ne peuvent, en aucune manière, faire prévoir les qualités de celle que l'on obtiendrait dans un haut fourneau.

On peut encore mettre en usage, comme fondant pour les essais de fer, plusieurs autres substances telles que les Carbonates de soude, de chaux et de magnésie, la Silice, le Fluorure de calcium, etc.

Nous allons donner le relevé de quelques essais de minerais de fer employés dans les usines du Hainaut.

1° *Minerai de Thy-le-Château N° 1 (Province de Namur).*

Fer hydraté compact, d'une dureté moyenne, contenant une assez grande quantité de Peroxide de manganèse. Chauffé, il perd 13,745 p 0/0 et devient rouge comme du Peroxide de fer.

ESSAI.

```
                                                gram.
20 grammes minerai cru = minerai grillé    17,251.
                      Acide borique.  .  .  .   4,000.
                      Silice.  .  .  .  .  .  .   2,000.
                      Carbonate de chaux
                   2 gram. = chaux  .  .  .     1,120.
                                               ________
                                                24,371.

                                   gram.                     gram.
Ont donné { Fonte en grenailles  12,600 )  Total  19,294.
          { Scorie grisâtre.  .  .   6,694 )
                                              ________
          Perte en oxigène et acide borique   5,077.
Richesse du minerai : 63 p. %
```

2° *Minerai de Thy-le-Château* N° 2 (Province de Namur).

Le minerai était assez semblable au précédent, mais ne contenait que très peu de peroxide de manganèse. Chauffé, il perd 12,915 p. % de son poids.

ESSAI.

```
                                                    gram.
20 grammes minerai cru === minerai grillé   17,417.
                      Acide borique . . . .   2,000.
                      Silice . . . . . . .    3,000.
          3gram. carbonate de chaux
                === chaux. . . . . .          1,680.
                                             ───────
                                             24,097.
```

```
                                 gram.                    gram.
Ont donné  { Fonte grise en culot  10,270  )  Total  20,310.
           { Scorie noirâtre. . .  10,040  )
                                                        ───────
              Perte en Oxigène et Acide borique   3,787.
        Richesse du minerai : 51,305 p. %
```

Ce chiffre de richesse est trop peu élevé, et je suis sûr que, bien traité, ce minerai rendrait davantage ; en effet, la scorie noirâtre contenait beaucoup de Silicate de fer.

3° *Minerai de Berzée* (Province de Namur).

Minerai hydraté compact. Chauffé, il perd 9, 753 p. % de son poids.

ESSAI.

```
                                                    gram.
15 grammes de minerai cru === minerai grillé  13,537.
              3 gram. Carbonate de
              chaux === Chaux. . .   1,680.
              Sable blanc. . . . .   2,000.
              Protoxide de manganèse 1,000.
                                    ───────
                                    18,217.
```

gram.

Ont donné { Fonte grise en culot 8,41 } Total. . 17,80.
           { Scorie rougeâtre. . 9,39 }

gram.

Perte en oxigène 0.417.

Richesse du minerai 56,066 p. °⁄₀.

4° *Minerai de Morialmé* (Province de Namur).

Minerai hydraté géodique, un peu ocreux, dur et résistant, gangue un peu calcaire. Chauffé, il perd 11,50 p. °⁄₀ de son poids.

ESSAI.

gramm.

20 grammes de minerai cru ⹀ minerai grillé ˮ 17,70.
                    Sable blanc. . . . . . 6,00.
                    Acide borique. . . . . 0,50.
          8 gram. Carbonate de chaux
                    ⹀ chaux. . . . . . 4,48.
                                        ————
                                        28,68.

gramm.

Ont donné { Fonte blanche en culot 8,01 {
          { Fonte en grenailles. . 0,19 { Total. 27,80.
          { Scorie. . . . . . 10,60 {

Perte en acide borique et oxigène. 0,88.

Richesse du minerai : 41,0 p. °⁄₀.

5° *Minerai de Fraire* (Province de Namur).

Fer hydraté géodique, très dur, très compact, d'un brun d'ocre plus ou moins foncé. Chauffé, il perd 19,110 p. °⁄₀ de son poids.

ESSAI.

gramm.

20 grammes de minerai cru = minerai grillé 16,178.
Sable blanc. . · . . . 3,000.
3 gram. Carbonate de chaux
= chaux. . . . . . 1,680.
————————
20,858.

gram.

Ont donné { Fonte blanche. . . 8,271 } Total. 18,330.
{ Scorie blanchâtre. . 10,259 }

Perte en oxigène. 2,328.

Richesse du minerai : 41,355 p. %.

6° *Minerai de Gourdinnes* (Province de Namur.)
Fer carbonaté légèrement argileux. Chauffé, il perd
17,750 p. % de son poids.

ESSAI.

gram.

20 grammes de minerai cru = minerai grillé 16,450.
4 gram. carbonate de
chaux = chaux . . . 2,240.
————————
18,690.

gram.

Ont donné { Fonte grise 9,020 } Total. . . . 17,700.
{ Scorie. . . 8,680 }

gram.

Perte en oxigène 0,990

Richesse en minerai : 45,10 p. %.

Les minerais dont nous venons de voir les essais, sont tous
des minerais exploités avec succès et qui ne contiennent
pas de matières nuisibles à la qualité de la fonte ; telles que
Soufre, Phosphore, etc.

Dans le cas où ils en contiendraient, les essais par la voie
humide en démontreraient l'existence.

C'est donc sous le double rapport de la richesse et de la composition du minerai que les essais sont utiles. Il serait même avantageux qu'ils fussent exigés dans toutes les usines, ainsi que cela se pratique en Allemagne. De cette manière, on profiterait des données métallurgiques importantes qu'ils sont à même de fournir. Quant à l'exactitude de l'analyse, on sera obligé d'avoir recours aux essais par la voie humide.

ESSAIS

DES MINERAIS DE CUIVRE.

La manière dont ces essais doivent être effectués, varie beaucoup selon la composition des minerais employés.

1° Ceux qui ne contiennent aucun autre métal et qui renferment, tout au plus, de l'Oxigène, de l'Acide carbonique, un peu de Phosphore, de la Silice, sont, comme on le prévoit d'avance, d'une réduction facile et d'autant plus complète, que l'affinité du Cuivre pour le corps avec lequel il se trouve combiné est moins grande, ou que son union est moins intime.

Si la matière est riche, la séparation du métal sera plus

aisée et l'opération se fera sans la moindre difficulté ; il suffira de mélanger le minerai, reduit en poudre fine, avec le fondant choisi. Ordinairement, on emploie le flux noir, mais ce flux offre l'inconvénient très grave de dissoudre une assez forte proportion d'Oxide de cuivre, et ainsi d'induire en erreur sur la richesse absolue du minerai essayé. Pour éviter ce que cette erreur peut avoir de fâcheux, on préfère quelquefois se servir de Borax calciné ou même de verre ordinaire, si toutefois la gangue du minerai n'est pas siliceuse, dans lequel cas, il faudrait ne pas employer ce dernier fondant. Au mélange du minerai et du flux, on ajoute encore un peu de matière réductive telle que de la poudre de colophane ou de toute autre résine.

Quelques personnes forment une pâte avec de l'huile d'olives ; le mélange des matières est ensuite mis dans un creuset brasqué qui ne se remplit qu'aux trois quarts, et celui-ci est placé sur la grille d'un fourneau à vent, ou même sur un fromage dans un fourneau de laboratoire au dôme duquel on adapte un tuyau en tole assez élevé et muni d'une clef, afin que l'on puisse à volonté activer ou diminuer le tirage. La haute température se maintient depuis un quart d'heure jusqu'à une heure, et ne peut du reste par sa durée, influer en aucune manière sur le résultat de l'essai, attendu la fixité du Cuivre à cette chaleur qui ne doit pas dépasser 60° p.

Le creuset refroidi est ensuite cassé, et l'on trouve un culot de cuivre métallique qui, dans les cas de réussite, est libre de toute adhérence et dégagé de toute scorie ; s'il en était autrement, l'essai devrait être recommencé.

Si la matière était pauvre, c'est-à-dire si elle contenait moins de 0,02 ou 0,03 de Cuivre, il serait inutile de la traiter par la méthode précédente, car le cuivre métallique que l'on obtiendrait, ne serait pas réuni en culot et resterait disséminé dans la scorie à l'état de grenailles, ou bien serait même entièrement dissous par les laitiers.

Dans les cas de ce genre, il convient de mélanger le minerai avec une matière ferrugineuse, et de traiter le tout comme un véritable minerai de fer ; on recherche ensuite par la voie humide, la quantité de cuivre qui se trouve dans le culot de fonte obtenu.

M. Sesstroem a introduit à l'école des mines de Fahlun, une méthode fort simple et qui réussit parfaitement à séparer de très petites quantités de Cuivre. Elle consiste à dissoudre la matière à essayer dans l'acide sulfurique, et à précipiter le Cuivre par le Fer métallique. Ordinairement on prend 5 grammes de la substance cuivreuse qu'on dissout à chaud dans une once environ d'Acide sulfurique ; s'il reste une partie non dissoute, on verse sur elle, une vingtaine de gouttes d'Acide sulfurique, puis on délaie le tout dans un litre d'eau bouillante et l'on filtre. Pour précipiter le Cuivre dissous, on emploie des barreaux de fer de 8 à 9 pouces de long et épais d'un quart de pouce ; ils doivent être bien polis. On les fait préalablement chauffer dans un bain de sable après les avoir entourés de papier, et on les plonge chauds dans la liqueur. La précipitation est complète au bout d'une heure et demie, et le Cuivre se sépare très facilement du Fer. Le métal recueilli, est lavé par décantation, afin de le séparer de la petite quantité de Carbone que le Fer peut lui avoir cédé ; puis on le reçoit sur un filtre, on le lave, on le sèche à 100°, et on le pèse.

2° Des matières cuivreuses qui renferment du Soufre ou du Sélénium (le Sélénium est, comme on sait, isomorphe au Soufre) et qui contiennent, en outre, une quantité plus ou moins considérable de Fer, peuvent être essayées dans deux buts : 1° celui de connaître la quantité de *mattes* qu'elles peuvent fournir ; 2° celui d'obtenir à l'état métallique tout le Cuivre qu'elles contiennent.

L'essai pour matte ne présente aucune difficulté : on mé-

lange la matière à essayer avec partie égale de Borax vitrifié ou de toute autre substance susceptible de dissoudre la gangue, sans attaquer les Sulfures qui se réunissent
en donnant lieu à une *matte* fragile dont on prend ensuite
le poids. La chaleur de 60° p. suffit, en général, pour ces
opérations qui se font dans des creusets nus, mais pour lesquelles il serait pourtant plus convenable d'employer des
creusets brasqués. Comme le conseille M. Berthier, il est
préférable, quand on désire tirer de ces essais des données
métallurgiques, de se servir, comme fondant, des matières
employées dans les usines, telles que le Sulfate de baryte,
le Quartz, la Chaux etc; mais alors on doit forcément faire
usage de creusets brasqués et donner la température que
l'on donne aux essais de Fer. Ces essais pour *mattes* sont
loin de présenter toujours la garantie que l'on cherche en
les faisant, car il peut se volatiliser une quantité variable
de Soufre.

L'essai pour Cuivre des minerais sulfureux, exige indispen-
sablement une opération préliminaire, celle du grillage.
Elle est réclamée par la difficulté extrême que l'on éprouve
à traiter les minerais pyriteux par un réactif quelconque.
Ce grillage s'effectue dans un *tet* en terre que l'on place,
soit directement sur un foyer, soit sous la mouffle d'un
fourneau de coupelle, en ménageant, toute fois, l'accès de
l'air. On doit chauffer avec la plus grande précaution, afin
de ne pas déterminer l'agglomération des matières pulvéri-
sées, car si cet accident arrivait, on serait obligé de recommencer l'opération; on agite continuellement la matière,
pour en renouveler les surfaces et en faciliter ainsi la
désulfuration.

Lorsque cette dernière est avancée, on peut chauffer
jusqu'au rouge vif pour décomposer les Sulfures qui restent
par les Sulfates qui se sont formés; et quand tout dégagement d'Acide sulfureux a cessé, on porte la température au

blanc pour détruire les plus petites portions de ces Sulfates;
si les minerais sont très ferreux, il sera presque impossible
d'empêcher totalement l'agglomération.

Le grillage terminé, on procède à l'essai proprement dit,
qui se fait comme nous l'avons indiqué au commencement
de ce chapitre.

3°. Lorsque les minerais de Cuivre contiennent, outre les
matières précédemment nommées, un nombre plus ou moins
grand de métaux étrangers, on doit aussi débuter par le
grillage, et celui-ci terminé, on fond le résidu avec trois
parties de flux noir. On obtient ainsi un culot de cuivre
qui retient tous les métaux qui se trouvaient dans le minerai.

Pour séparer le Cuivre de ces métaux, qui en altèrent la
pureté, on procède à une opération connue sous le nom de
raffinage. Cette opération peut être considérée comme une
coupellation opérée sur le Cuivre, et fondée sur le même
principe que celle à laquelle on soumet les métaux précieux,
savoir : l'oxidation des métaux combinés en raison de
leur affinité plus grande pour l'oxigène; seulement on ne
peut obtenir le Cuivre avec la même exactitude que l'Argent
ou l'Or, ni dans un état de pureté absolue. Le culot de Cuivre
que l'on veut raffiner, se met dans un *tet* à rôtir, en terre, ou
mieux, cependant, dans une coupelle que l'on place ensuite
sous la moufle d'un fourneau d'essai; la chaleur doit être
plus haute que pour une coupellation ordinaire et on l'élève
au point convenable par le moyen d'un soufflet ou d'un tuyau
aspirateur muni d'une clef. Une fois le Cuivre fondu, on
laisse pénétrer l'air extérieur dans la moufle, et le raffinage
s'effectue si, toutefois, l'alliage contient une quantité de
Plomb suffisante ; les métaux alliés et une petite partie de
cuivre s'oxident, se fondent, et après s'être portés à la cir-
conférence du bouton métallique, sont absorbés par la coupelle ; un mouvement de rotation agite le bouton dont la
surface est constamment recouverte d'une pellicule irisée.

Vers la fin de l'opération, cette pellicule devient plus brillante et le mouvement de rotation beaucoup plus vif ; peu de temps après, le bouton se ternit tout à coup et le mouvement de rotation cesse. C'est à cet éclat si vif et si promptement terni, que l'on a donné le nom d'*Éclair;* il indique que l'opération est terminée.

Le bouton de cuivre et la coupelle qui le contient, sont jetés dans l'eau. Cette immersion est nécessaire pour que l'oxide de cuivre qui s'est formé à la surface du métal, puisse se séparer de lui au moyen de quelques coups de marteau. On peut aussi, comme le conseille M. Bertier, saupoudrer le bouton, encore rouge, avec du verre de borax.

Lorsque le raffinage ne s'effectue pas immédiatement après la fusion, ou lorsque cette fusion ne s'opère que difficilement, c'est un indice que l'alliage ne contient pas assez de plomb. On en ajoute alors un dixième de son poids, et si cette addition est insuffisante, on continue jusqu'à ce qu'on obtienne un bouton de retour bien pur.

L'opération du raffinage terminée, il s'agit de calculer exactement la quantité de Cuivre rendue en tenant compte de celle qui s'est perdue par l'oxidation; quand on n'a pas mis de Plomb, on obtient cette dernière en ajoutant au poids du bouton un dixième de la perte qu'il a éprouvée par le raffinage ; si, au contraire, on a mis du Plomb, on doit ajouter, en outre, une partie de Cuivre pour chaque dixième de Plomb employé. Si on s'est servi de Borax pour saupoudrer la surface du bouton de retour, on augmente le poids de celui-ci du septième du poids du Borax.

Quelquefois, l'alliage à raffiner, au lieu de réclamer l'addition du Plomb, en contient trop. Dans ce cas, pour que l'opération marche, on doit introduire dans la coupelle, un poids connu de Cuivre rouge très pur que l'on soustrait ensuite de la quantité que l'on obtient.

Au reste, l'analyse des minerais de Cuivre, lorsqu'on n'a

en vue que la détermination exacte de leur teneur en métal,
peut se faire par la voie humide avec plus de rigueur que par
la voie sèche.

ESSAIS

DES MINERAIS D'ÉTAIN.

Les minerais d'Étain exploités, renferment tous ce métal
à l'état d'oxide; ce n'est donc en définitive que de la réduction de ce dernier que nous avons à nous occuper. Cette réduction serait facilement opérée par le charbon à une température blanche, si l'Oxide d'étain était pur, mais comme
il se trouve mélangé avec différentes terres, notamment avec
la Silice, dans les minerais qui le contiennent, il devient extrêmement difficile de décomposer entièrement le Silicate
qui s'est formé, si ce n'est, toute fois, à la chaleur de 150°,
c'est-à-dire à la température nécessaire pour effectuer les
essais de fer.

Les essais d'Étain doivent toujours se faire dans des creusets brasqués, et cela afin d'éviter l'action que l'oxide de ce
métal ne manquerait pas d'exercer sur la Silice qui entre
dans la composition de l'argile dont est formé le creuset.

L'emploi du flux noir, celui d'un mélange de tartre et de résine, moyens dont se servaient les anciens pour leurs essais, doivent être rejetés.

Lorsqu'un minerai d'Étain est sulfureux, on peut avantageusement le griller avec du charbon et le laver ensuite par décantation. Il est encore un autre moyen qui consiste à traiter le minerai pulvérisé par l'Eau régale qui, dissolvant les matières pyriteuses, laisse à nu l'Oxide d'étain ; le résidu est ensuite lavé et calciné, pour en dégager tout le Soufre. Une fois le minerai purifié, il ne reste plus qu'à le traiter par un fondant convenable, mais toujours, comme nous l'avons dit plus haut, à une température très élevée. Les fondants que l'on peut employer sont le Borax, le Carbonate de soude, celui de chaux et la Dolomie. Ces deux derniers sont, en général, préférables, parce qu'étant fixes, ils n'induisent jamais en erreur, ce qui arrive presque toujours avec les deux premiers, qui sont en partie volatils.

ESSAIS

DES MINERAIS D'ANTIMOINE.

Nous n'entrerons pas dans de grands détails au sujet des essais d'Antimoine, ce métal n'ayant pas dans les arts une importance aussi grande que celle des métaux qui précèdent.

De même que le Plomb, l'Antimoine, quand il se trouve

à l'état d'oxide, se réduit facilement par le flux noir ou par toute autre matière de ce genre, seulement il faut employer une température beaucoup moins élevée en raison de la volatilité du métal. Ce qu'il y a de fâcheux, c'est que si le minerai contient du Fer, on ne peut empêcher ce dernier métal de se combiner avec l'Antimoine.

Quand les minerais à traiter sont sulfureux, l'essai est facile et l'on peut obtenir le métal, soit en grillant le Sulfure, soit en le calcinant avec de la limaille de fer. Le premier moyen exige beaucoup de précautions en raison de la volatilité du Sulfure et de l'Oxide qui se forment pendant le grillage, que l'on continue jusqu'à ce qu'il ne se dégage plus d'Acide sulfureux. La température ne doit jamais être fort élevée. La seconde méthode réussit toujours ; il se forme du Sulfure de fer et de l'Antimoine métallique. On ne doit élever beaucoup la température qu'à la fin de l'opération et cela, afin de séparer mieux l'Antimoine du Sulfure de fer. M. Berthier fixe à 42 pour 100 de Sulfure, la quantité de Fer qu'il convient d'employer. Si l'on en mettait davantage, on obtiendrait un Antimoniure de fer.

On peut encore, pour les essais d'Antimoine sulfuré, employer des Carbonates et des Sulfates alcalins conjointement avec le Fer.

ESSAIS

DES MINERAIS DE MERCURE.

Ces essais sont faciles, surtout quand le mercure se trouve libre ou à l'état d'alliage. Dans ce cas, on n'a qu'à chauffer la matière dans une cornue de verre placée dans un fourneau, et à recueillir le mercure qui se volatilise sous forme de gouttelettes que l'on réunit et dont on prend le poids. Afin que la plus petite partie de mercure ne puisse pas se perdre, on plonge dans l'eau le bec de la cornue.

Quand on veut réduire un Sulfure ou un Séléniure de mercure, on le chauffe avec un alcali ou un métal susceptible de se combiner avec le Soufre ou avec le Sélénium.

On peut encore se borner à distiller le minerai sulfureux afin de recueillir le sulfure pur; celui-ci permet de connaître la quantité de métal, que l'on déduit de sa composition qui est :

$$25 \text{ gram.} = \begin{array}{ll} \text{Mercure} & 92,64 \\ \text{Soufre} & 7,36 \\ \hline & 100,00. \end{array}$$

De très petites quantités de Mercure peuvent se reconnaître au moyen d'une lame d'or, qui blanchit aussitôt.

ESSAIS

DES MINERAIS DE ZINC.

Lorsqu'on a à analyser des matières zincifères oxidées, toute l'opération consiste à les pulvériser, à les mêler dans une cornue avec du poussier de charbon, et à chauffer cette cornue au rouge blanc dans un fourneau à réverbère ; le zinc se volatilise, et ses vapeurs viennent se condenser dans le col. La cornue dont il faut se servir, doit être en terre imperméable aux gaz et sans défauts ; son col doit sortir de la longueur d'un décimètre au moins du fourneau qui doit être muni de son dôme et surmonté d'un tuyau aspirateur pour en augmenter le tirage. On rend difficile, autant que possible, l'entrée de l'air dans la cornue, afin d'empêcher l'oxidation du métal.

Le zinc se trouvant rassemblé dans le col de la cornue, il suffit de fondre ce dépôt avec un peu de charbon pour obtenir le métal pur ; mais si l'on veut exactement doser le zinc, il faut dissoudre, sans en rien perdre, le dépôt dans l'Acide nitrique, et décomposer ensuite le Nitrate par la chaleur rouge dans un creuset de porcelaine ou de platine. On obtient l'Oxide pur qui est composé de :

Zinc	80,13
Oxigène	19,87
	100,00.

Un moyen plus simple de connaître la quantité d'oxide, consiste à mélanger le minerai avec du charbon et à chauffer le mélange à une bonne température blanche. L'on grille ensuite pour enlever le peu de charbon qui n'a pas été brûlé par l'Oxide de zinc, et en pesant le résidu on a par différence le poids de l'oxide contenu dans le minerai essayé ; on peut, dès lors, connaître très exactement la teneur absolue en métal. Pour que l'essai réussisse bien, il est convenable de n'employer que des creusets brasqués, afin que les matières en fusion n'adhèrent pas aux parois des creusets. Quant à la matière vitrifiable employée, elle varie selon la nature de la gangue qui accompagne le minerai.

Lorsque la matière à essayer est silicatée, il faut, de plus, ajouter au charbon et au flux noir, une substance de nature à se combiner avec la Silice et à former un Silicate plus ou moins fusible : la Chaux est ordinairement le corps employé à cet effet.

Si la matière zincifère contient du Soufre, ou se trouve à l'état de Sulfure, on la soumet ordinairement à un grillage préalable, ayant soin de ne pas fondre le minerai. En opérant avec précaution, on peut dégager presque tout le Soufre.

Il est encore un moyen de traiter les matières zincifères sulfurées, c'est de les exposer à une très haute température avec de la limaille de fer qui forme un Sulfure avec le Soufre, et dégage le zinc qui se vaporise. On doit employer un fondant qui permette une fusion complète et la réunion facile des matières en un seul culot.

Quelquefois on essaye les minerais de Zinc pour connaître la quantité de laiton qu'ils peuvent produire avec un poids donné de Cuivre.

ESSAIS

DES MINERAIS DE PLOMB.

Lorsque les minerais de Plomb à essayer sont simplement oxidés ou carbonatés, il ne s'agit que de les mêler avec un flux alcalin réductif, et de les exposer à une température de 50 à 60°. Quelquefois, au lieu d'employer un flux réductif, on fait l'essai au creuset brasqué dans lequel la réduction s'effectue par cémentation.

La présence d'un alcali est, en général, très favorable à la réduction sous le rapport des gangues, et ne nuit, du reste, en aucune façon, à la réduction complète du métal. Quant à la quantité de charbon, elle ne doit pas être forte, la proportion d'Oxigène contenue dans les Oxides de plomb étant très faible. En effet, le Protoxide est composé de :

Plomb	92,83
Oxigène	7,17

et le Deutoxide de :

Plomb	86,62
Oxigène	13,38.

Les scories qui résultent de l'essai des minerais de plomb, en retiennent toujours un peu, mais cette quantité est très faible.

Lorsque les minerais de plomb sont à l'état de sulfures, il est impossible d'en faire, par la voie sèche, un essai bien exact, une certaine quantité se volatilisant toujours ; la voie humide est donc la seule qui puisse conduire à un résultat certain, et à un dosage parfait.

Dans un assez grand nombre d'usines, on essaie les minerais de plomb sulfurés par le grillage. Pour cela, on les pulvérise, et on les chauffe dans un tet en terre en agitant toujours avec une spatule de fer, et surtout, en ayant soin de ne pas fort élever la température, afin de ne pas déterminer la fusion des matières, ce qui mettrait dans l'obligation de recommencer l'essai. Dès qu'on ne sent plus de vapeur sulfureuse, on ajoute un peu de poudre de charbon pour décomposer le Sulfate de plomb, mais malgré cela, la désulfuration est presque toujours incomplète, et les galènes les plus pures ne donnent jamais, par ce procédé, selon M. Guéniveau, plus de 0,70, à 0,72 de plomb.

On peut encore essayer les minerais sulfurés en les fondant avec des flux alcalins et réductifs, mais ces méthodes ne sont guère plus fidèles que la précédente. Une manière qui est même suivie dans le traitement en grand de la galène, consiste à la fondre avec de la limaille de fer qui se transforme en Proto-sulfure, mais on ne peut guère obtenir plus de 0,72 à 0,79 de plomb par ce procédé, tandis que le Sulfure de plomb est composé de :

$$\begin{array}{ll} \text{Plomb} & 86,55 \\ \text{Soufre} & 13,45 \\ \hline & 100,00. \end{array}$$

ESSAIS

DES MINERAIS D'ARGENT.

L'analyse des minerais d'Argent présente un cas remarquable dans lequel la voie humide ne pourrait guère l'emporter en exactitude sur la voie sèche ; en effet, la coupellation offre un moyen précieux de séparer l'Argent de certains métaux avec lesquels il se trouve allié. Malheureusement, il est bon nombre de matières argentifères qui ne peuvent pas être soumises directement à cette opération. Pour les y préparer, on peut procéder de diverses manières.

Si la matière argentifère contient du Plomb à l'état d'oxide, on peut la traiter comme nous venons de l'indiquer pour les essais de Plomb, c'est-à-dire au moyen d'un flux réductif et alcalin ; seulement, on doit faire en sorte de n'obtenir que le moins de mattes possible, afin de ne perdre qu'une très petite quantité d'Argent qui est toujours entraînée par elles. Quant aux minerais de Cuivre argentifères, on peut les traiter comme si l'on ne cherchait à obtenir que le premier métal.

On grille quelquefois les minerais d'argent, mais il faut apporter à ce grillage toutes les précautions possibles, afin de ne déterminer ni la fusion des matières, ni la production trop abondante de vapeurs qui pourraient, surtout si le minerai était arsénical, entraîner une certaine quantité d'Argent.

Quand la matière argentifère ne contient pas de Plomb, on ajoute au réductif que l'on emploie, un peu de litharge qui doit en produire assez pour que l'Argent puisse s'allier avec lui ; la litharge est préférable au plomb métallique, attendu son extrême division dans la masse. Selon M. Berthier, toutes les matières argileuses, pierreuses et ferrugineuses fondent très bien avec addition de 8 à 12 parties de litharge. La Potasse est employée comme fondant pour les matière siliceuses auxquelles on ajoute encore une petite quantité de charbon en poudre. Le Borax est mis en usage de la même manière.

Lorsque les minerais d'Argent contiennent des métaux ou des substances très avides d'oxigène, on peut les traiter par la litharge qui se désoxide en faveur de ces matières et qui, passant à l'état de Plomb, entraîne ainsi l'Argent. Mais ce procédé donnant une trop forte proportion de Plomb, on a imaginé de mêler du nitre à la litharge. De cette manière, on oxide tous les métaux étrangers, et l'on n'allie l'Argent qu'avec la quantité de Plomb que l'on juge convenable.

La *Scorification* offre un excellent moyen de séparer l'Argent des matières étrangères en l'alliant au Plomb. Pour l'effectuer, on commence par mélanger le minerai avec une quantité bien connue de Plomb granulé ; après avoir chauffé fortement pendant le temps nécessaire pour que le plomb soit fondu, on ouvre la porte de la moufle dans laquelle la scorification s'opère, et l'entrée de l'air détermine le grillage des matières étrangères contenues dans le minerai qui, en vertu de sa pesanteur spécifique moindre, surnage le plomb. On juge de la nature des substances qui se brûlent par les vapeurs qui se dégagent. Au bout de dix-huit ou de vingt minutes, le grillage est terminé et l'on n'aperçoit plus le minerai surnageant dans le bain de plomb. On chauffe alors très fortement, et toutes les scories entrent en fusion.

Lorsqu'on ouvre la moufle, le culot devient d'un rouge blanc, et l'on observe des fumées d'un blanc clair. Quand le bain métallique est complètement recouvert d'oxide fondu, la scorification est terminée. Souvent on ajoute au mélange de minerai et de plomb une certaine quantité de borax.

Il est encore un procédé que l'on emploie pour l'essai des minerais d'Argent, mais qui n'est applicable que pour certains d'entre eux, tels que l'Argent natif, le Chlorure et ceux en un mot qui ne contiennent ni plomb, ni cuivre : c'est l'*amalgamation*. Lorsque les minerais renferment des matières sulfureuses ou autres qui sont volatiles, on les soumet à un grillage préalable avec du Chlorure de sodium ; puis, après les avoir réduits en poudre impalpable, on les met en contact avec du Mercure bien pur, en chauffant un peu, afin que l'amalgamation soit plus rapide et plus complète; après quoi on distille. Le Mercure se vaporise tandis que l'Argent reste.

Nous devons exposer maintenant l'opération le plus généralement pratiquée quand on veut faire l'essai exact des minerais d'Argent : la *coupellation*. Souvent même, comme nous l'avons vu, on traite d'une manière particulière certains minerais, afin de pouvoir les amener à y être soumis ensuite.

La coupellation a beaucoup d'analogie avec la scorification quant à la manière d'opérer, mais elle s'en distingue essentiellement par sa rigoureuse exactitude qui, elle-même, dépend du vase dans lequel le travail s'effectue. Nous avons déjà donné tous les détails relatifs aux fourneaux employés dans ce cas, ainsi que ceux qui concernent les coupelles, les matières dont elles sont formées, les moufles, etc.

Il ne nous reste donc à nous occuper que des phénomènes chimiques qui constituent l'opération proprement dite.

Le Phosphate de chaux dont on confectionne les coupelles, présente, en raison de sa porosité, la propriété d'absorber, comme le ferait une éponge d'un liquide, les Oxides de plomb et de Bismuth qui se trouvent à l'état de fusion. Quant aux Oxides des autres métaux qui accompagnent souvent les Plombs argentifères, ils sont aussi absorbés à la faveur de la litharge ou de l'oxide de bismuth, pourvu, toutefois, que leur quantité relative ne soit pas trop considérable. Pour faire une coupellation, il faut observer plusieurs conditions et prendre diverses précautions qui, pour peu qu'on les néglige, peuvent faire manquer l'opération.

On commence par allumer le fourneau et placer ensuite les coupelles dans la moufle en fermant celle-ci de manière que la chaleur soit aussi concentrée que possible. Lorsque la température est parvenue presque au blanc, on peut introduire la matière d'essai dans les coupelles, mais il faut préalablement enlever, au moyen de quelques coups de soufflet, la poussière qui pourrait s'y être déposée. Quand la matière ne réclame pas d'addition de plomb, on la pose délicatement dans la coupelle, et, dans le cas contraire, on commence par mettre dans cette dernière, la quantité de plomb que l'on veut ajouter. On doit, dans tous les cas, éviter les projections qui pourraient entraîner des pertes. Cela fait, on laisse pendant quelque temps, la moufle close au moyen de la porte ou de quelques charbons allumés, puis, une fois les coupelles portées à la température de la moufle, on ouvre celle-ci, et on établit ainsi un courant d'air qui oxide le Plomb et les métaux autres que l'Argent, qui se trouvent dans les coupelles.

Le bain métallique qui était *découvert* au moment où l'on a ouvert la porte de la moufle, se couvre bientôt d'une pellicule brillante et irisée d'oxide qui se trouve instantanément absorbée par la coupelle ; ces pellicules continuent à se former, et, dans le même temps, une partie du plomb se volatilise sous forme de fumée grisâtre qui s'échappe de la moufle. Au bout de quelque temps, il se forme dans la coupelle,

une tache annulaire correspondant au niveau du métal absorbé ; la quantité de métaux étrangers diminue ; l'œuvre
devient d'une forme plus arrondie, et la vivacité du mouvement augmente en même temps que la surface du bouton
se montre plus brillante. Tout à coup, cet éclat devient très
vif et se nuance successivement de toutes les couleurs du
spectre solaire, puis tous les phénomènes cessent brusquement, et le bouton acquiert un aspect mat que l'éclat métallique remplace bientôt. On donne le nom d'*éclair*, de *corus-
cation* et de *fulguration* à cette dernière période de l'opération.

Après que l'Argent est tout à fait solide, on retire la coupelle de la moufle, on saisit le bouton avec une pince délicate,
on le nettoie des matières terreuses qui y adhèrent, et on le
pèse exactement.

On doit observer de ne pas retirer la coupelle de la moufle
immédiatement après l'éclair, parce qu'alors l'Argent se so-
lidifiant à l'extérieur et, en conséquence, exerçant une compression sur le métal encore liquide qu'il recouvre celui-ci
se fait un passage et se projette au dehors en formant à la
surface du bouton, une espèce d'herborisation métallique.
On dit alors que le bouton *roche* ou *végète*, et l'on risque
chaque fois d'en perdre une certaine quantité.

Lorsque l'essai a réussi, le bouton d'argent est bien arrondi, brillant, cristallin au dessus ; sa face inférieure est
au contraire matte et d'un aspect grenu ; il se détache bien
de la coupelle, et n'entraîne presque pas de matière terreuse.
Quand la surface du bouton est aplatie et terne, on peut
supposer qu'une petite quantité d'argent s'est volatilisée,
ce qui n'a pu avoir lieu que par une élévation trop forte de
la température. On dit alors que l'essai a eu *trop chaud*.
Lorsqu'au contraire sa surface est inégale, brillante par
places, qu'il existe en dessous de petites cavités, de petites
parcelles de litharge, ou que le bouton est adhérent au
fond de la coupelle, ce sont des preuves d'une température

trop faible ; on dit alors que l'essai a eu *trop froid*, aussi retient-il encore du plomb.

Quelquefois, il arrive que la litharge, soit qu'elle se produise en trop grande abondance, soit que les oxides des métaux étrangers l'altèrent, ne soit pas absorbée par la coupelle au fur et à mesure de sa production. Dans ce cas, elle entoure le bain métallique et finit par le recouvrir entièrement ; tout éclat et tout mouvement cessent et l'essai est *noyé*. Dans certains cas, on peut remédier à cet accident, en chauffant davantage la coupelle à l'abri du contact de l'air, jusqu'à ce que toute la litharge soit absorbée, ou en ajoutant du plomb lorsque l'excès des métaux étrangers serait la cause du danger que court l'essai.

On doit ensuite peser exactement le bouton d'argent obtenu et nettoyé, en défalquant, toutefois, de son poids, celui de la petite quantité d'argent que pouvait contenir le plomb ou la litharge employé dans la coupellation ; quand on obtient ce petit grain d'argent, par un essai particulier, on lui donne le nom de *témoin*.

En termes techniques, on donne à la quantité de matière qu'on allie au Plomb, le nom de *prise d'essai*, et à l'Argent que la coupellation en retire, celui de *bouton de retour*.

Quant à la coupellation au Bismuth, elle occasionne des pertes d'Argent beaucoup plus fortes que celles que l'on éprouve avec le Plomb. Celles-ci sont dues à trois causes : la volatilisation de l'argent, son oxidation partielle et son infiltration dans les parois de la coupelle, causes que l'on ne peut jamais totalement éviter.

Parmi les minerais d'Argent, le Sulfure de plomb argentifère est un de ceux que l'on essaie le plus souvent par la coupellation. On coupelle aussi très facilement le Chlorure d'argent.

ESSAIS

DES MINERAIS D'OR.

Parmi les matières qui renferment de l'or, il en est qui peuvent être soumises à la coupellation, et, dans ce cas, la marche à suivre est la même que pour l'argent. Seulement il faut, en général, une température plus haute et une quantité de plomb beaucoup plus forte, mais cela ne donne lieu à aucun inconvénient, attendu la fixité absolue de l'Or qui, de plus, n'est presque pas susceptible d'être absorbé par les coupelles.

Les alliages d'Or avec l'Argent, le Cuivre et le Plomb ne sont pas difficiles à coupeller, mais l'alliage avec le Platine rend la séparation des métaux oxidables, et surtout du Cuivre, très pénible et très incomplète. Il faut alors ajouter une assez grande quantité de plomb. Il est une opération à laquelle on donne le nom de *départ sec*, mais qui diffère beaucoup du départ par la voie humide, que nous avons étudié à l'analyse des alliages. Le *départ sec* a pour objet de concentrer l'Or dans la plus petite quantité d'Argent possible; mais pour opérer avec chances de succès, il convient que l'alliage contienne au plus 0,12 d'Or. On fond l'alliage dans un creuset, et on le verse ensuite dans un bac plein d'eau à laquelle on communique un mouvement *giratoire* très

vif en l'agitant avec un balai. L'alliage se convertit en grenailles creuses dont on conserve une partie et dont on mêle
l'autre avec 0,12 environ de fleur de soufre qui adhère aux
grenailles humides.

Il ne reste plus qu'à chauffer dans un creuset à une température favorable à la formation du sulfure d'argent. Quand
on le suppose formé, on chauffe jusqu'au point de fusion et
on coule dans un moule conique en fonte, graissé et chauffé,
afin d'éviter toute perte par adhérence. On obtient une
matte sulfurée à laquelle on donne le nom de *plachmall*,
et un culot dans lequel l'Or se trouve concentré. Il se peut
même que le culot soit trop riche, alors il reste de l'Or dans
la matte, et celle-ci doit être refondue, soit avec la grenaille
conservée, soit avec un peu de limaille de fer. Si au contraire,
ce qui peut arriver, on n'obtient pas de culot, l'on doit se
comporter de même, c'est-à-dire refondre le *plachmall* avec
le reste de la grenaille et de la limaille de fer.

TABLE

représentant les formules et la composition en cent, des principaux composés.

Nota. Il est essentiel d'observer que les formules des corps qui contiennent du carbone étant prises d'après les calculs de Dumas, la quantité de ce corps simple sera toujours double en volume de celle indiquée par les tables de Berzélius, d'après lesquelles celle-ci a été dressée.

NOMS DES CORPS.	FORMULES.	POIDS DE L'ATÔME. L'Oxigène=100	CONTIENT POUR 100.		
			BASE.	ACIDE.	EAU.
Acétate d'alumine	$Al^2O^3,H^6C^8O^3$	2571,90	24,97	75,03	
— d'ammoniaque	$Az^2H^6,H^6C^8O^3$	970,14	33,70	66,30	
— d'argent	$AgO,H^6C^8O^3$	2094,80	69,30	30,70	
— de baryte cristallisé	$BaO,H^6C^8O^3+H^2O$	1712,55	55,87	37,56	6,57
— de protoxide de cuivre	$Cu^2O,H^6C^8O^3$	1534,58	58,09	41,91	
— de deutoxide —	$CuO,H^6C^8O^3$	1138,88	43,52	56,48	
— — —crist.	$CuO,H^6C^8O^3+2H^2O$	1251,36	39,61	51,40	8,99
— de protoxide de fer	$FeO,H^6C^8O^3$	1082,39	40,58	59,42	
— de peroxide —	$Fe^2O^3,3H^6C^8O^3$	2907,97	33,65	66,35	
— de protoxide de plomb	$PbO,H^6C^8O^3$	2037,69	68,44	31,56	
— — — cristal.	$PbO,H^6C^8O^3+3H^2O$	2375,12	58,71	27,08	14,21
— de potasse	$KO,H^6C^8O^3$	1233,10	47,84	52,16	
— de soude	$NaO,H^6C^8O^3$	1034,09	37,80	62,20	
— — cristallisé	$NaO,H^6C^8O^3+6H^2O$	1708,96	22,87	37,64	39,49
Acide acétique	$H^6C^8O^3$	643,19	C. = 47,54	O. = 46,64	H. = 5,82
— acétique hydraté	$H^6C^8O^3+H^2O$	755,67	» »	85,12	14,88
— antimonieux	Sb^2O^4	2012,90	80,13	19,87	

NOMS DES CORPS.	FORMULES.	POIDS DE L'ATÔME. L'Oxigène$=100$	CONTIENT POUR 100.		
			BASE.	ACIDE.	EAU.
Acide antimonique	Sb^2O^5	2112,90	76,34	23,66	
— arsénieux	AS^2O^3	1240,08	75,81	24,19	
— arsénique	AS^2O^5	1440,08	65,28	34,72	
— benzoïque	$H^{10}C^{28}O^3$	1432,52	C.$=$ 74,70	O.$=$ 20,94	H. $=$ 4,36
— borique	BO^3	436,20	31,22	68,78	
— brômique	Br^3O^3	1478,31	66,18	33,82	
— carbonique	CO (Dumas).	276,44	27,65	72,35	
— chloreux	Ch^2O^4 (Dumas).	742,65	59,60	40,40	
— chlorique	Ch^2O^5	942,65	46,96	53,04	
— chrômique	CrO^3	651,81	53,97	46,09	
— gallique	$H^6C^{14}O^5$	1072,50	C. $=$49,89	O $=$46,62	H.$=$3,49
— hydrobrômique	HBr	495,39	H. $=$ 1.26	Br $=$ 98,74	
— hydrochlorique	HCh	227,57	H. $=$2,74	Ch $=$ 97,26	
— hydrocyanique	HCy	171,20	H. $=$3,64	Cy $=$ 96,36	
— hydrofluorique	HF	123,14	H. $=$5,07	F. $=$ 94,93	
— hydrofluosilicique	$^2HF+^2SiF^2$	1268,50	$^2HF=$ 19.42	$^2SiF^2=$80,58	
— hydrosulfurique	H^2S	213,65	H. $=$5,84	S. $=$ 94,16	
— hydriodique	HI	795,99	H. $=$ 0,78	I. $=$ 99,22	
— hydrosulfocyanique	HCyS	372,36	Cy $=$ 44,30	S. $=$ 54,02	H. $=$1,68
— iodique	I^2O^5	2079,50	75,96	24,04	
— manganique	MnO^3	645,89	53,55	46,45	
— molybdique	MoO^3	898,52	66,61	33,39	
— nitreux	N^2O^3	477,04	37,11	62,89	

NOMS DES CORPS.	FORMULES.	POIDS DE L'ATOME. L'oxigène = 100	CONTIENT POUR 100.		
			BASE.	ACIDE.	EAU.
Acide nitrique	N^2O^5	677,04	26,15	73,85	
— osmique	$Os O^4$	1644,49	75,68	24,32	
— oxalique	C^4O^5	452,87	33,76	66,24	
— oxichlorique	Ch^2O7	1142,65	38,74	61,26	
— phosphoreux	P^2O^3	692,28	56,67	43,33	
— phosphorique	P^2O^5	892,28	43,96	56,04	
— sélénieux	SeO^2	694,58	71,21	28,79	
— sélénique	SeO^3	794,58	62,24	37,76	
— silicique	SiO^3 (Berzélius)	577,31	48,04	51,96	
— hyposulfureux	S^2O^2	602,33	66,80	33,20	
— sulfureux	SO^2	401,16	50,15	49,85	
— hyposulfurique	S^2O^5	902,33	44,59	55,41	
— sulfurique	SO^3	501,16	40,14	59,86	
— tantalique	Ta^2O^3	2607,43	88,49	11,51	
— tartrique	$H^4C^8O^5$	830,71	C. = 36,81	O. = 60,19	H. = 3,00
— tellurique	TeO^3	1101,76	72,77	27,23	
— titanique	TiO^2	503,66	60,29	39,71	
— tungstique	WO^5	1483,00	79,77	20,23	
— uranique	U^2O^3	5722,72	94,76	5,24	
— vanadique	VO^3	1156,89	74,07	25,93	
Alcool.	$H^{12}C^8O^2$ (Dumas.)	» »	C. = 52,66	O. = 34,44	H. = 12,70
Alumine.	Al^2O^3	642,33	53,30	46,70	
Aluminium	Al	171,17	» »	» »	

NOMS DES CORPS.	FORMULES.	POIDS DE L'ATOME. L'Oxigène = 100	CONTIENT POUR 100.		
			BASE.	ACIDE.	EAU.
Ammoniaque	NH^3 (Berzélius).	107,24	N. = 82,54	H. = 17,46	
Antimoine	Sb	806,45	» »	» »	
Argent	Ag	1351,61	» »	» »	
Arséniate d'argent	$^2AgO,As^2O^5$	4343,30	66,84	33,16	
— de cobalt	$^2CoO,As^2O^5$	2378,07	39,44	60,56	
— de protoxide de cuivre	$^2Cu^2O,As^2O^5$	3222,86	55,32	44,68	
— de deutoxide —	$^2CuO,As^2O^5$	2431,57	40,77	59,23	
— de protoxide de fer	$^2FeO,As^2O^5$	2318,49	37,89	62,11	
— de peroxide —	$^2Fe^2O^3,As^2O^5$	6277,07	31,17	68,83	
— de potasse	$^2KO,^2As^2O^5$	2619,92	45,03	54,97	
Bi — — cristallisé	$KO^2,As^2O^5+^2H^2O$	2254,96	26,16	63,86	9,98
Arsenic	As	470,04	» »	» »	
Arsénite d'argent	$^2AgO,As^2O^3$	4143,30	70,07	29,93	
— de chaux	$^2CaO,As^2O^3$	1952,12	36,48	63,52	
— de protoxide de cuivre	$^2Cu^2O,As^2O^3$	3022,86	58,98	41,02	
— de potasse	$^2KO,As^2O^3$	2419,92	48,76	51,24	
Baryte	BaO	956,88	89,55	10,45	
Barium	Ba	856,88	» »		
Benzoate de fer	$FeO,^3H^{10}C^{28}O^3$	1871,73	23,47	76,53	
Borate de soude	NaO,BO^5	827,11	47,26	52,74	
Bromate d'argent	AgO,Br^2O^5	2929,91	49,54	50,46	
Brôme	Br	489,15			
Bromure	$AgBr^2$	2329,91	58,01	41,99	

NOMS DES CORPS.	FORMULES.	POIDS DE L'ATOME. L'oxigène = 100	CONTIENT POUR 100.		
			BASE.	ACIDE.	EAU.
Cadmium	Cd	696,77			
Carbonate d'ammoniaque	$^2NH^3,^2CO$ (Dumas)	490,91	43,69	56,31	
— de baryte	$BaO,^2CO$ (Dumas)	1233,32	77,59	22,41	
— de chaux	$CaO,^2CO$ (Dumas)	632,46	56,29	43,71	
— de cobalt	$^2CoO,^3CO$ (Dumas)	» »	62,92	37,08	
— de protoxide de cuivre	Cu^2O,CO (Dumas)	1167,83	76,33	23,67	
— de bioxide de cuivre hydraté	$CuO,CO \div H^2O$	1380,31	71,82	20,03	8,15
— de fer	$FeO,^2CO$ (Dumas)	715,64	61,47	38,53	
— de magnésie	$MgO,^2CO$ (Dumas)	534,79	48,41	51,59	
— de protoxide de manganèse	$MnO,^2CO$ (Dumas)	722,33	61,73	38,27	
— de plomb	$PbO,^2CO$ (Dumas)	1670,94	83,52	16,48	
— de potasse	$KO,^2CO$ (Dumas)	866,35	68,18	31,82	
— de soude	$NaO,^2CO$ (Dumas)	667,34	58,57	41,43	
— de zinc	$ZnO,^2CO$ (Dumas)	779,66	64,54	35,46	
Carbone	C	76,44			
Chaux	CaO	356,02	71,91	28,09	
Chlorate de potasse	KO,ch^2O^5	1532,57	38,49	61,51	
Chlore	Ch	221,33			
Chlorure d'argent	$AgCh^2$	1794,26	75,33	24,67	
— de barium	$Bach^2$	1299,53	65,94	34,06	
— du mercure (Proto)	Hg^2Ch^2	2974,30	85,12	14,88	

NOMS DES CORPS.	FORMULES.	POIDS DE L'ATOME L'oxigène = 100	CONTIENT POUR 100.		
			BASE	ACIDE	EAU
Chlorure de mercure (Deuto)	$HgCh^2$	1708,47	74,09	25,91	
— de plomb	$PbCh^2$	1737,15	74,52	25,48	
— de sodium	$NaCh^2$	733,55	39,66	60,34	
Chromate d'argent	AgO,CrO^3	2103,42	69,01	30,99	
— de mercure (Proto)	Hg^2O,CrO^3	3283,46	80,15	19,85	
— — (Deuto)	HgO,CrO^3	2017,64	67,69	32,31	
— de plomb	PbO,CrO^3	2046,31	68,15	31,85	
— de potasse	KO,CrO^3	1241,73	47,51	52,49	
— — (Bi)	$KO,^2CrO^3$	1893,55	31,15	68,85	
Crôme	Cr	351,82	» »	» »	
Eau	H^2O	112,48	11,09	88,91	
Etain	Sn	735,29			
Fluorure de calcium	CaF^2	489,82	52,27	47,73	
Gallate de protoxide de fer	$FeO,H^6C^{14}O^5$	1511,71	29,05	70,95	
Glucine	G^2O^3	962,52	68,83	31,17	
Hydrate d'alumine	$Al^2O^3,^3H^2O$	979,77	65,56	34,44	
— de cuivre	CuO,H^2O	608,17	81,51	18,49	
— de protoxide de fer	FeO,H^2O	551,68	79,61	20,39	
— de deutoxide de fer (Bi)	$^2Fe^2O^3,^3H^2O$	2294,26	85,29	14,71	
— de protoxide de mang^{se}	MnO,H^2O	558,37	79,86	20,14	
— de deutoxide de mercure	HgO,H^2O	1478,30	92,39	7,61	
— de potasse	KO,H^2O	702,40	83,99	16,01	
— de deutoxide d'étain	$SnO^2,^2H^2O$	1169,25	80,61	19,39	

NOMS DES CORPS.	FORMULES.	POIDS DE L'ATOME. L'oxigène = 100	CONTIENT POUR 100.		
			BASE.	ACIDE.	EAU.
Hydrate de zinc	ZnO,H^2O	615,71	81,73	18,27	
Hydrogène	H	623,98	» »	» »	
Iodate d'argent	AgO,I^2O^5	3531,11	41,11	58,89	
Iode	I	789,75	» »	» »	
Iodure d'antimoine	Sb^2I^6	6351,40	25,39	74,61	
— d'argent	AgI^2	2931,11	46,11	53,89	
— de mercure (Proto)	Hg^2I^2	4111,14	61,58	38,42	
— de mercure (Deuto)	HgI^2	2845,32	44,49	55,51	
— de plomb	PbI^2	2874,00	45,04	54,96	
Lithine	LO	180,33	44,55	55,45	
Magnésie	MgO	258,35	61,29	38,71	
Nitrate d'argent	AgO,N^2O^5	2128,64	68,19	31,81	
— de potasse	KO,N^2O^5	1266,95	46,56	53,44	
Oxalate de chaux	CaO,C^4O^5	808,89	44,01	55,99	
Oxide d'antimoine (Per)	Sb^2O^3	1912,90	84,32	15,68	
— d'argent	AgO	1451,61	93,11	6,89	
— de bismuth	BiO	989,92	89,87	10,13	
— de carbone	C^2O (Dumas)	176,44	43,32	56,68	
— de cobalt	CoO	468,99	78,68	21,32	
— de chrome	Cr^2O^3	1003,63	70,11	29,89	
— de cuivre (Proto)	Cu^2O	891,39	88,78	11,22	
— — (Bi)	CuO	495,70	79,83	20,17	
— — (Per)	CuO^2	595,70	66,43	33,57	

NOMS DES CORPS.	FORMULES.	POIDS DE L'ATOME. L'Oxigène=100	CONTIENT POUR 100.		
			BASE.	ACIDE.	EAU.
Oxide d'etain (Bi)	SnO^2	935,29	78,62	21,38	
— de fer (Proto)	FeO	439,21	77,23	22,77	
— — (Per)	Fe^2O^3	978,41	69,34	30,66	
— ferroso-ferrique	FeO,Fe^2O^3	1417,61	$FeO=30,98$ $Fe=71,78$	$Fe^2O^3=69,02$ $O=28,22$	
— de manganèse (Proto)	MnO	445,89	77,57	22,43	
— — (Sesqui)	Mn^2O^3	991,77	69,75	30,25	
— — (Per)	MnO^2	545,89	63,36	36,64	
— de mercure (Proto)	Hg^2O	2631,65	96,20	3,80	
— — (Deuto)	HgO	1365,82	92,68	7,32	
— de plomb	PbO	1394,50	92,83	7,17	
— — (Per)	PbO^2	1494,50	86,62	13,38	
— de zinc	ZnO	503,23	80,13	19,87	
Phosphate d'alumine	$^2Al^2O^3,^3Ph^2O^5$	3961,52	32,43	67,57	
— d'argent	$^2AgO,Ph^2O^5$	3795,50	76,49	23,51	
— de baryte	$^2BaO,Ph^2O^5$	2806,05	68,20	31,80	
— de chaux	$^2CaO,Ph^2O^5$	1604,32	44,38	55,62	
— de cobalt	$^2CoO,Ph^2O^5$	1830,27	51,25	48,75	
— de plomb	$^2PbO,Ph^2O^5$	3681,28	75,76	24,24	
— de potasse	$^2KO,Ph^2O^5$	2072,12	56,94	43,06	
Potasse	KO	589,92	83,05	16,95	
Séléniate de plomb	PbO,SeO^3	2189,08	63,70	36,30	
Séléniure d'argent	$AgSe$	1846,19	73,21	26,79	

NOMS DES CORPS.	FORMULES.	POIDS DE L'ATOME. L'oxigène = 100	CONTIENT POUR 100.		
			BASE	ACIDE	EAU
Séléniure de plomb	$PbSe$	1789,08	72,36	27,64	
Silicate d'alumine	$Al^2O^3, SiO^3 3$	2374,27	27,05	72,95	
— de chaux	CaO, SiO^3	933,33	38,15	61,85	
— de potasse	KO, SiO^3	1167,23	50,54	49,46	
Silice	SiO^3	577,31	48,04	51,96	
Soude	NaO	390,90	74,42	25,58	
Strontiane	StO	647,29	84,55	15,45	
Succinate de fer (Proto)	$FeO, C^8H^4O^3$ (Dumas)	1069,91	41,05	58,95	
— — (Deuto)	$Fe^2O^3, 3C^8H^4O^3$	2870,54	34,08	65.92	
Sulfate d'alumine	$Al^2O^3, 3SO^3$	2145,83	29,93	70,07	
— — (cristal)	$Al^2O^3, 3SO^3 + 18H^2O$	4170.46	15,40	36,05	48,55
— de baryte	BaO, SO^3	1458,05	65,63	34,37	
— de chaux	CaO, SO^3	857,18	41,53	58,47	
— de cuivre (Proto)	Cu^2O, SO^3	1392,56	64,01	35,99	
— — (Deuto)	CuO, SO^3	996,86	49,73	50,27	
— de fer (Proto)	FeO, SO^3	940,37	46,71	53,29	
— — (Per)	$Fe^2O^3, 3SO^3$	2481,90	39,42	60,58	
— de plomb	PbO, SO^3	1895,66	73,56	26,44	
— de potasse	KO, SO^3	1091,08	54,07	45,93	
— de soude	NaO, SO^3	892,06	43,82	56,18	
— de strontiane	StO, SO^3	1148,45	56,36	43,64	
— de zinc	ZnO, SO^3	1004,39	50,10	49,90	
Sulfure d'argent	Ag^2, S	1552,77	87,04	12,96	

NOMS DES CORPS.	FORMULES.	POIDS DE L'ATOME. L'Oxigène=100	CONTIENT POUR 100.		
			BASE.	ACIDE.	EAU.
Sulfure d'arsenic (Sous)	As^{12},S	5841,67	96,56	3,44	
— — (Sesqui)	As^2S^3	1543,58	60,90	39,10	
—	As^2,S^2 (Berzélius)	1342,41	70,03	29,97	
— — (Bi)	As^2,S^5	1945,91	48,31	51,69	
— — (Per)	As,S^9 (Berzélius)	2280,53	20,61	79,39	
— de cuivre (Proto)	Cu^2S	992,56	79,73	20,27	
— — (Deuto)	CuS	596,86	66,30	33,70	
— — (Bi)	CuS^2	798,03	49,58	50,42	
— — (Per)	CuS^5	1401,52	28,23	71,77	
— de fer (Proto)	FeS	540,37	62,77	37,23	
— (Sesqui)	Fe^2S^3	1281,90	52,92	47,08	
— — (Bi)	FeS^2	741,54	45,74	54,26	
— de mercure (Proto)	Hg^2S	2732,81	92,64	7,36	
— — Bi)	HgS	1466,99	86,29	13,71	
— de plomb	PbS	1495,66	86,55	13,45	
— de zinc	ZnS	604,39	66,72	33,28	
Tartrate d'argent	$AgO,H^4C^8O^5$ (Dumas)	2282,32	63,60	36,40	
— de baryte	$BaO,H^4C^8O^5$	1787,59	53,53	46,47	
— de chaux	$CaO,H^4C^8O^5$	1186,63	30,00	70,00	
— de plomb	$PbO,H^4C^8O^5$	2225,21	62,67	37,33	
— de potasse (Bi)	$KO,2H^4C^8O^5$	2251,34	26,20	73,80	
Thorine	ThO	844,90	88,16	11,84	
Yttria	YO	502,51	80,10	19,90	
Zircone	Zr^2O^3	1140,40	73,69	26,31	

TABLE ALPHABÉTIQUE

DES

MATIÈRES.

(N. B. Une Table Analytique se trouve en tête du Volume.)

S. a. s. Lisez : Son action sur.
Ses p. p. et *c.* Lisez : Ses propriétés physiques et chimiques.

[1] *L. m. d.* Lisez : Leur mode d'action.

C.

D.

E.

EXPLICATION des planche. Voir à la fin de la table alphabétique.

F.

N.

O.

T.

U.

V.

Y.

Z.

FIN DE LA TABLE ALPHABÉTIQUE.

EXPLICATION

DES

PLANCHES.

—◆—

LÉGENDE DE LA PLANCHE PREMIÈRE.

FIGURE 1.re — *a*, *b*, Tube de verre effilé à une de ses extrémités et fermé à la lampe à son extrémité effilée ; c'est en *a* que l'on met la petite quantité d'acide arsénieux qu'on veut analyser.

c, *d*, Petit cône de charbon qu'on introduit dans la partie effilée du tube *a*, *b*.

e, Anneau brillant d'arsenic métallique qui vient se condenser sur les parois intérieures du tube.

FIG. 2. — *a*, Flacon à deux tubulures contenant de l'eau et du zinc en grenailles.

e, Tube en S servant à introduire de l'acide sulfurique dans le flacon *a*.

c, Tube de sortie par lequel se dégage l'hydrogène produit dans le flacon *a*.

c', Boules soufflées dans le tube *c* et servant à recueillir une partie de l'eau que l'hydrogène entraîne.

d, Tube contenant du chlorure de calcium afin de dessécher l'hydrogène.

e, *f*, Tube de verre effilé mais non fermé à son extrémité *f*.

e', *e'*, Tube de verre beaucoup plus petit renfermé dans le précédent et contenant la petite dose de sulfure d'arsenic que l'on veut soumettre à l'essai, mélangée avec un peu de carbonate de soude ; l'arsenic réduit par l'hydrogène, se dépose non loin de là.

g, Support pour le tube contenant le chlorure de calcium.

h, Lampe à alcool, à double courant d'air, servant à chauffer le point du tube *e' e'* où l'on a mis le mélange à essayer.

FIG. 3. — *a*, Anneau brillant d'arsenic métallique.

b, Partie effilée d'un tube de verre dans laquelle on a mis la petite partie de sulfure d'arsenic que l'on veut analyser avec un peu de tartrate de chaux calciné.

FIG. 4. — Premier appareil de Marsh : *a, a*, Tube de verre recourbé en forme de Syphon dans lequel se produit l'hydrogène arséniqué.

b, c, Support servant à maintenir le tube *a, a*.

d, Robinet à ajutage, très étroit, mastiqué à la courte branche du tube *a, a*.

e, Lame de zinc bien pure et roulée.

FIG. 5 — Appareil de Marsh que l'on peut employer lorsqu'on a une forte quantité de matières liquides à analyser. *a*, Vase cylindrique en verre dans lequel on met le liquide à essayer et l'acide sulfurique servant à produire l'hydrogène.

b, Cloche en verre entrant facilement dans le vase *a*, et dans laquelle vient se rassembler l'hydrogène.

c, Robinet par lequel s'échappe le jet de gaz que l'on doit allumer.

d, Lame de zinc roulée et suspendue à une tige de platine *e*.

FIG. 6. Appareil de Marsh modifié par l'auteur.

a, a, Flacon à trois tubulures.

a', Tubulure du milieu dans laquelle se trouve solidement mastiquée l'alonge *b*, dont l'extrémité inférieure *c* parvient jusqu'au fond du flacon *a*, et dont la supérieure *d* est munie d'un goulot fermé par le bouchon *e*.

a'', Tubulure du flacon *a* qui peut se fermer hermétiquement au moyen du bouchon à vis *f*. Ce bouchon qui, pour bien faire, doit être en argent, porte une tige *g* qui se replie à son bout inférieur pour soutenir la lame de zinc *h*, roulée en cylindre creux et à laquelle cette tige sert d'axe.

a''' Tubulures du flacon *a* à laquelle s'adapte un robinet *i* en argent ou de préférence en platine, terminé par un ajutage très petit.

Le flacon *a* étant bien propre, on divise *f* par lequel on introduit le liquide à essayer jusqu'à ce qu'il remplisse exactement le flacon.—On remet alors le bouchon *f* à la tige *g* où l'on a placé la lame de zinc roulée *h*. —Cela fait, on ôte le bouchon *e*, et l'on verse par l'alonge *b*, la quantité d'acide sulfurique pur nécessaire. A mesure que le gaz hydrogène se produit, le liquide du flacon monte dans l'allonge *b*.—Lorsqu'on ouvre le robinet *i*, on a un jet de gaz s'échappant sous une pression plus ou moins forte, mais qu'il est facile de régler par l'ouverture qu'on ménage en ouvrant le robinet.

L'appareil dont je conseille l'emploi, me paraît avoir sur l'instrument ordinaire, l'avantage de permettre de remplir le flacon du liquide à essayer, et de le fermer exactement avant d'y introduire l'acide sulfurique. De cette manière, les premières portions de gaz ne sont jamais perdues par la nécessité où l'on se trouve de chasser tout l'air contenu dans le vase, afin d'empêcher une explosion.

FIG. 7. et 8. *a, a* Foyer ou se place le combustible.

b, b, Cendrier dans lequel tombent les cendres du foyer.

c, Porte du foyer.

d, Porte du cendrier ; c'est en ouvrant cette porte plus ou moins que l'on active ou que l'on modère le feu.

e, e, Echancrures ménagées dans l'épaisseur des parois du fourneau pour l'échappement des gaz produits par la combustion; ces échancrures sont indispensables lorsque le fourneau est chargé d'une bassine.

f, f, Anses du fourneau.

g, Grille ordinairement en terre.

FIG. 9 et 10. *a, a*, Foyer.

b, b, Cendrier.

c, Porte du foyer.

d, Porte du cendrier.

e, e, Laboratoire s'appuyant sur le foyer *a a*.

f, f, Dôme.

g, Cheminée du fourneau.

h, h, Cornue placée dans le fourneau.

t, t, Barre de fer supportant la cornue.

l, l, l, l, Echancrures ménagées dans le laboratoire et le dôme, servant au passage du col de la cornue.

n, n, n, n Anses du fourneau.

ü, ü, ü, Bandes en fil de fer dont on entoure le fourneau pour augmenter sa solidité.

o, o, Grille du fourneau.

LÉGENDE DE LA PLANCHE 2.

FIG. 1 (Voir page 242). Je me suis aperçu trop tard que , dans cette figure, les éprouvettes, n'ont pas été *exactement* dessinées d'après le tracé que j'en avais donné, puisqu'elles sont remplies jusqu'aux trois quarts au moins du liquide qu'elles ne doivent contenir que jusqu'aux deux tiers, comme il est dit à la page précitée.

FIG. 2. et 3. *a,a*, Cendrier.

b, b, Laboratoire ou cuve du fourneau.

c, c, Dôme qui s'adapte sur le laboratoire au moyen des deux échancrures *e, e*.

d, d, Porte percée dans le dôme et servant à l'introduction du combustible.

f. Cheminée formée par un tuyau de tôle muni d'une clef.

g, Tablette circulaire en tôle sur laquelle on peut ranger les coupelles.

h, Coulisse menagée à la cheminée *f*, qui peut se lever à volonté et servir à l'introduction du combustible.

i, Moufle dans laquelle on pose les coupelles.

l, Languette de terre réfractaire pénétrant dans le fourneau par une ouverture menagée à sa paroi postérieure et servant à soutenir la moufle *i*.

p, Porte servant à fermer plus ou moins la moufle.

FIG. 4. *n*, Nonne ou moule en bronze dans lequel on façonne les coupelles.

o, Cône en plomb se trouvant au fond de la nonne et sur lequel on frappe pour faire sortir la coupelle.

m, Moine ou moule qui sert à façonner le vide de la coupelle.

c, Coupelle sortie du moule.

LÉGENDE DE LA PLANCHE 3.

FIG. 1, *a*, Cuve.

b, Rampant.

c, Cheminée communiquant avec une cheminée ordinaire *d*.

e, Cendrier du fourneau où viennent se rassembler les cendres.

g, Grille dont , pour la commodité, on a fait les barreaux mobiles sur deux barres de fer fixes posées transversalement.

p, Porte à manche qu'on enlève à volonté et qui sert à introduire le creuset et les combustibles.

q, Hotte.

t, Trappe en fer, mobile, à charnière, qu'on ouvre et qu'on ferme à volonté au moyen d'un manche *m*.

FIG. 2.—*a*, Cuve dans laquelle est un creuset placé sur un fromage.

i, Cendrier dans lequel on peut pénétrer par une voûte *h*.

d, Porte en fonte servant à fermer la cuve.

e, Ouverture percée à la partie supérieure de la cuve et par laquelle s'effectue le tirage pendant le travail.

e', Ouverture percée à la partie inférieure de la cuve et qu'on tient fermée pendant le travail ; lorsque celui-ci est terminé et qu'il s'agit de retirer le creuset, on ferme l'ouverture *e* et l'on ouvre *e'* ; de cette manière on n'est pas trop incommodé par la chaleur.

c, c, Cheminée.

FIG. 3.—*a*, Cuve.

b, Rampant.

c, Cheminée.

r, Régistre de la cheminée qui, en glissant dans une rainure, augmente ou diminue l'ouverture de la cheminée et modifie ainsi le tirage.

g. Grille à barreaux mobiles.

p, p, Porte du cendrier en tôle et à manche.

h, h, h, Bandes en fer soutenant la hotte *h*.

FIG. 4 et 5.—Figure 4, plan et Figure 5, Coupe verticale de la forge de l'École des mines de Paris. Les figures accessoires représentent les détails ;

a, a, Cuve, construite en briques réfractaires et garnie à son bord d'un cercle en fer.

b, Grille composée de barreaux soudés ; cette grille à trois pieds en fer qui déterminent la hauteur du cendrier.

c, Cendrier qui est fermé, pendant que le soufflet se meut, par une porte en fer placée sur le devant du fourneau.

d, d, d, Orifice des trois tuyères qui débouchent dans le cendrier et qui reçoivent le vent des trois tuyaux *e e e*.

f, f, f, Robinets au moyen desquels on fait varier l'écoulement du vent.

g, Quatrième tuyau au moyen duquel on peut conduire le vent du soufflet dans un autre fourneau.

s, s, Soufflet en cuir à double vent.

h, Chaine avec laquelle on fait mouvoir le soufflet.

i, i, i, Poids que l'on met sur le soufflet et que l'on peut augmenter ou diminuer selon le dégré de pression sous lequel on veut donner le vent.

k, k, Contre-poids fixé au volant pour accélérer sa descente.

l, l, l, Réservoir en bois dans lequel on reçoit l'air qui se distribue ensuite par les tuyaux *e e e.*

m, Bride en fer qui maintient les tuyaux.

o, o, Bain de sable placé dans le massif du fourneau pour recevoir les creusets.

FIG. 6. — Forge d'Aikin.

a, Cuve faite avec un grand creuset en plombagine.

b,b, Trous percés dans le fond du creuset pour le passage du vent.

c, Fond d'un autre creuset servant de réservoir à l'air.

d, Tuyau apportant l'air du soufflet.

e, Creuset placé sur un fromage.

f, Creuset renversé muni d'un manche et qui sert de dôme.

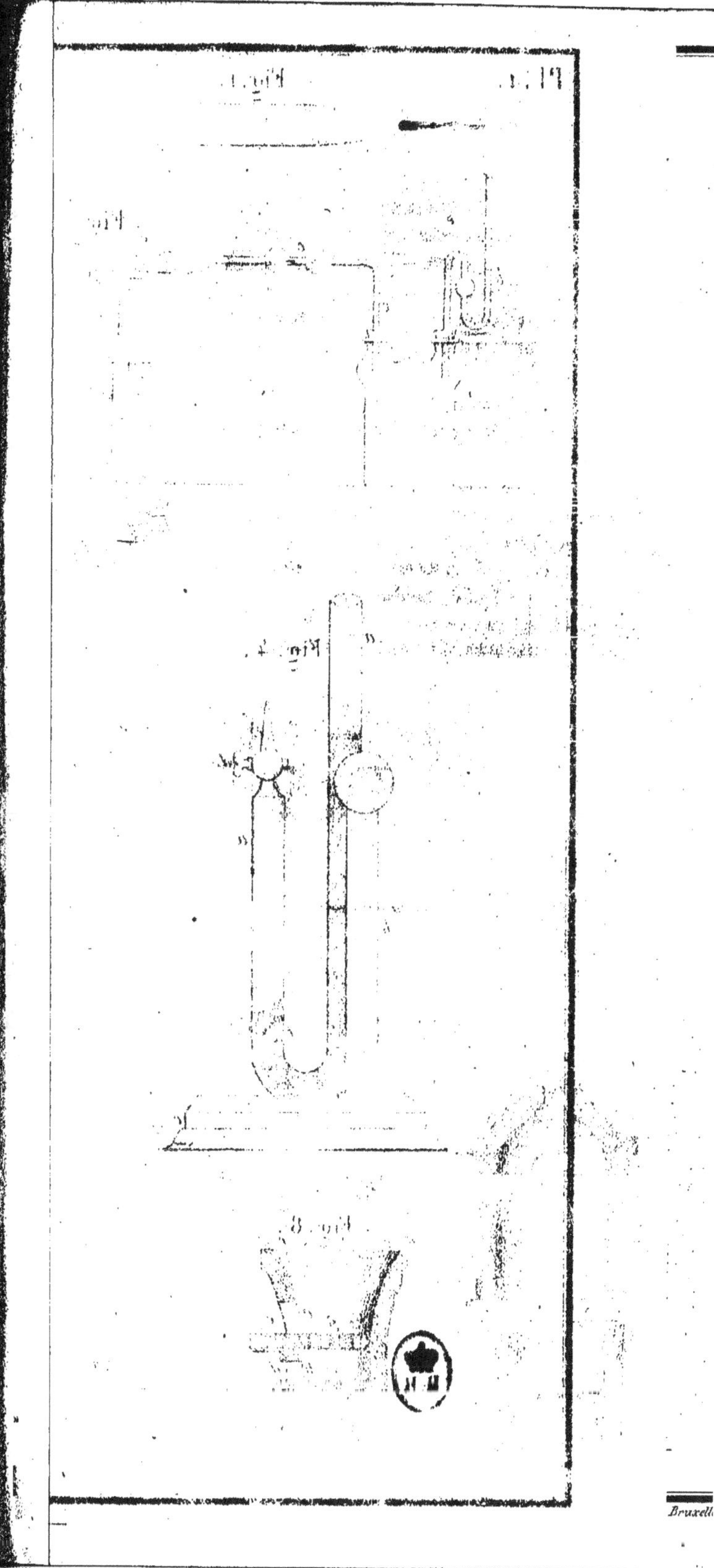

Fig. 1
Fig. 4
Fig. 8
Bruxell

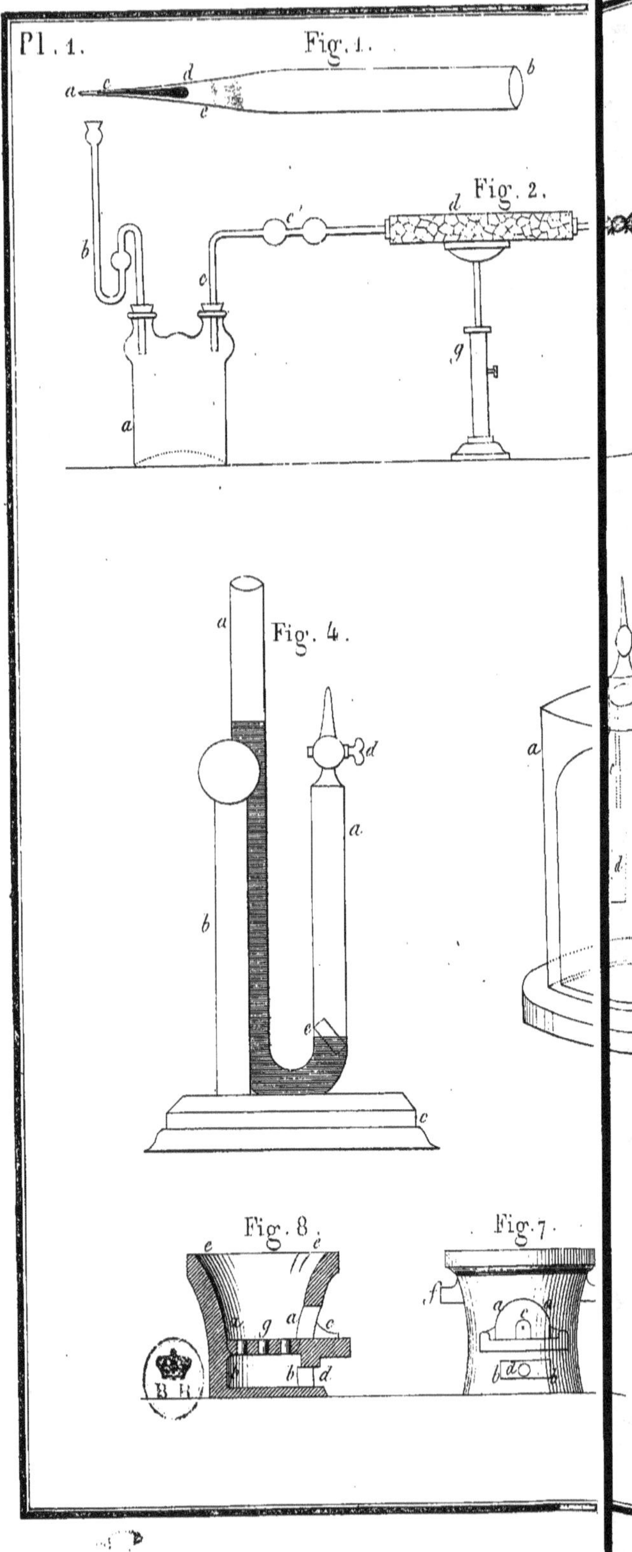
Pl. 1.
Fig. 1.
Fig. 2.
Fig. 4.
Fig. 8.
Fig. 7.
B H

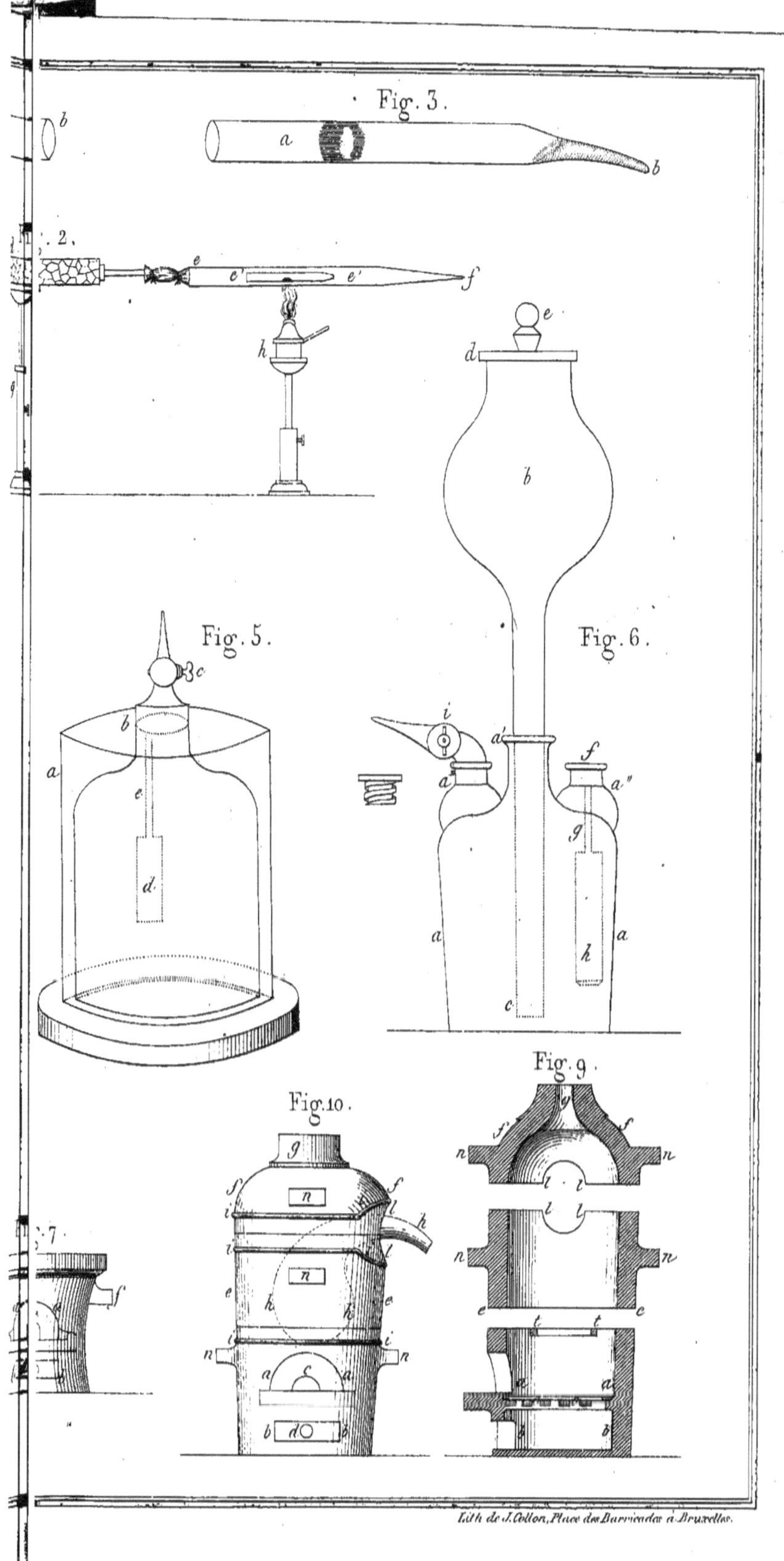

Fig. 3.
Fig. 2.
Fig. 5.
Fig. 6.
Fig. 9.
Fig. 10.
Fig. 7.

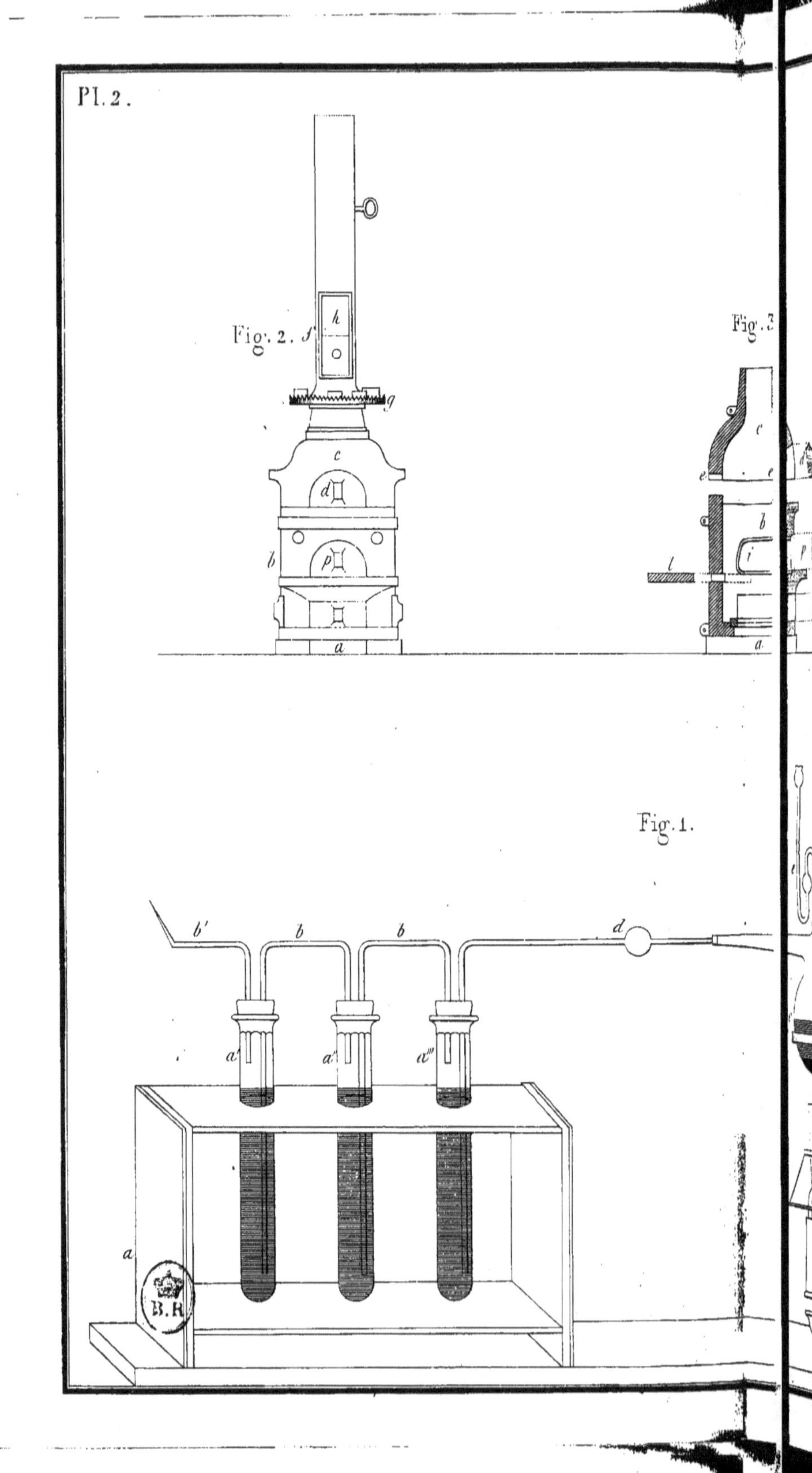
Pl. 2.
Fig. 2.
Fig. 3.
Fig. 1.
h
q
c
d
b
p
a
e
b
i
l
a
b'
b
b
d
a'
a''
a'''
a
B.R

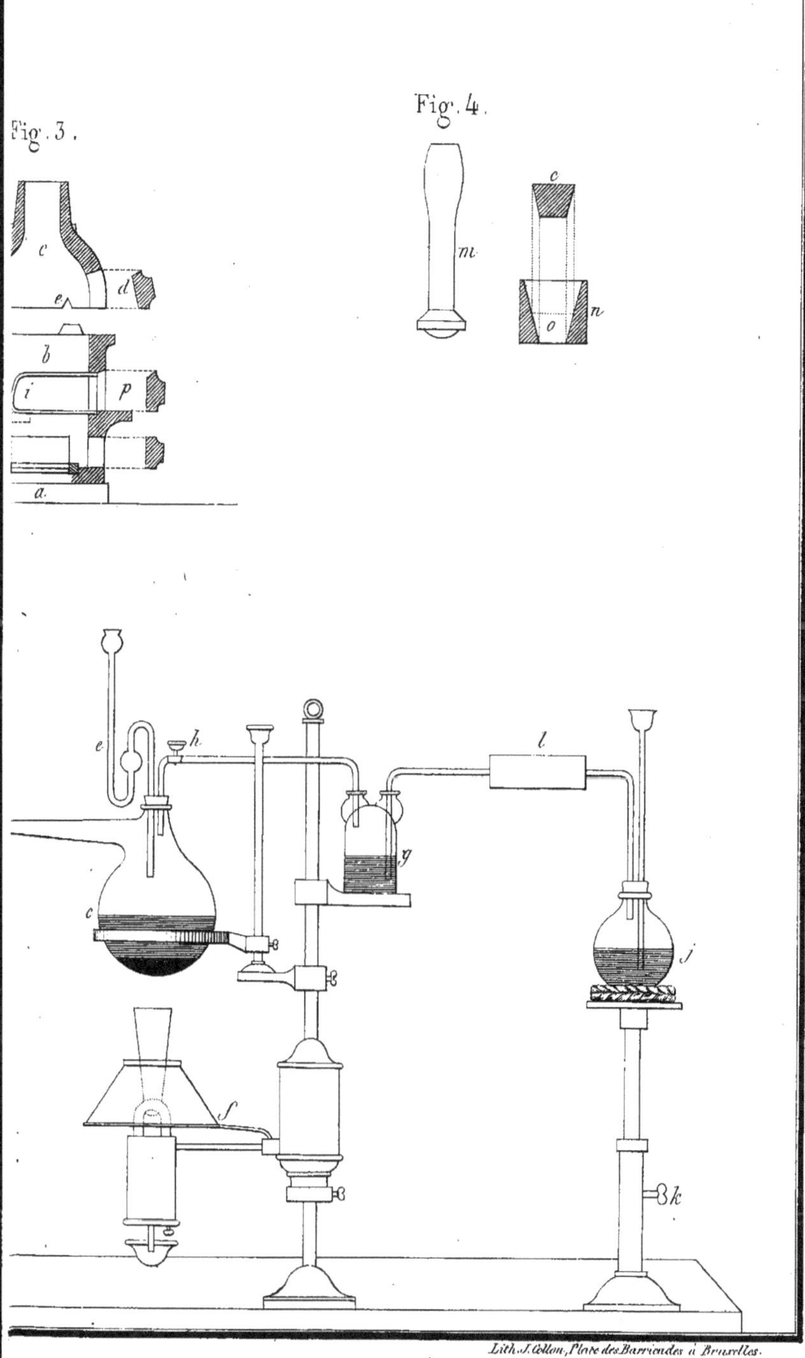

Fig. 3.

Fig. 4.

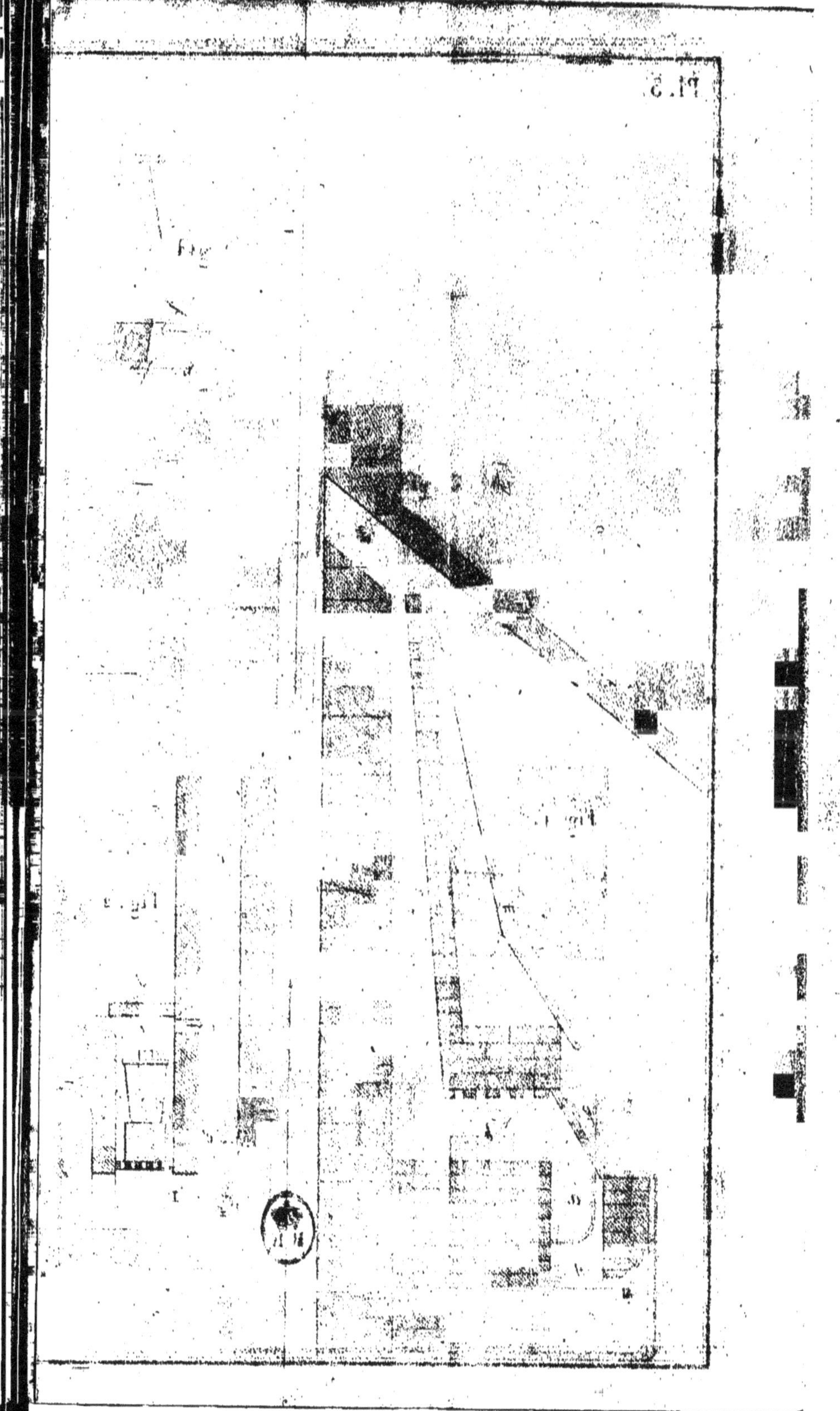

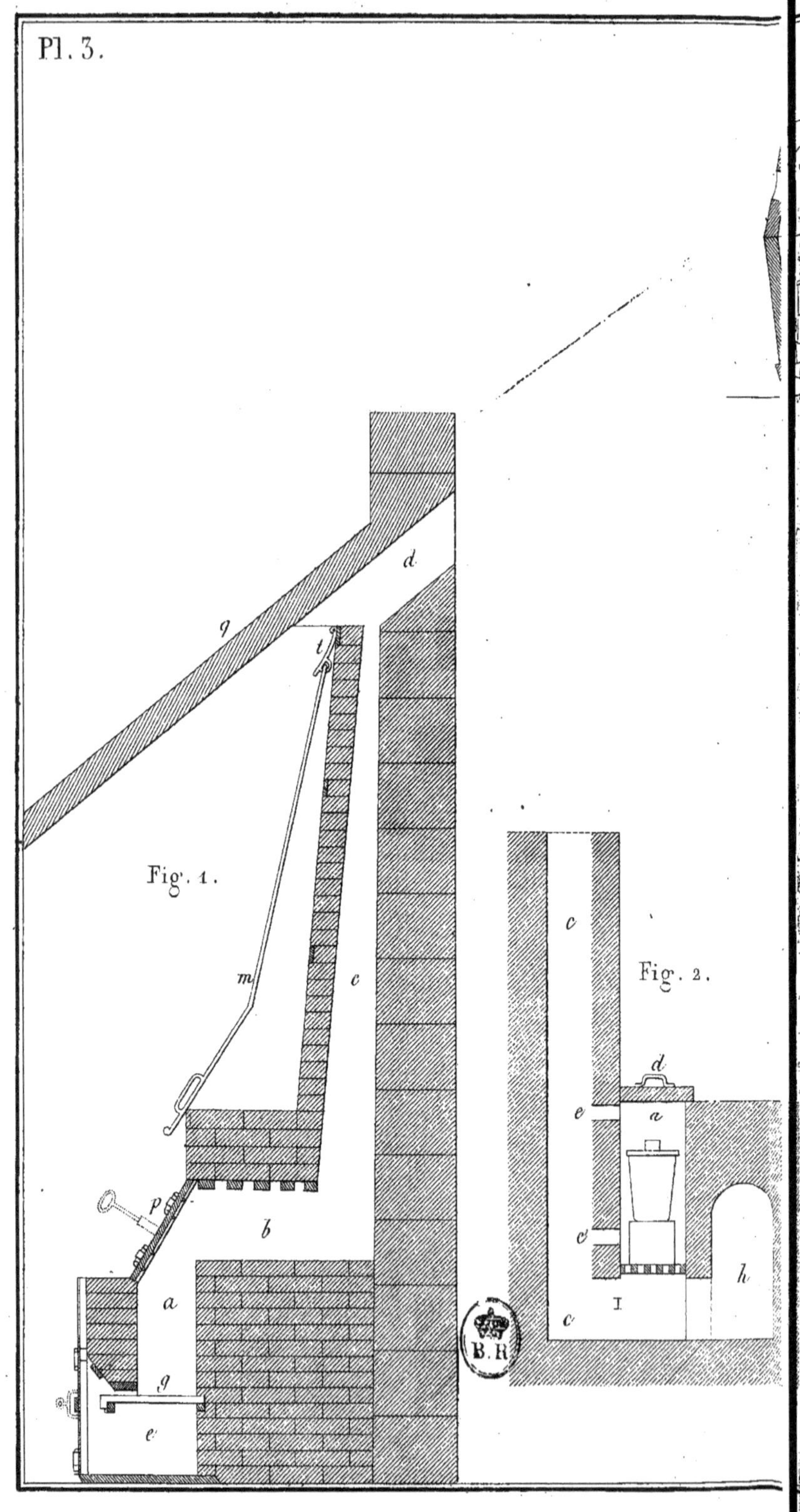
Pl. 3.
Fig. 1.
Fig. 2.
d
q
t
m
c
p
b
a
g
e
c
c
d
e
a
c
h
I
B.R

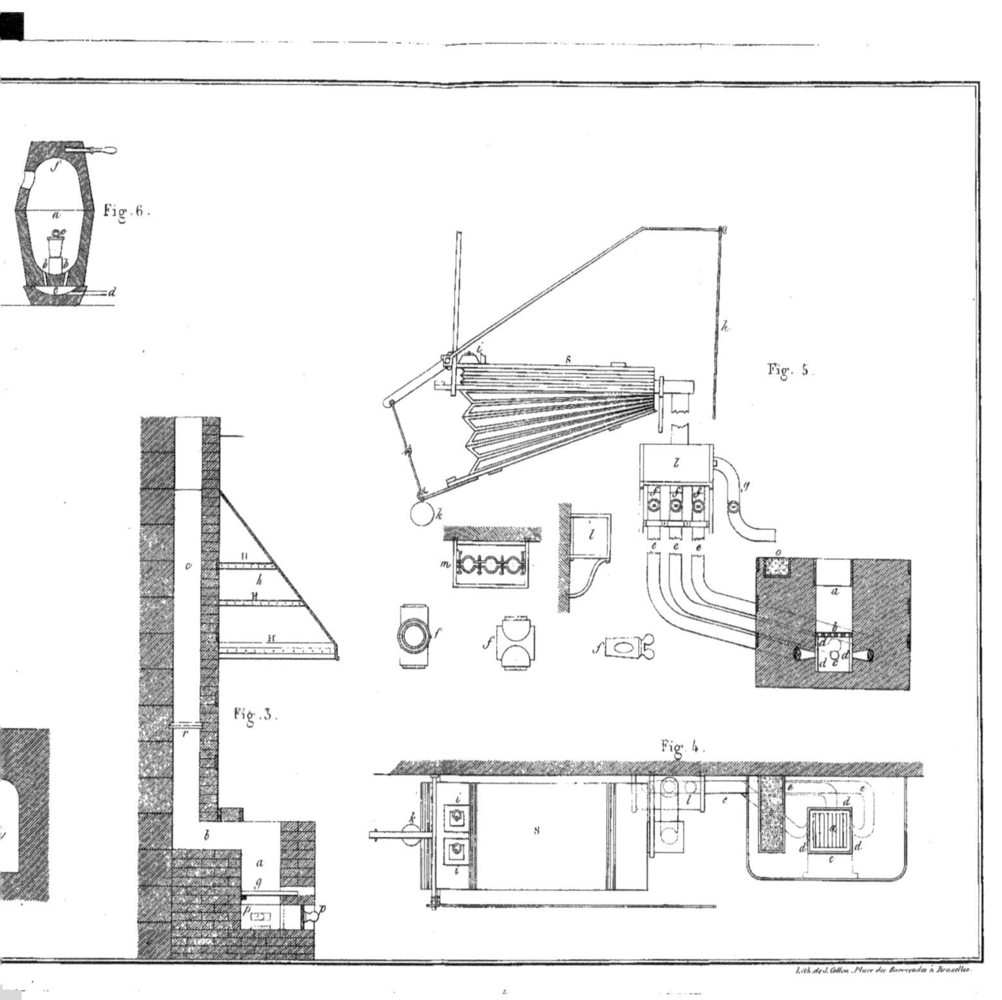

Fig. 6.
Fig. 5.
Fig. 3.
Fig. 4.
Lith. de J. Collin, Place des Barricades à Bruxelles.

Sels de Fer
à base de protoxide.

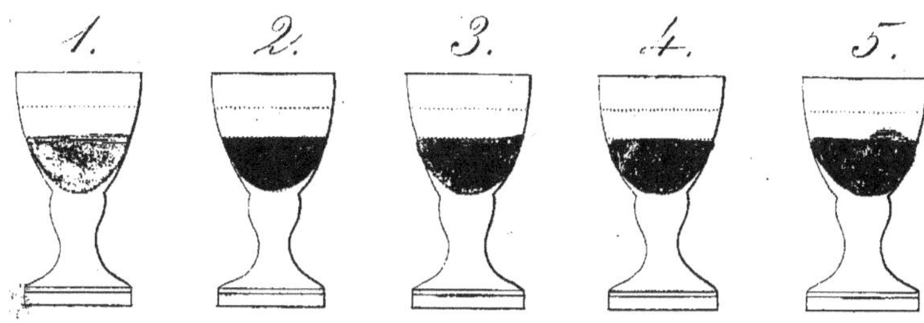

EXPLICATION.

N.º 1. Sel de protoxide de fer et potasse (précipité qui se fonce beaucoup à l'air)

„ 2. ——————————————————— (précipité traité par le chlore)

„ 3. ——————————————— et cyanure double de potassium et de fer.

„ 4. ——————————————— et hydrosulfate d'ammoniaque ou sulfures.

„ 5. ——————————————— et acide gallique ou infusion de noix de galles (précipité qui se forme aussi avec les sels de péroxide)

Sels de Fer

à base de peroxide.

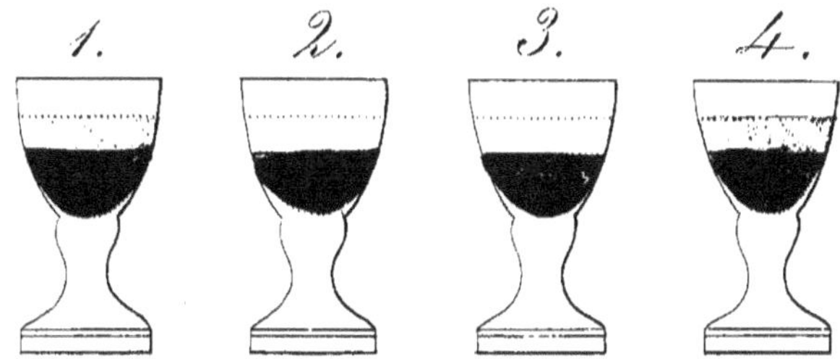

EXPLICATION.

N.º 1. Sel de peroxide de fer et potasse ou ammoniaque.

„ 2. _________________ cyanure double de potassium et de fer.

„ 3. _________________ hydrosulfate d'ammoniaque ou sulfures.

„ 4. _________________ sulfo-cyanate de potasse.

Sels d'Étain

à base de protoxide.

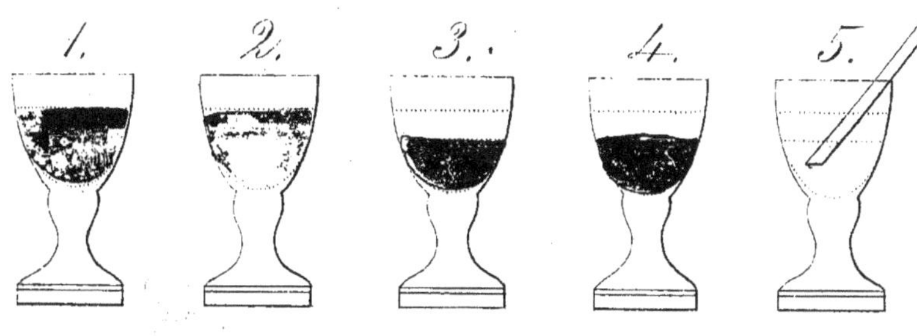

EXPLICATION.

N.º 1. Sel de protoxide d'étain et potasse caustique. (préc. soluble dans un excès.)

„ 2. _______________________ ammoniaque. (préc. soluble dans un excès.)

„ 3. _______________________ acide hydrosulfurique ou sulfures.

„ 4. _______________________ chlorure d'or. (préc. plus foncé quand les liquides sont concentrés)

„ 5. _______________________ lame de Zinc.

Sels d'Étain

à base de deutoxide.

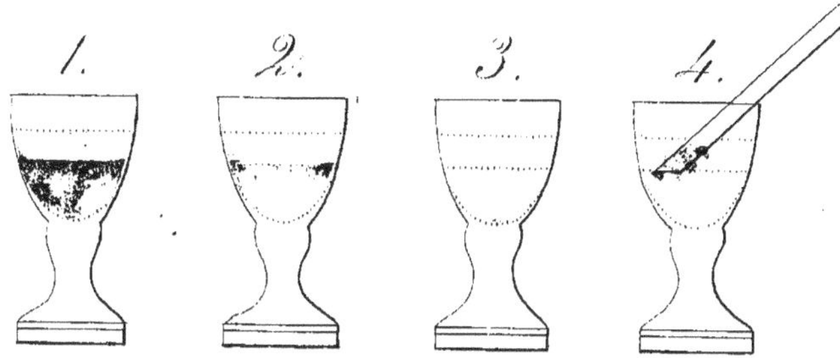

EXPLICATION.

N.º 1. Sel de deutoxide d'étain et potasse (préc. soluble dans un excès.)

„ 2. _______________________ ammoniaque.

„ 3. _______________________ sulfure ou acide hydrosulfurique.

„ 4. _______________________ lame de Zinc.

Sels de Zinc

à base de protoxide.

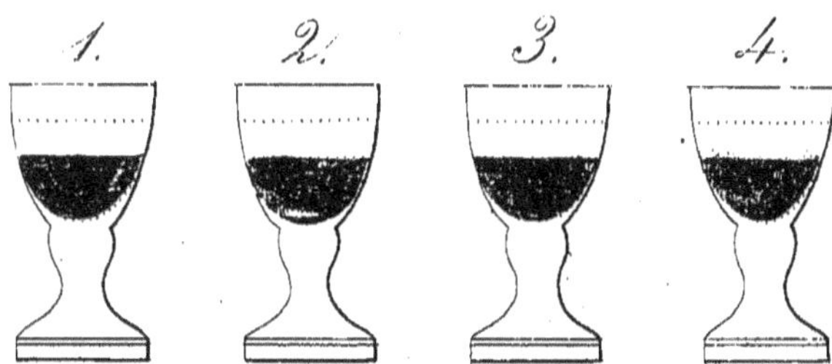

EXPLICATION.

N.º 1. Sel de Zinc et potasse (précipité soluble dans un excès.)

„ 2. —————— carbonate de soude.

„ 3. —————— acide hydrosulfurique ou sulfures.

„ 4. —————— cyanure double de potassium et de fer.

Sels d'Antimoine

à base de protoxide.

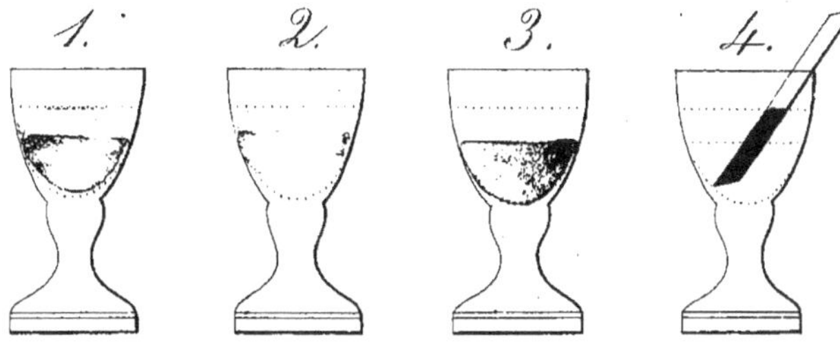

EXPLICATION.

N.º 1. Sel d'antimoine et potasse.

„ 2. _______________ ammoniaque.

„ 3. _______________ acide hydrosulfurique ou sulfures.

„ 4. _______________ lame de zinc.

Sels de Cuivre

à base de deutoxide.

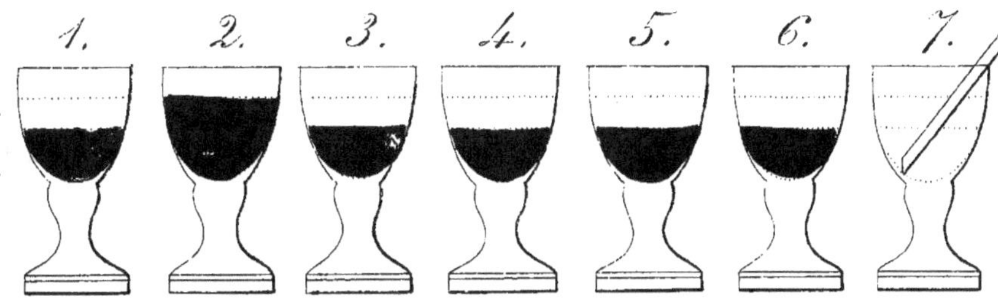

EXPLICATION.

Nᵒ 1. Sel de deutoxide de cuivre et potasse caustique.

" 2. ——————————————— ammoniaque caustique en excès.

" 3. ——————————————— hydrosulfates ou acide hydrosulfurique.

" 4. ——————————————— iodure de potassium.

" 5. ——————————————— cyanure double de potassium et de fer.

" 6. ——————————————— arsénite de potasse.

" 7. ——————————————— lame de fer.

Sels de Plomb

à base de protoxide.

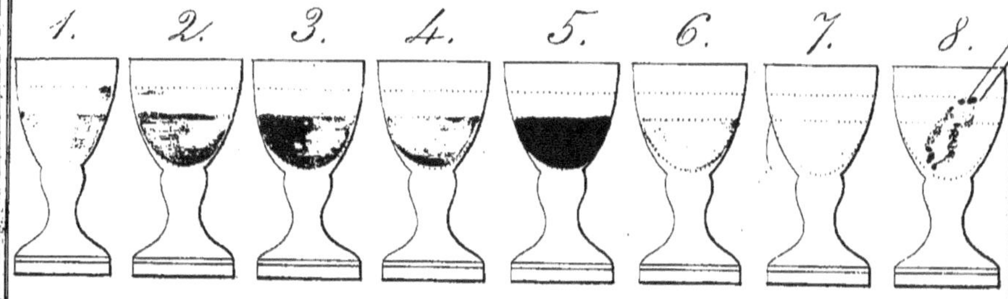

EXPLICATION.

N.° 1. Sel de protoxide de plomb et potasse.

" 2. _______________________ ammoniaque.

" 3. _______________________ acide sulfurique ou sulfates.

" 4. _______________________ acide hydrochlorique ou chlorures.

" 5. _______________________ acide hydrosulfurique ou sulfures.

" 6. _______________________ chromate de potasse.

" 7. _______________________ iodure de potassium.

" 8. _______________________ lame de zinc.

Sels de Mercure

à base de protoxide.

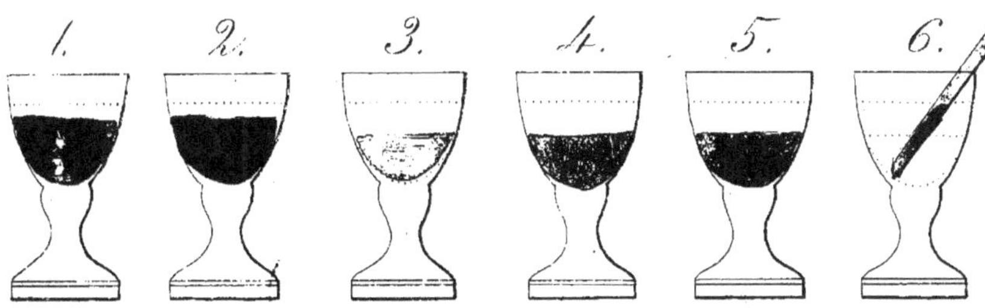

EXPLICATION.

Nᵒ 1. Sel de protoxide de mercure et alcali.

„ 2. ——————————————— acide hydrosulfurique ou sulfures.

„ 3. ——————————————— acide hydrochlorique ou chlorures.

„ 4. ——————————————— chromate de potasse.

„ 5. ——————————————— iodure de potassium.

„ 6. ——————————————— lame de cuivre.

Sels de Mercure

à base de Deutoxide.

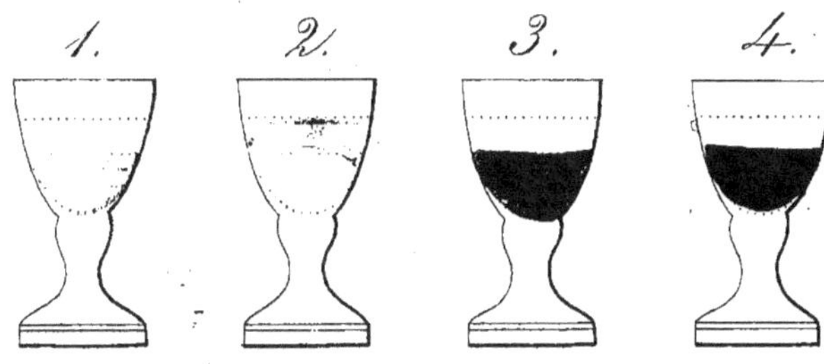

EXPLICATION.

N.º 1. Sel de deutoxide de mercure et eau de chaux.

„ 2. ——————————————— ammoniaque.

„ 3. ——————————————— iodure de potassium.

„ 4. ——————————————— acide hydrosulfurique ou

(sulfures.

Sels d'Argent.

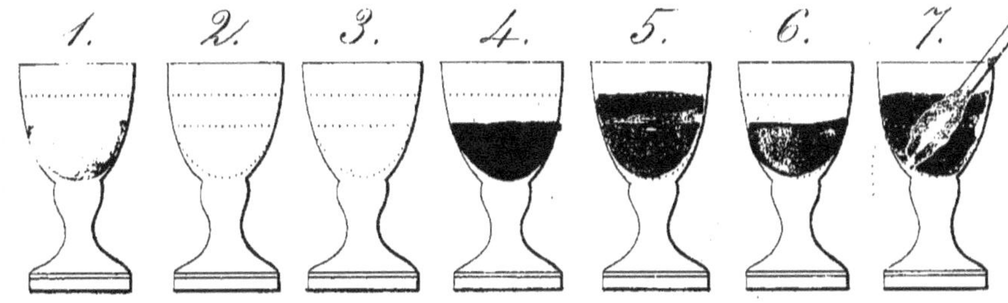

EXPLICATION.

N.º 1. Sel d'argent soluble et alcali.

" 2. _________________ arsénite de potasse.

" 3. _________________ iodure de potassium.

" 4. _________________ acide hydrosulfurique ou sulfures.

" 5. _________________ acide hydrochlorique ou chlorures.

" 6. _________________ chromate de potasse.

" 7. _________________ lame de cuivre.

Lith. de J. Collon, à Bruxelles.

Sels d'Arsenic.

(Arsénites)

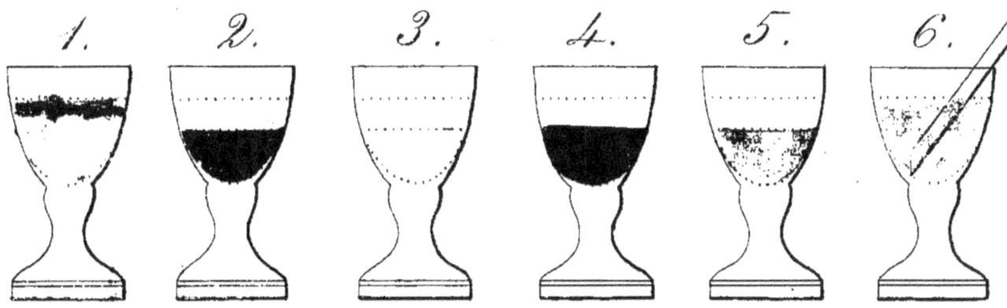

EXPLICATION.

N.º 1. *Arsénite soluble et eau de chaux.*

„ 2. _________________ *sulfate de cuivre ammoniacal.*

„ 3. _________________ *acide hydrosulfurique ou sulfures.*

„ 4. _________________ *chlorure de cobalt.*

„ 5. _________________ *chlorure de nickel.*

„ 6. _________________ *lame de zinc (Solution acidifiée*

légèrement par l'acide sulfurique.)

Sels d'Arsenic.

(Arséniates.)

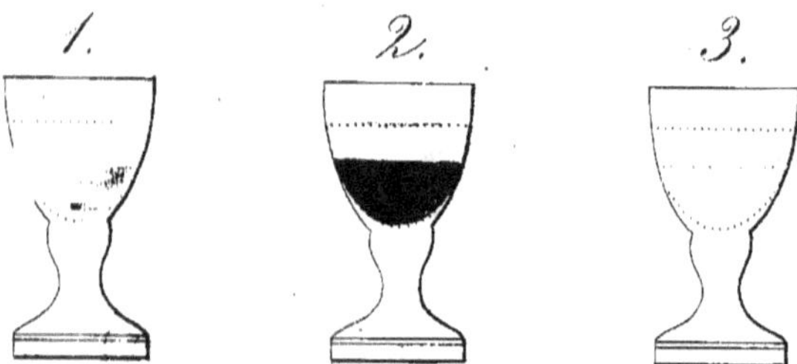

EXPLICATION.

N.º 1. Arséniate soluble et eau de chaux.

„ 2. ________________ nitrate d'argent.

„ 3. ________________ acide hydrosulfurique ou sulfures.